René Kaden

Mikrobiologische Gewässeranalytik

Am Beispiel der Untersuchung einer Trinkwassertalsperre

Diplomica® Verlag GmbH

Kaden, René: Mikrobiologische Gewässeranalytik. Am Beispiel der Untersuchung einer Trinkwassertalsperre, Hamburg, Diplomica Verlag GmbH 2009

ISBN: 978-3-8366-6741-8
Druck: Diplomica® Verlag GmbH, Hamburg, 2009
Covermotiv:
oben: Mycobakterien und Clostridien in ZIEHL-NEELSEN-Färbung 1:1000
rechts: Kolonie Flavobacterium hibernum
unten: Mycobakterien Acridinorange-Färbung 1:1000
links: Unbeschriebene Spezies REM

Bibliografische Information der Deutschen Bibliothek
Die Deutsche Bibliothek verzeichnet diese Publikation in der Deutschen Nationalbibliografie;
detaillierte bibliografische Daten sind im Internet über
<http://dnb.ddb.de> abrufbar.

Inhaltsverzeichnis

Abkürzungsverzeichnis

λ	Wellenlänge [nm]
μ	mikro (10^{-6})
A	Adenin
Abb.	Abbildung
Aqua dest.	Destilliertes Wasser
AWCD	Average Well Color Development, Durchschnittliche Farbentwicklung
b	Basen
bp.	Basenpaare
C	Cytosin
CARD-FISH	catalyzed reporter deposition fluoreszenz *in-situ* Hybridisierung
CF	Cytophaga- Flavobakterien (Sonde CARD FISH)
DAPI	4´-6-Diamidino-2-phenylindol-Dihydrochlorid
ddNTP	di- Desoxynukleotide
DEPC	Diethyldicarbonat
DES	DNA Elution Solution Ultra pure water
DIN	Deutsche Industrienorm
DIS	Draft International Standard
DNA	Desoxyribonukleinsäure
dNTP	Desoxynukleotide
dsDNA	doppelsträngige Desoxyribonukleinsäure
E	Entnahmestelle an der Staumauer
E. coli	*Escherichia coli*
EDTA	Ethylendiamintetraacetat
F	Probenahmestelle Vorsperre Forchheim
Fa.	Firma
FISH	fluoreszenz *in-situ* Hybridisierung
FITC	Fluoreszein-5-isothiocyanat
g	Gramm
G	Guanin
GC	Mol % Guanin und Cytosin
H	Probenahmestelle Haselbach
H	Geißeln (H- Antigen)
h	Stunde
ha	Hektar

HCl	Salzsäure
HGC	hoher Guanin – Cytosin- Gehalt (Sonde für CARD FISH)
IJSEM	International Journal of Systematic and Evolutionary Microbiology
IPTG	Isopropyl-β-D-Thiogalactosid
IS	Insertionssequenz
ISO	International Standards Organisation
Kap.	Kapitel
kB	Kilobasen
KbE	Koloniebildende Einheiten
km^2	Quadratkilometer
l	Liter
LB	Luria- Bertani (Medium)
LTV	Landestalsperrenverwaltung
m	milli (10^{-3})
M	Molar
m^3	Kubikmeter
MAC	*Mycobacterium avium* Complex
Mio.	Million
MSA	Modified SCHOLTENS'- Agar
MSB	Modified SCHOLTENS'- Broth
MTZ	Medizinisch Theoretisches Zentrum der Universitätsklinik Dresden
NaCl	Natriumchlorid
NCBI	National Center for Biotechnology Information
NN	Höhe über Normal Null
Nr.	Nummer
OD	Optische Dichte
PACT	Antibiotikasupplement für Mycobakterien- Nährböden
PBS	phosphate buffered saline (Phosphat- gepufferte Kochsalzlösung)
PCR	polymerase chain reaction; Polymerase Kettenreaktion
PFA	Paraformaldehyd
pfp	Plaque forming particles
PI	Propidiumiodid
plp	phage-like particles
REM	Rasterelektronenmikroskop
RF	Replikative Form
RFLP	Restriktions- Fragment- Längenpolymorphismus

RNA	Ribonukleinsäure
rpm	Umdrehungen pro Minute
S	Probenahmestelle Saidenbach
SAA	Standardarbeitsanweisung
SDS	sodium dodecyl sulfate (Natriumdodecylsulfat)
SEWS-M	Salz- Ethanol- Waschlösung
SLS	Sample Loading Solution
sp.	Species
spp.	Species (Plural)
ss	semi solid, halbfest
ssDNA	einzelsträngige Desoxyribonukleinsäure
ssp.	Subspecies
T	Thymin
Taq	*Thermus aquaticus*
T_m	Schmelztemperatur
TRBA	Technische Regeln für biologische Arbeitsstoffe
Tris	Tris-(hydroxymethyl-)aminomethan
TTC	Triphenyltetrazoliumchlorid
TVO	Trinkwasserverordnung
TYGA	Tryptone- yeast extract- Glucose Agar
TYGB	Tryptone- yeast extract- Glucose Broth
U	unit (Einheit der Enzymaktivität)
UV	Ultraviolett
vs.	versus; im Vergleich mit
X-Gal	5-Brom-4-Chlor-3-Indolyl-D-Galactosid
z.B.	zum Beispiel

1 Einleitung

1.1 Ökologie von Talsperren

Talsperren dienen hauptsächlich der Trinkwasserversorgung, der Energiegewinnung und dem Hochwasserschutz. Allerdings bedingen sie auch, daß weltweit 20 % der jährlichen Sedimentfracht der Flüsse zurückgehalten wird. Das entspricht 2-5 * 10^9 metrischen Tonnen Sediment, welche die Weltmeere nicht erreichen (TAKEUCHI 1996). Außerdem führen Talsperren zu einer Unterbrechung von Fluß-Ökosystemen, was auf Fische einen enormen Einfluß hat. So erreichen wandernde Fische ohne extra angelegte Fischtreppen ihre Laichplätze nicht mehr. Außerdem entspricht die Wasserbeschaffenheit nach einer Talsperre nie der, die der Fluß ohne das Bauwerk aufweisen würde (SCHÖNBORN 2003). Allerdings stellen Talsperren auch einen neuen Lebensraum für Spezies dar, welche sich nicht in Flüssen ansiedeln würden und führten so zur Entstehung völlig neuer Ökosysteme. Diese werden maßgeblich durch die Verfügbarkeit der Nährstoffe, welche entweder allochthonen oder autochthonen Ursprungs sein können, beeinflußt.

Unter Nährstoffen versteht man neben organisch gebundenem Kohlenstoff insbesondere Phosphor- und Stickstoffverbindungen. Letztere werden neben dem Eintrag durch die Landwirtschaft aus dem Boden ausgespült, wo im Frühjahr die Mineralisierungsrate durch Ammonifikation und folgende Nitrifikation steigt. In saurer Nadelstreu, welche im Einzugsgebiet der untersuchten Talsperre Saidenbach als Auflage dominiert, erreicht die Mineralisierung bei 20 °C ein Optimum. Die Nitrifikation wird nicht durch NH_3-Mangel begrenzt, da die Ammonifikationsrate in Nadelstreuauflagen stets höher ist als die Nitrifikationsrate (FRANK 1996). Mittels des Gehaltes an Phosphor können Gewässer einer Trophiestufe zugeordnet werden. So wurden nach einer Empfehlung von CARLSON (1977) die in Tabelle 1.1 aufgeführten Trophiegrade festgelegt.

Tabelle 1.1: Trophiestufen von Gewässern (nach CARLSON 1977, WETZEL 1983)

Trophiestufe	Trophieindex	P_{tot}	Chlorophyll	Secchi-Tiefe
ultra-oligotroph	<20	<3 µg/l	<0,3 µg/l	>16 m
oligotroph	20-35	3-9 µg/l	0,3-2 µg/l	7-16 m
mesotroph	35-50	9-24 µg/l	2-6 µg/l	2-6 m
eutroph	51-65	24-75 µg/l	6-40 µg/l	0,75-2 m
hypereutroph	>65	>75 µg/l	>40 µg/l	<0,75 m

Die Bestimmung des Trophiegrades eines Gewässers erfolgt zur Frühjahrsvollzirkulation, da sich der Nährstoffgehalt im Jahresverlauf ändert. So führt zum Beispiel der Nährstoffreichtum des Gewässers im Frühjahr zu einer Massenentwicklung von Diatomeen. Diese entwickeln sich bis zur Sommerstagnation und sedimentieren nach dem Absterben aufgrund ihrer relativ hohen Dichte, welche durch ihre Kieselsäurehüllen bedingt ist (UHLMANN 2001). Dabei wird der in den Bakterien gebundene Phosphor temporär im Sediment abgelagert.

Häufig liegt Phosphat im Sediment an dreiwertige Eisenionen gebunden vor. Herrschen dort anoxische Verhältnisse, bedingt das niedrige Redoxpotential eine Eisensulfidbildung unter Freisetzung der Phosphationen, was zur Eutrophierung führt. Daher sollte der Nitratgehalt des Sedimentes nicht zu stark absinken (persönliche Mitteilung BENNDORF 2005).
Für die Verteilung von Nährstoffen bzw. von Mikroorganismen, die einen großen Teil davon umsetzen, ist unter anderem die Vollzirkulation eines Gewässers von Bedeutung. Beeinflußt wird dieses Ereignis maßgeblich durch die sich ändernde Dichte des Wassers bei Temperaturänderung, das Verhältnis zwischen Tiefe und Oberfläche des Gewässers sowie die Schergeschwindigkeit von Luftströmungen. Viele Talsperren sind aufgrund ihrer relativ großen Oberfläche und geringen Tiefe dimiktisch. Das bedeutet, daß eine Frühjahrs- und Herbstvollzirkulation stattfindet. Diese Prozesse führen dazu, daß nicht nur die Nährstoffe verteilt werden, sondern auch Habitate zerstört und viele neue ökologische Nischen geschaffen werden. Die Intermediate Disturbance Hypothesis besagt, daß sich direkt nach massiven Störungen eines Ökosystems mehr Arten ansiedeln als vor dem Ereignis. Diese Störungen müssen in zeitlichen Intervallen erfolgen, in denen die Organismen sich nicht nur ansiedeln, sondern auch anpassen können. Nach der Vollzirkulation ist demnach auch eine größere Artenzahl an Organismen im Wasser zu erwarten.
Neben den abiotischen Faktoren haben auch die biotischen einen großen Einfuß auf ein Ökosystem. Die Vielfalt an Interaktionen zwischen den unzähligen Lebewesen ist außerordentlich groß. So existieren unter anderem neben symbiontischen oder kommensalischen auch parasitäre oder Räuber-Beute-Beziehungen. Letztere werden durch den Fraßdruck (top-down) bzw. Beutemangel (bottom-up) reguliert (MC QUEEN 1986). So kann ein Ökosystem nur funktionieren, wenn wenigstens die untersten trophischen Ebenen verfügbar sind. Das sind bezogen auf die Talsperren die Produzenten, welche aufgrund ihrer autotrophen Lebensweise anorganische in organische Biomasse umwandeln, sowie die heterotrophen Primär- bzw. Sekundärkonsumenten. Überaus wichtig für ein Ökosystem sind auch die Destruenten, welche durch Mineralisation organischen Materials Nährelemente in den Kreislauf zurückführen. Diese Leistung wird vor allem von Bakterien, welche in allen Bereichen der Talsperre vorkommen, vollbracht. Diese können entweder frei suspendiert, an anorganischem Material oder als Aggregation z.B. in Biofilmen vorkommen. Die Mikroorganismen können neben ihrer Aufgabe als terminale Zersetzer jedoch auch als Produzenten ganz am Anfang der Nahrungskette stehen. Ein Beispiel dafür sind die photoautotroph lebenden Cyanobakterien. Da der größte Teil der Bakterienspezies noch nicht bekannt ist, lassen sich keine endgültigen Aussagen über die Gesamtheit der mikrobiellen Interaktionen treffen. Um diese Wechselbeziehungen zu erforschen, bedarf es einer Kultivierung der Bakterien. Das ist jedoch, in Abhängigkeit vom Habitat der Mikroorganismen bisher nur bei 0,001 % bis 15 % der Spezies gelungen. Aus dem Wasser mesotropher Seen konnten nur 0,1 bis 1 % der Bakterien kultiviert werden (AMANN 1995).

1.2 Die Talsperre Saidenbach

Die Talsperre Saidenbach wurde in den Jahren 1929 bis 1933 erbaut. Sie ist mit einem Stauraum von 22,38 Mio. m^3 die größte Trinkwassertalsperre im Mittleren Erzgebirgskreis und zählt neben der Talsperre Eibenstock, welche einen Stauraum von 75 Mio. m^3 aufweist, zu den größten Trinkwasserreservoirs Sachsens. Die Talsperre Saidenbach versorgt die Wasserwerke Einsiedel und Zschopau mit Rohwasser. Die mittlere Abgabemenge beträgt dabei 780 l/s. Gestaut wird der Wasserlauf des Saidenbaches, des Haselbaches, des Lippersdorfer Baches und des Hölzelbergbaches, welche über 10 Vorbecken und eine Vorsperre die Talsperre erreichen. Bei Vollstau hat die Talsperre eine Wasseroberfläche von 146,41 ha. Aufgrund des Verhältnisses zwischen Tiefe und Oberfläche findet im Wasserkörper unter normalen Bedingungen eine Frühjahrs- und Herbstvollzirkulation statt. Die Talsperre ist dimiktisch. Das Wassereinzugsgebiet umfaßt eine Fläche von 60,783 km^2 und wird zu 72% landwirtschaftlich genutzt (LTV 2006). Der mesotrophe Status der Talsperre Saidenbach (WOBUS 2003) entwickelte sich in den letzten Jahren immer mehr in Richtung der Oligotrophie. Dies ist größtenteils auf die Nutzung phosphatfreier Waschmittel seit den 90er Jahren zurückzuführen. Auch eine effektivere Durchsetzung der Einhaltung von Schutzzonen bezüglich landwirtschaftlicher Nutzung seit den 90er Jahren hat zu einem Rückgang der Nährstoffeinträge geführt.

Neben der Trinkwasserbereitstellung dient die Talsperre Saidenbach auch dem Hochwasserschutz. Ein Überlaufen während des Hochwassers von 2002, bei welchem auch viele Erzgebirgsbäche extrem hohe Pegel aufwiesen, konnte jedoch nicht verhindert werden. Dieses Extremereignis hatte einen entscheidenden Einfluß auf das Ökosystem der Talsperre. So wurden zum Beispiel unzählige Karpfen, welche sich im Normalfall in größeren Tiefen aufhalten, über den Überlauf aus dem Gewässer gespült (UHLIG 2006, persönliche Information). Nach diesem Ereignis wurden neu geschaffene ökologische Nischen besiedelt sowie Interaktionen zwischen den Spezies bzw. den Arten und ihrer Umgebung ausgebildet.

Diese Arbeit soll den Gewässerkomplex der Talsperre Saidenbach hinsichtlich einiger ausgewählter ökologischer Gesichtspunkte mit dem Schwerpunkt der mikrobiellen Biozönose charakterisieren. Die Untersuchungsobjekte sind die Talsperre Saidenbach mit den Probenahmestellen E (Entnahmestelle), S (Saidenbach) und H (Haselbach) sowie die Vorsperre Forchheim mit der Probenahmestelle F. Die geographische Lage der Gewässer sowie die näherungsweise Angabe der Beprobungsstellen sind aus Abbildung 1.1 ersichtlich.

Die Talsperre Saidenbach sowie die Vorsperre Forchheim befinden sich im Mittleren Erzgebirgskreis in Sachsen, in der Nähe von Marienberg. Die Zuläufe erreichen die Talsperre aus dem Kreis Freiberg bzw. dem Mittleren Erzgebirgskreis.

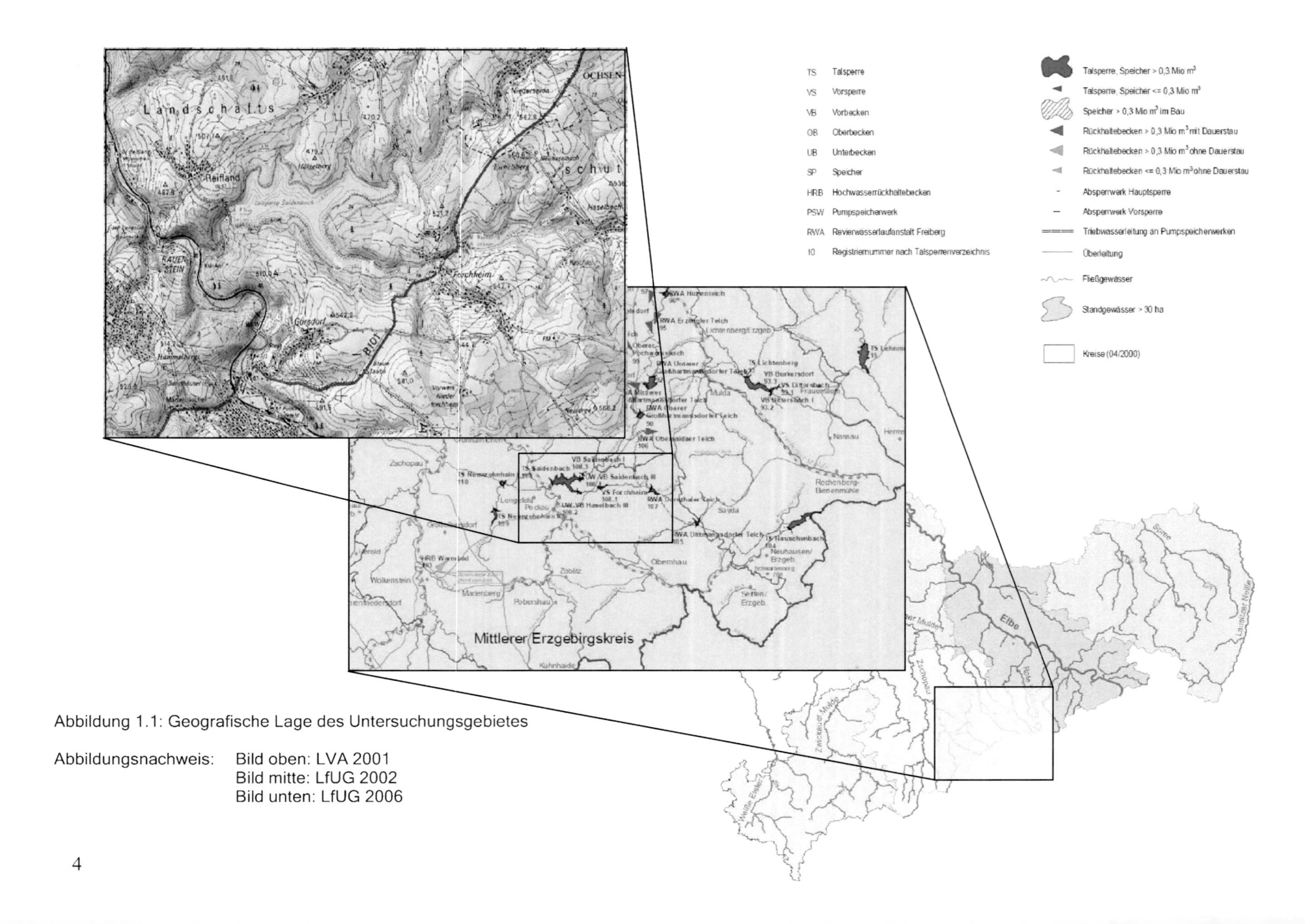

Abbildung 1.1: Geografische Lage des Untersuchungsgebietes

Abbildungsnachweis: Bild oben: LVA 2001
Bild mitte: LfUG 2002
Bild unten: LfUG 2006

Die Elimination des durch die Landwirtschaft eingetragenen Phosphors und Stickstoffs sowie von Schwebstoffen wird sowohl durch die Vorsperre Forchheim mit der Probenahmestelle F als auch durch 10 Vorbecken, wovon vier als Unterwasser- Vorsperren angelegt sind, realisiert. Die Unterwassersperre des Saidenbaches ist in Abbildung 1.2 dargestellt. Die Verweildauer des Wassers in diesen nährstoffeliminierenden Becken sollte 3 bis 5 Tage betragen, um die Sedimentation von allochthonem Material und Phytoplanktern, welche zunächst frei verfügbares Phosphat binden, sicherzustellen. Bedingt durch diese Funktion ist eine Beräumung dieser Absetzbecken relativ häufig nötig (UHLMANN und HORN 2001).

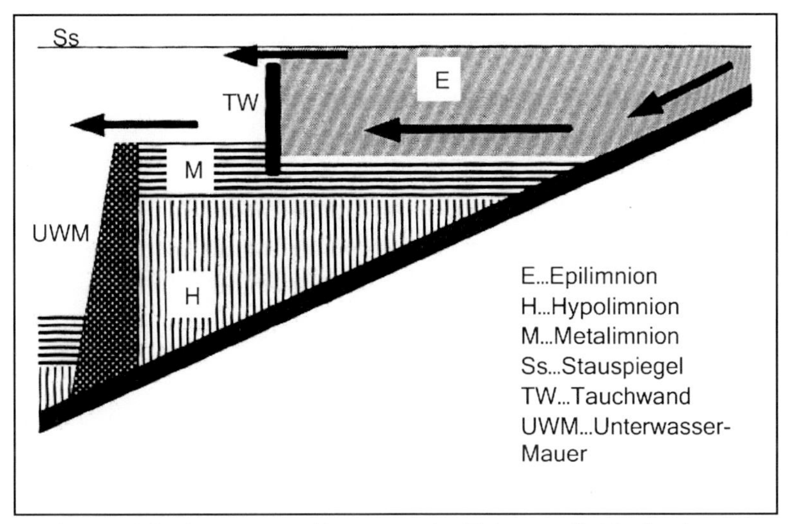

Abbildung 1.2: Unterwasser-Vorsperre der Talsperre Saidenbach, verändert nach Uhlmann und Horn 2001

Die Geschwindigkeit des Wassers wird an der Tauchwand herabgesetzt. Dadurch können Partikel geringerer Größe sedimentieren, welche sonst bei höheren Fließgeschwindigkeiten mitgerissen werden. Die Probenahmestelle H befindet sich in Fließrichtung direkt vor der Unterwassermauer, an welcher das Sediment folglich mächtiger ist als an der Probenahmestelle S, welche sich nach der Mauer befindet. Aufgrund der Architektur der Tauchwand und der Unterwassermauer gelangt nur das vorgereinigte meta- bzw. hypolimnische Wasser in die Talsperre Saidenbach. Die nächste und letzte Barriere in Fließrichtung stellt die Staumauer mit einer Höhe von 48 m und einer Länge von 334 m dar. Davor befindet sich die Probenahmestelle E. Das Sediment ist an dieser Stelle erwartungsgemäß am mächtigsten.

1.3 Aspekte der Trinkwasseraufarbeitung

Das Rohwasser der Talsperre Saidenbach wird in den Wasserwerken Zschopau und Einsiedel zu Trinkwasser aufgearbeitet. Um eine gleichbleibend gute Qualität des Trinkwassers zu gewährleisten, steht mit der novellierten Trinkwasserverordnung (TVO), inkraftgetreten 2003 (BGBl 2001), ein nationaler Standard zur Verfügung. Darin ist geregelt, daß je 1 ml Trinkwasser nicht mehr als 100 Bakterien mittels Kultivierung auf Nähragar bei Inkubation für 24 Stunden bei 20 °C bzw. 36 °C nachweisbar sein dürfen. Außerdem dürfen sich in 100 ml Wasser weder coliforme Keime, *E. coli* oder Fäkalstreptokokken sowie in Trinkwasser aus Oberflächengewässern keine Clostridien bzw. deren Sporen befinden. Coliforme Bakterien sind Indikatororganismen für fäkale Verunreinigung. Da sich im Falle des Auftretens humanpathogener Bakterien und Viren in einem Säugetierorganismus diese in den Fäkalien befinden, wird der Nachweis von coliformen Keimen bzw. Fäkalstreptokokken als Hinweis auf das mögliche Vorkommen potentieller Krankheitserreger gewertet. Im Rohwasser, so wie es in der Talsperre verfügbar ist, lassen sich allerdings coliforme Keime und gelegentlich *E. coli* nachweisen. Es ist die Aufgabe der Wasserwerke, die Trinkwasserqualität entsprechend der TVO sicherzustellen. Dafür werden neben physikalischen Fällungs- und Filtriermethoden auch diverse Desinfektionsmaßnahmen, wie zum Beispiel Chlorierung oder Ozonierung, durchgeführt. Die Effektivität dieser Behandlung ist unter anderem von der Behandlungsdauer, dem Wiederverkeimungspotential, der Konzentration der eingesetzten Substanz und der Resistenz bestimmter Mikroorganismen abhängig. In Abbildung 1.3 ist dargestellt, wie resistent Mikroorganismen bzw. biologische Strukturen wie Prionen gegenüber Desinfektionsmitteln im Allgemeinen sind.

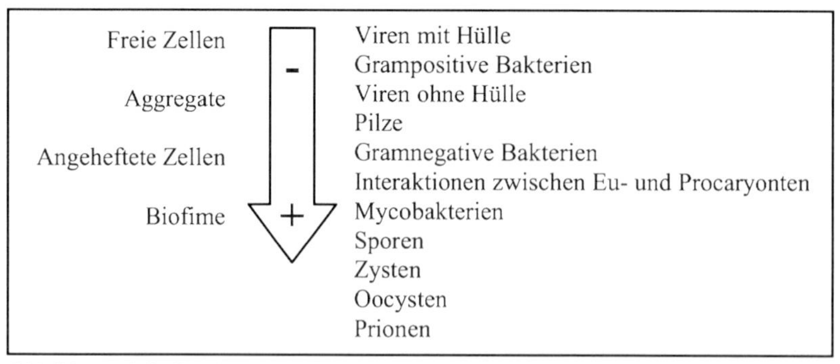

Abbildung 1.3: Resistenz gegenüber Bioziden (verändert nach MARA 2003)
(- geringe Resistenz, + hohe Resistenz)

Interessant in Hinblick auf die Eliminierung von Krankheitserregern aus dem Trinkwasser ist die Tatsache, daß Mycobakterien, bedingt durch ihre Mykolsäure-Zellwand, relativ hohe Resistenzen gegenüber Desinfektionsmitteln aufweisen. Sehr resistent sind auch Interaktionen zwischen Pro- und Eukatyonten, wie sie zum Beispiel bei Legionellen vorkommen, oder Sporen, wie sie von Clostridien gebildet werden.

1.4 Mikrobielle Biozönose

Die mikrobielle Biozönose eines Gewässers ist durch diverse Interaktionen zwischen den Lebewesen gekennzeichnet. So gibt es neben den autotrophen Produzenten, welche anorganischen Kohlenstoff in organische Formen überführen, auch heterotrophe Organismen, welche diesen durch ihre Abbauleistung wieder zu Kohlendioxid oxidieren. Dabei kann es vorkommen, daß schwer zersetzbare Moleküle zum vollständigen Abbau zunächst von Mikroorganismen mit einem dafür prädestinierten Enzymbestand degeneriert werden müssen. Die so entstehenden Fragmente können wiederum durch andere Bakterien oder Pilze verwertet werden (RHEINHEIMER 1991). Viele Mikroorganismen verwerten Substrate unter Freisetzung von Verbindungen, welche durch andere Arten nutzbar sind. Die Spezies *Escherichia coli* und *Proteus vulgaris* können in Form einer Metabiose zum Beispiel ein Harnstoff-Lactose-Medium verstoffwechseln. *Escherichia coli* ist dabei in der Lage, Lactose zu zersetzen, während *Proteus vulgaris* Harnstoff abbaut. Die Spaltprodukte werden vom jeweils anderen Bakterium als C- bzw. N-Quelle genutzt (SCHWARTZ 1961). Als Interaktionen sind neben der Metabiose auch Aufwuchs, Kommensalismus, Symbiose, Konkurrenz, Grazing und Parasitismus zu beobachten (RHEINHEIMER 1991). Diese Wechselwirkungen finden auf so vielfältige Weise statt, daß erst ein geringer Teil davon verstanden ist.

Bakterien können im Wasser entweder frei suspendiert, in Flocken, als Aggregate oder oberflächenassoziiert an organischem sowie anorganischem Material als Biofilm vorkommen. In Sediment sind viele Spezies partikelgebunden.

Die meisten im Freiwasser und Sediment der gemäßigten Breiten natürlich vorkommenden Bakterienspezies sind psychrophil oder psychrotolerant. Diese Kaltwasseradaptation ermöglicht die Nutzung von Nährstoffressourcen in kühlen, tiefen Gewässerschichten bzw. im Winterhalbjahr.

Da der Bestand an Mikroorganismen in einem Gewässer so groß ist, daß eine komplette Erfassung mit derzeitigen Diagnosemethoden unmöglich ist, wurden, um Untersuchungen zu vereinheitlichen und vergleichbar zu machen, einige Bakterienspezies zu phylogenetischen Gruppen zusammengefaßt. Für diese Gruppen wurden spezielle Nachweismethoden entwickelt, mit welchen eine erste Charakterisierung einer Gewässer- bzw. Sedimentprobe durchgeführt werden kann. So werden zum Beispiel Archaea- spezifische Primer genutzt, um Aussagen über den Bestand der Archaebakterien treffen zu können. In der Catalyzed Reporter Deposition Fluoreszenz *in-situ* Hybridisierung (CARD FISH) kommen Oligonukleotidsonden zum Einsatz, mit welchen sich zum Beispiel die einzelnen Gruppen der Proteobakterien oder des Cytophaga-Flavobakterien-Komplexes nachweisen lassen.

1.4.1 Phagen

Eine besondere Form der Interaktion zwischen Mikroorganismen stellt die Beziehung zwischen Phagen und Bakterien dar.
Phagen sind Viren, welche Bakterien infizieren. Sie sind ubiquitär und befallen eine Vielzahl von Archae- und Eubakterienspezies, auch Cyanobakterien (SUTTLE 2000), Mycobakterien oder die zur Lebensmittelherstellung genutzten Lactobazillen (KUTTER 2005). Phagen sind die zahlenmäßig am häufigsten vorkommenden „Lebensformen" auf der Erde. Ihre Gesamtzahl wird weltweit auf 10^{30} bis 10^{32} geschätzt (KUTTER 2005). Selbst in voralpinen Gebirgsseen wurden Konzentrationen von bis zu $2 * 10^8$ plp ml^{-1} nachgewiesen (BERGH 1989). Phagen sind nicht zur Eigenbewegung befähigt. Sie werden entweder im Wirtsorganismus transportiert oder mittels Diffusion in stehenden bzw. durch Strömung in fließenden limnischen oder marinen Systemen verfrachtet. Die Erkennung des Wirtes erfolgt durch spezifische Rezeptorareale an der Bakterienzellwand, welche durch Lipopolysaccharide bzw. Lipoproteide gebildet werden. Diese Domänen bedingen auch die Wirtsspezifität. Diese ist außerdem abhängig vom Trophiegrad des Gewässers. Je nährstoffreicher ein Ökosystem ist, desto höher ist die Wirtsspezifität (KUTTER 2005). Diese Selektivität kann dazu führen, daß nur noch einzelne Stämme einer Bakterienart durch eine Phagenspezies befallen werden können (BAROSS 1978).
Phagen besitzen eine überaus hohe Resistenz gegenüber UV- Licht der Wellenlänge 260 nm sowie einige Spezies gegenüber pH-Werten bis 3. Der normale Toleranzbereich liegt jedoch bei pH 5 bis pH 8 (KUTTER 2005).

F-spezifische Bakteriophagen
Einige Bakterien, wie z.B. *Salmonella typhimurium*, können filamentöse Ausstülpungen der Zelloberfläche, sogenannte Pili, ausbilden, welche dem Gentransfer innerhalb der Bakterienspezies dienen. Einige Phagenarten der Gruppen *Podoviridae* (DNA) bzw. *Leviviradae* (RNA) adsorbieren ausschließlich an spezifische Rezeptorareale an den Pili.

Infektionszyklus am Beispiel der T-Phagen:
Der Infektionszyklus bei T-Phagen wird eingeleitet, indem das Virus mit dem Schwanz an spezielle Rezeptordomänen bindet. Dabei wird die Phagenadsorption durch die Konzentration bestimmter Ionen, wie z.B. Ca^{2+} und Mg^{2+}, im umgebenden Medium beeinflußt. Nach der Anheftung des Phagen erfolgt die Bindung der Spikes an die Wirtszellwand. Eine Kontraktion der viralen Schwanzröhre führt zur Beschädigung der äußeren Lagen der bakteriellen Zellwand. Deren Mureinschichten werden mittels Phagenlysozym in Disaccharide zerlegt. Nach vollständiger Penetration wird durch fortlaufende Kontraktion des Virus die Nukleinsäure aus dem Kopf des Phagen in den Wirt injiziert. Sofort beginnt in der Bakterienzelle die Translation der frühen Proteine.

Diese bedingen z.B. die Synthese und Methylierung der Phagen-DNA, so daß diese nicht durch das Restriktionssystem der Wirtsorganismen abgebaut wird. Die sogenannten späten Proteine sind hauptsächlich Struktureiweiße, welche zur Kapselsynthese notwendig sind. Ein enzymatisch wirkendes spätes Protein ist das zur Penetration der Wirtszelle notwendige Lysozym. Dieses wird terminal in den Phagenschwanz integriert (SCHUSTER 1998). Vor der Lyse der Bakterienzelle erfolgt das self-assembling der Viren, welches mittels bestimmter molekularer Konformationen der Strukturproteine realisiert wird. Das Platzen der Wirtszelle wird durch Lysine erreicht, welche die vier Hauptbindungen des Mureins hydrolysieren. Als konservierte Lysine werden Muramidase, Glucosamidase, Endopeptidase und L-Alanin-Amidase gebildet. Darüber hinaus können spezifische Substrate zur Lyse synthetisiert werden (KUTTER 2005). Bei Einzelstrang-DNA-Phagen, wie z.B. ΦX174, wird nach Infektion zunächst aus der ssDNA ein Doppelstrang mittels der wirtseigenen DNA-Polymerase synthetisiert. Dieser wird als replikative Form (RF) bezeichnet. Je besser der Ernährungszustand einer Bakterienzelle ist, desto mehr Replikationsorte für RF sind vorhanden (SCHUSTER 1998).

Temperente Phagen:

Unter temperenten Phagen versteht man Viren, welche sich zunächst in das bakterielle Genom integrieren und dort bei jeder Zellteilung an die nächste Generation weitergegeben werden. Es kommt erst zur Lyse des Wirtes, wenn ein spezifischer Repressor in der Bakterienzelle inaktiviert wird, was durch Stressoren wie UV-Licht, Mitomycin oder Ascorbinsäure geschehen kann. Die DNA der Phagen trägt Informationen, welche die Physiologie und die Morphologie der Bakterienzelle manipulieren können. So kann es zur Geißelbildung durch Phagenbefall kommen (SCHUSTER 1998). Manche apathogenen Bakterien werden nach Infektion mit Phagen humanpathogen. So wird erst nach Integration des *tox*-Genes des Phagen β in das Genom von *Corynebacterium diphtheriae* das Diphtherietoxin gebildet, was Membranschädigung, Herzschäden, vasomotorische Schocks und Blutungsneigung bedingt (SCHUSTER 1998). Weder der Phage noch das Bakterium sind einzeln für den Menschen pathogen. Ähnlich verhält es sich mit der Evolution von *Vibrio cholerae*. Die Pathogenität dieses Bakteriums wurde durch zwei Phagenspezies bedingt. Nach der Aufnahme des *tcp*-Operons vom VPI-1 Phagen ins bakterielle Genom wird der Rezeptor TCP exprimiert. An diesen Rezeptor bindet CTXΦ, ein temperenter Phage, welcher nach Insertion seiner DNA ins Wirtsgenom die Pathogenität des Bakteriums durch Bildung des Choleratoxins vermittelt (FARUQUE 1998). Auch die Produktion der zwei Shiga-Toxine Stx1 und Stx2 in *E. coli* O157:H7 wird durch Bakteriophagen induziert (DUMKE et al. 2004).
Viele Bakterien tragen temperente Phagen im ihrem Genom. Bei der Untersuchung der Sequenzdaten wurde festgestellt, daß bei Eliminierung der viralen DNA aus dem Genom eine Sequenzhomologie erreicht wird. Daher mußten einige bis dahin unterschiedliche Spezies zu einer Art zusammengefaßt werden (SCHUSTER 1998).

Phagen als Indikatorsystem:

In den Fäces von Säugetieren können sich neben apathogenen Bakterien, welche immer ausgeschieden werden, sowohl pathogene Bakterien als auch Viren befinden. Einige Phagen befallen *Enterobacteriaceae*. Da humanpathogenen Bakterien, so diese vorhanden sind, häufig mit *Enterobacteriaceae* ausgeschieden werden, ist der Nachweis hinsichtlich fäkaler Kontaminationen auch mittels einer Untersuchung der Proben auf Bakteriophagen möglich. Phagen werden permanent und in höheren Konzentrationen als humanpathogene enterale Viren ausgeschieden. Für die Untersuchung von Proben auf humanpathogene Viren ist der Phagennachweis bedingt geeignet. Da das Verhältnis zwischen humanpathogenen Viren und Bakteriophagen mehr als 1:1000 beträgt, kann man davon ausgehen, daß sich bei negativem Phagenbefund auch keine medizinisch relevanten Viren in der Probe befinden (RÖSKE 2005). Da sich in einer Bakterienzelle mehrere hundert Viruspartikel befinden können, ist der Phagennachweis eine sehr sensible Indikatormethode.

Spezies folgender Phagengruppen sind in der Lage *Enterobacteriaceae* zu infizieren (KUTTER 2005):

Microviridae: Diese lytischen ssDNA-Viren mit Polyederform haften sich an die Zellwand an und bilden als Haftstruktur Spikes aus. Ein Beispiel aus dieser Gruppe ist der somatische Coliphage ΦX174.

Tectiviradae: Die Rezeptoren dieser lytischen dsDNA-Viren befinden sich an der Zellwand bzw. an den Pili der Bakterien. Die polyedrischen Phagen bilden Spikes aus.

Leviviradae: Diese Gruppe piliassoziierter Viren haftet mit apikalen Proteinen an der Wirtszelle. Die lytischen ssRNA-Phagen ähneln bezüglich der polyedrischen Morphologie dem Poliovirus.

Inovirus: Die filamentösen ssDNA-Viren haben einen temperenten Lebenszyklus. Die Anheftung an die Pili des Wirtes erfolgt mittels eines Virus- „Dorns“

1.4.2 Mycobakterien

Mycobakterien sind aerobe, unbewegliche, langsam wachsende, stäbchenförmige Bakterien (SNEATH 1986). Sie bilden keine Toxine. Die Zellwand enthält neben dem Peptidoglycan Polysaccharide, Proteine, Phospholipide und vor allem Wachse und Glycolipide, welche bis zu 60 % der Bakterientrockenmasse ausmachen (HOF 2005). Die Wachse bestehen größtenteils aus Mycolsäuren, welche 60 bis 80 Kohlenstoffatome in der Fettsäurekette enthalten können (VINZELBERG 2002). Dieser besondere Aufbau der Zellwand bedingt die relativ hohe Resistenz gegenüber vielen Desinfektionsmitteln (TAYLOR 2000, LE CHEVALLIER 2001) sowie die Säurefestigkeit, welche als ein Nachweiskriterium für Mycobakterien gilt. Die Resistenzen der Mycobakterien stellen ein Problem bei der Trinkwasseraufarbeitung dar. So wurden schon viele Infektionen durch Spezies dieser Gattung durch kontaminiertes Trinkwasser hervorgerufen. In Tabelle 1.2 sind einige ausgewählte Fälle zusammengefaßt. An diesen Beispielen wird deutlich, daß trotz ordnungsgemäßer Aufarbeitung des Wassers immer wieder Infektionen durch Mycobakterien hervorgerufen werden. Diese Bakterien konnten offensichtlich bei der Fällung bzw. Desinfektion im Wasserwerk nicht eliminiert werden.

Tabelle 1.2: Beispiele für Infektionen durch mit Mycobakterien kontaminiertes Trinkwasser (MAC...Mycobacterium avium complex)

Quelle	Infizierte	Bakterium	Krankheit	Referenz
Duschwasser	5	MAC	pulmonale Infektion	MANGIONE 2001
Badewassser	3	MAC	Hautinfektion	SUGITA 2000
Fußbad im Nagelsalon	110	*M.fortuitum*	Furunkulose	WINTHROP 2002
Eis-Maschine Krankenhaus	47	*M.fortuitum*	Infektion Respirationstrakt	GEBO 2002

Die Spezies der Gattung *Mycobacterium* lassen sich in Komplexe von Arten mit ähnlicher 16S rRNA Sequenz gruppieren.

So gehören dem Mycobacterium-tuberculosis-Komplex die Arten *M. tuberculosis, M. bovis, M. africanum, M. microti, M. leprae* und *M. lepramurium* an (Vinzelberg 2002). Die Spezies unterscheiden sich jedoch in ihrer Pathogenität. Statistisch betrachtet infiziert sich in jeder Sekunde ein Mensch mit Tuberkuloseerregern. Jedes Jahr sind 7 bis 8 Millionen Menschen davon betroffen. Nach Angabe der WHO werden bis 2020 eine Milliarde neue Infektionen, 200 Millionen Neuerkrankungen und 70 Millionen daraus resultierende Todesfälle erwartet (KÜCHLER 1998). Die Bakterien dieses Komplexes sind direkt von Mensch zu Mensch übertragbar. Bei allen anderen durch Mycobakterien hervorgerufenen Krankheiten spielen bis auf wenige Ausnahmen andere Infektionsquellen, welche nicht selten in der Natur zu finden sind, eine entscheidende Rolle (PEDLEY 2004). Die Bakterien des *Mycobacterium avium* Komplexes (MAC) sind die in Europa am häufigsten isolierten humanpathogenen Mycobakterien (PEDLEY 2004). Meist bedingen diese Bakterien pulmonale Erkrankungen oder Hautinfektionen.

Viele Mycobakterien sind humanpathogen oder führen in Kombination mit einem geschwächten Immunsystem wie bei AIDS-Infizierten oder immunsupprimierten Patienten zum Ausbruch einer Krankheit. Von den 31 zwischen 2003 und 2005 neu beschriebenen Mycobakterien-Arten wurden 26 aus Menschen isoliert (TORTOLI 2005).
Es existieren jedoch auch einige Mycobakterien-Spezies, welche keine Infektionen hervorrufen bzw. bei denen dieses möglicherweise vorhandene Potential noch nicht bekannt ist. Zu diesen in der Literatur als atypische Mycobakterien bezeichneten Spezies, gehören unter anderem *Mycobacterium agri* bzw. *Mycobacterium vaccae*.
Die taxonomische Einordnung der Mycobakterien ist aus Abbildung 1.4 ersichtlich.

Domain: Bacteria
Phylum: *Actinobacteria*
Class: *Actinobacteria*
Order: *Actinomycetales*
Family: *Mycobacteriaceae*
Genus: *Mycobacterium*

Abbildung 1.4: Taxonomische Einordnung der Mycobakterien

Darüber hinaus werden die Mycobakterien auch entsprechend der Parameter Farbstoffbildung der Kolonien und Wachstumsgeschwindigkeit nach Runyon (s. Tab. 1.3) klassifiziert.

Tabelle 1.3: Gruppeneinteilung der Mycobakterien nach Runyon (verändert nach HOF 2005)

Gruppe	Wachstumsgeschwindigkeit	Farbstoffbildung
Runyon-Gruppe I	langsam wachsend	nach Lichtexposition (photochromogen)
Runyon-Gruppe II	langsam wachsend	im Dunken (skotochromogen)
Runyon-Gruppe III	langsam wachsend	keine Farbstoffentwicklung
Runyon-Gruppe IV	schnell wachsend	keine Farbstoffentwicklung

Der Aufwand für die Kultivierung von Mycobakterien unterscheidet sich erheblich von dem der meisten anderen Mikroorganismen. Da Mycobakterien sehr langsam wachsen und konkurrierende Mikroorganismen während dieser Wachstumsphase das Kulturmedium besiedeln würden, muß dem Selektivagar ein Antibiotikasupplement hinzugefügt werden. Das so genannte PACT besteht aus vier Antibiotika. Während der Wirkstoff Polymyxin B gegen viele gramnegative Bakterien wirkt, hemmt Amphotericin, ein Fungizid, das Wachstum von Hefen und Pilzen. Carbenicillin inaktiviert die Transpeptidase, welche zur Vernetzung der Pepdigoglycanschichten bei gramnegativen Bakterien notwendig ist. Das vierte Antibiotikum Trimethoprim wirkt effektiv gegen Streptokokken und Aktinomyceten, allerdings auch gegen *Mycobacterium marinum* (AHC 2006).
Mycobakterien können auch durch Phagen infiziert werden. Bisher sind einige temperente Phagen (PEDULLA 2003) und ein lytischer Phage, der Myovirus Bxz1, in Mycobakterien nachgewiesen worden. Der Versuch, Phagen als Indikatorsystem für den Nachweis von Mycobakterien zu nutzen, war jedoch nicht erfolgreich (Kutter 2005).

1.5 Zielstellung

Um die Funktion und Interaktion von Mikroorganismen in Gewässersystemen aufzuklären soll die mikrobielle Biozönose des Pelagials sowie des Sedimentes der Talsperre Saidenbach und deren Vorsperre Forchheim charakterisiert werden. Dazu soll mittels Catalyzed Reporter Deposition Fluoreszenz *in-situ* Hybridisierung (CARD FISH) untersucht werden, welche Bakteriengruppen in welcher Häufigkeit in Abhängigkeit von der Jahreszeit, der Probenahmestelle und der Horizonttiefe im Sediment bzw. in einer Sedimentfalle vorkommen.

Außerdem sollen Klonbibliotheken der gleichen Proben, welche in der CARD FISH untersucht wurden, angelegt und die Ergebnisse der Klonierung mit denen der CARD FISH verglichen werden.

Das Sediment soll weiterhin mittels Klonierung mykobakterienspezifischer 16S rRNA und Kultivierung auf Selektivnährmedien auf das Vorkommen und das Artenspektrum von Mycobakterien untersucht werden.

Des weiteren soll im Sediment und dem Porenwasser die Menge somatischer Coliphagen und F-spezifischer Bakteriophagen, welche Indikatororganismen für fäkale Verunreinigungen darstellen, bestimmt werden.

Das Wasser aus dem Pelagial soll auf die Zusammensetzung hinsichtlich kultivierbarer Bakterien untersucht werden.

2 Material und Methoden

2.1 Bakterienstämme, Phage, Plasmid

Phagenuntersuchung:

Für die Untersuchung des Sedimentes auf das Vorkommen von F-spezifischen RNA-Bakteriophagen wurde als Wirtsorganismus *Salmonella typhimurium,* Stamm WG49, phage type 3, Nal^r (F' 42 *lac*::Tn5), NCTC 12484 nach ISO 10705-1:1995(E) eingesetzt. Der Stamm ist der Risikoklasse 2 zugeordnet.

Die Ermittlung der Konzentration der Somatischen Coliphagen im Sediment sowie im Porenwasser erfolgte mittels *Escherichia coli*, Stamm WG5, ATCC 700078 entsprechend ISO/DIS 10705-2.2.

Als Positivkontrolle für Somatische Coliphagen wurde eine Kultur von ΦX174, ATCC 13706-B1 nach ISO/DIS 10705-2.2 mitgeführt.

Klonierung:

Zur Klonierung wurden Aliquote von *Escherichia coli,* Stamm F' {*lac*I^{q}Tn*10*(Tet^R)} *mcr*A Δ(*mrr-hsd*RMS-*mcr*BC) Φ80*lac*ZΔM15 Δ*lac*X74 *rec*A1 *ara*D139 Δ(*ara-leu*)7697 *gal*U *gal*K *rps*L (Str^R) *end*A1 *nup*G sowie das Plasmid pCR®2.1-TOPO® (Abbildung 2.1) mit Insertionssequenz im lac Z-Operon und kombinierter Ampicillin- und Kanamycinresistenz eingesetzt.

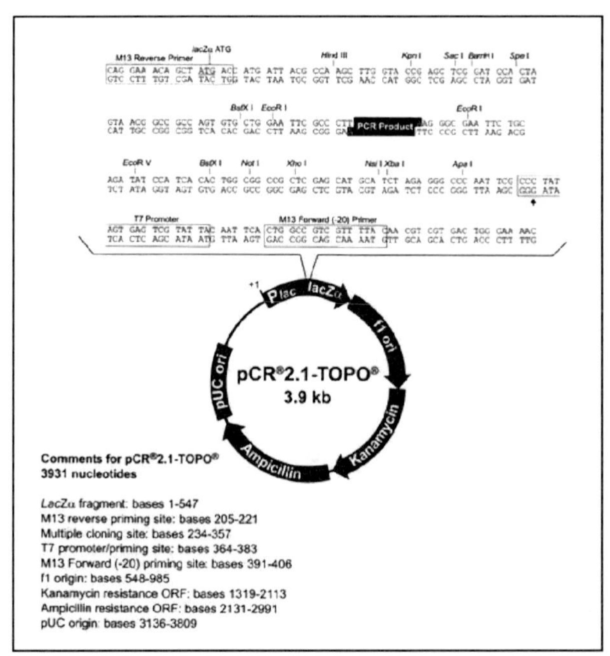

Abbildung 2.1 Plasmid pCR®2.1-TOPO® (Abb.: Invitrogen 2004)

2.2 Nährmedien

2.2.1 Nährmedium zur Anzucht von *E. coli* bei der Klonierung

S.O.C. Medium

Dieses Medium dient der initialen Vermehrung von *E. coli* direkt nach der Klonierung vor dem Ausspateln auf LB-Medium.

S.O.C.: 2% Trypton
0,5 % Hefeextrakt
10 mM NaCl
2,5 mM KCl
10 mM $MgCl_2$
10 mM $MgSO_4$
20 mM Glucose

LURIA-BERTANI-Agar (LB)

Escherichia coli wurde im Rahmen der Klonierungen sowie zur Erstellung der Klonbanken auf LB-Agar (SAMBROOK et al. 1989) angezüchtet.

LB-Agar: 10 g Trypton
5 g Hefeextrakt
10 g NaCl
15 g Agar
1 l Aqua dest.

Dem LB-Agar wurde nach dem Autoklavieren und Temperieren auf 50°C Ampicillinlösung mit einer Endkonzentration von 50 µg/ml zugefügt, um den ampicillinresistenten Stamm (s. 2.1) selektiv zu begünstigen.

2.2.2 Nährmedien zur Untersuchung biochemischer Stoffwechselleistungen

Die nachfolgend aufgeführten Nährmedien dienten ausschließlich der Untersuchung kultivierbarer Mikroorganismen aus den untersuchten Proben.

Wasser-Agar:

Dieses Medium wurde zur Kultivierung von Bakterien verwendet, um diesen möglichst alle an ihrem natürlichen Standort vorkommenden Nährstoffe zur Verfügung zu stellen. Zur Herstellung wurde Wasser analog der zu untersuchenden Region (F bzw. E) mit 10 g Agar versetzt und autoklaviert.

Schwärm-Agar (SAA-NBK-SCHWRAG2)

Die Beweglichkeit der Bakterien, welche durch Begeißelung bzw. motorische Proteine (Kapitel 3.4.2) bedingt sein kann, läßt sich im Schwärm-Agar mittels Impfstichtechnik nachweisen.

Schwärm-Agar: 7 g Pepton
1 g Fleischextrakt
2 g Hefeextrakt
5 g NaCl
2 g Glucose
8 g Agar
1 l Aqua dest.

Nähragar (SAA-NBK-NAEHPAG-03)

Nähragar dient der Kultivierung der verschiedensten Bakterienspezies. Er eignet sich nur eingeschränkt zur Selektion bestimmter Spezies.

Nähragar: 5 g Pepton
1 g Fleischextrakt
2 g Hefeextrakt
5 g NaCl
15 g Agar
1 l Aqua dest.

DEV-SIMMONS-Citrat-Schrägagar (SAA-NBK-CITRTAG-03)

Citrat-Agar ist ein Selektivmedium zur Differenzierung von *E. coli* und Coliformen. Letztere bewirken durch Citratverwertung einen Farbumschlag des enthaltenen Indikators Bromthymolblau von Grün nach Blau (Biotest 1992).

Citrat-Agar:
0,2 g Ammoniumdihydrogenphosphat
0,8 g Natrium-Ammoniumphosphat (modifiziert Fa. Oxoid)
5 g NaCl
2 g Natriumcitrat
0,2 g Magnesiumsulfat
0,08 g Bromthymolblau
15 g Agar
1 l Aqua dest.

Aeromonaden-Agar (SAA-NBK-AEROMAG-03)

Aeromonas spp. und *Pleisiomonas shigelloides* wachsen auf diesem Medium als dunkelgrüne, matte Kolonien mit einem Durchmesser von 0,5 bis 1,5 mm.

Aeromonaden-Agar:
5 g Pepton
3 g Hefeextrakt
3,5 g Lysinmonohydrochlorid
2 g L-Agininmonohydrochlorid
2,5 g Inositol
1,5 g Lactose
3 g Sorbitol
3,75 g Xylose
3 g Bile salt No. 3 (Oxoid)
10,67 g Natriumthiosulfat
5 g NaCl
0,8 g Eisen-Ammoniumcitrat
0,04 g Bromthymolblau
0,04 g Thymolblau
12,5 g Agar
1 l Aqua dest.

Campylobacter-Agar nach BLASER-WANG (SAA-NBK-CAMPYAG-04)

Die Basis des Nährmediums ist vergleichbar mit Blut-Agar, jedoch hemmt das Supplement Enterobakterien, grampositive Keime sowie Hefen und Pilze weitgehend.

Campylobacter-Agar:
10 g Fleischextrakt
10 g Pepton
5 g NaCl
12 g Agar
1 l Aqua dest.
78 ml lysiertes, defibriniertes Schafblut
4 ml Supplement

Supplement (Oxiod):
5 mg Vancomycin
1,25 IU Polymixin B
2,5 mg Trimethoprim
1 mg Amphotericin B
7,5 mg Cefalothin

Eigelb-Lactose-Agar (SAA-NBK-EILACAG-03)

Lactosespaltende Bakterien bedingen einen Farbumschlag des Indikators nach Gelb, während lactosenegative Keime Weiß- Violett wachsen. Besitzen die Mikroorganismen Lecithinase, wie zum Beispiel die *Cereus*-Gruppe der *Bacillus spp.*, ist ein getrübtes Präzipitat um die Kolonien zu erkennen.

Eigelb-Lactose-Agar:
5 g Pepton
1 g Fleischextrakt
2 g Hefeextrakt
5 g NaCl
11 g Lactose
22,2 ml Bromkresolpurpur-Lösung 0,2%
15 g Agar
1 l Aqua dest.

Nach dem Autoklavieren wurde das Medium auf 50°C temperiert, ein pH-Wert von 7,4 mit Na_2CO_3 (1 M) eingestellt und 107 ml Eigelb-Emulsion zugegeben.

LEIFSON-Agar (SAA-NBK-LEIFSAG-04)

Hohe Konzentrationen Desoxycholat und Citrat im LEIFSON-Agar hemmen das Wachstum grampositiver Flora sowie teilweise das der Coliformen. Gutes Wachstum zeigen Salmonellen und Shigellen (Biotest 1992).

LEIFSON-Agar:	5 g Pepton aus Fleisch
	5 g Fleischextrakt
	10 g Lactose
	5 g Natriumthiosulfat
	1 g Ammoniumeisen(III)-citrat
	5 g Natriumcitrat
	2,5 g Natriumdesoxycholat
	0,025 g Neutralrot
	15 g Agar
	1 l Aqua dest.

WINKLE-Agar (SAA-NBK-WINKLAG-03)

Bakterien, welche zur Lactosespaltung befähigt sind, verursachen eine Säuerung des Nährmediums, in dessen Folge die Farbe des Indikators Bromthymolblau nach Gelb umschlägt. Keime der Salmonella-Shigella-Gruppe wachsen in glasig grünen Kolonien. *Proteus spp.* schwärmt auf diesem Medium nicht.

WINKLE-Agar:	(1)	10 g Lactosemonohydrat in 30 ml Aqua dest. lösen
	(2)	5 g Metachromgelb bei 70°C in 250 ml Aqua dest. lösen Lösung (2) filtrieren und bei 70°C sterilisieren
	(3)	30 ml Lösung (1), 14 ml Lösung (2) und 20 ml Bromthymolblau 0,5% kurz aufkochen
	(4)	1 l Aqua dest und 56 g Nähragar autoklavieren und auf 50°C abkühlen und Ansatz (3) zugeben

Blut-Agar (SAA-NBK-SCHOKAG-03)

Dieser Agar ist ein relativ nährstoffreiches Medium für eine Vielzahl von Bakterienspezies. Auch sehr anspruchvolle Mikroorganismen können auf Blut-Agar kultiviert werden. Die Verwertung des Hämoglobins während des Mikroorganismenwachstums läßt eine Einteilung der Bakterien in drei Gruppen zu. Erfolgt eine Reduktion des Hämoglobins zu Biliverdin (OETHINGER 2000), bezeichnet man dies als α-Hämolyse. Sie ist an grünen Zonen um die Bakterienkolonien zu erkennen. Bei der β-Hämolyse wird der Blutfarbstoff vollständig abgebaut, so daß die Kolonien von einem hellen Hof umgeben sind. Findet keine Hämolyse statt, bezeichnet man dies als γ-Hämolyse (SEELIGER 1990).

Blut Agar:	39 g Columbia Agar Basis sterilisieren, abkühlen auf 50 °C
	50 ml defibriniertes Schafblut und
	5 ml Hämin-Stammlösung (0,05%) zugeben
	bei 72 °C sterilisieren, abkühlen auf 45 °C
	2 ml NAD-Stammlösung (0,5%) zugeben

KLIGLER-Schrägagar (SAA-NBK-KLIGLAG-02)

Der Eisen-Zweizucker-Agar nach KLIGLER dient der Identifizierung gramnegativer Darmbakterien. Der enthaltene Indikator Phenolrot zeigt durch Farbreaktion an, ob Zucker unter Säurebildung abgebaut werden kann. Der Farbumschlag erfolgt im gegebenen Fall von Rot-Orange nach Gelb (Biotest 1992).

KLIGLER-Agar:	1,5 g Pepton aus Casein
	1,5 g Pepton aus Fleisch
	3 g Fleischextrakt
	3 g Hefeextrakt
	10 g D(+)-Glucose
	20 g NaCl
	5 g Lactose
	0,3 g Ammoniumeisen(III)-Citrat
	0,3 g Natriumthiosulfat
	0,05 g Phenolrot
	12 g Agar
	1 l Aqua dest.

Sabouraud-Agar (SAA-NBK-SABGKAG-03):

Dieses Nährmedium dient der selektiven Vermehrung von Hefen, Schimmelpilzen und Dermatophyten.

Sabouraud-Agar:	10 g Caseinpepton
	20 g Glucose
	0,1 g Chloramphenicol
	15 g Agar
	1 l Aqua dest.

R2A-Medium (Fa. Difco)

Bei diesem Agar handelt es sich um ein Mangelmedium für heterotrophe Mikroorganismen.

R2A- Medium:	0,5 g Hefeextrakt
	0,5 g Pepton
	0,5 g Casaminosäuren
	0,5 g Dextrose
	0,5 g Stärke
	0,3 g Natriumpyruvat
	0,3 g Kaliumphosphat
	0,05 g Magnesiumsulfat
	15 g Agar
	1 l Aqua dest.

Galle-Chrysoidin-Glycerol-Agar (SAA-NBK-GRUENAG-03)

Der Nährboden dient der Kultivierung gramnegativer Bakterien und ähnelt in der Selektivität dem MacConkey-Agar, ermöglicht jedoch charakteristischere Koloniebildung pathogener *Enterobacteriaceae.*

Galle-Chrysoidin-Glycerol-Agar:	42,8 g Galle-Chrysoidin-Agar-Basis (Oxoid)
	1 g Harnstoff
	2,6 ml Natriumcarbonat 1 M
	20 ml Glycerol
	5 g Agar
	1 l Aqua dest.

2.2.3 Mycobakterien-Kultivierung

N-Acetyl-L-Cystein-NaOH-Lösung

Zur Vorbehandlung der Proben für die Mycobakterien-Kultur wurde N-Acetyl-L-Cystein-NaOH-Lösung entsprechend DIN 58943-3 / SAA-TBC-TBCKULT-03 des Institutes für Medizinische Mikrobiologie und Hygiene der TU Dresden genutzt.

N-Acetyl-L-Cystein-NaOH-Lösung:
100 mg N-Acetyl-L-Cystein
10 ml sterile NaOH-Lösung (5%)
10 ml sterile Na_3-Citrat$2H_2O$-Lösung (2,9%)

Agares zur Mycobakterien-Kultur:

Zur Kultivierung von Mycobakterien auf Schrägagar wurden der Eigelb- sowie der Ogawa-Nährboden mit PACT der Firma Artelt ENCLIT genutzt. Die Zusammensetzung entspricht den Herstellerangaben und ist je 1 Liter Medium zu verstehen.

Eigelb-Nährboden:
420 ml Salzlösung
580 ml Eiemulsion mit Pyruvat
0,25 g Malachitgrün
200 000 IE **P**olymixin B
10 mg **A**mphoterizin
50 mg **C**arbenizillin
10 mg **T**rimethoprim
} PACT (Antibiotikagemisch)

Ogawa-Nährboden:
333 ml Salzlösung
666 ml Eimasse mit Glycerol
0,3 g Malachitgrün
200 000 IE Polymixin B
10 mg Amphoterizin
50 mg Carbenizillin
10 mg Trimethoprim

2.2.4 Medien zur Phagen-Untersuchung

Modified SCHOLTENS'-Broth, -Agar (MSB / MSA)

Die initiale Anzucht der *E. coli* für die Untersuchung somatischer Coliphagen erfolgte in Modified SCHOLTENS'-Broth (MSB) nach ISO/DIS 10705-2.2.

MSB:
- 10 g Pepton
- 3 g Hefeextrakt
- 12 g Fleischextrakt
- 3 g NaCl
- 5 ml Na_2CO_3-Lösung (150 g/l)
- 0,3 ml $MgCl_2$-Lösung (2 g/ml)
- 1 l Aqua dest.

Der Versuchsansatz erfolgte im halbfesten Medium (ssMSA) auf festem Modified SCHOLTENS'-Agar (MSA).

ss MSA: MSB mit 7 g Agar je 1 l Medium
MSA: MSB mit 15 g Agar je 1 l Medium

Tryptone-yeast extract-Glucose-Broth, -Agar (TYGB / TYGA)

S. typhimurium wurde als Wirtsorganismus für F-spezifische Bakteriophagen in Tryptone-yeast extract-Glucose Broth (TYGB) nach ISO 10705-1:1995(E) kultiviert.

TYGB:
- 10 g Trypticase Pepton
- 1 g Hefeextrakt
- 8 g NaCl
- 1 l Aqua dest.

Der Phagentest erfolgte in ssTYGA auf festem Tryptone-yeast-extract-Glucose-Agar (TYGA).

ssTYGA: TYGB mit 7 g Agar je 1 l Medium
TYGA: TYGB mit 15 g Agar je 1 l Medium

2.3 Probenahme und Abtrennung

Das Ziel der Probenahmen war, in der Vorsperre Forchheim (F), vor und nach einer Unterwassermauer (S und H) sowie an der Entnahmestelle (E) vor der Staumauer genug Sediment zu gewinnen, um chemische und mikrobiologische Untersuchungen durchführen zu können. Es wurden je Probenahmestelle 6 Sedimentkerne entnommen. Die Gewinnung dieser Kerne sowie die Messung der physikalischen Gewässerdaten erfolgte von einem Boot aus. Physikalische Parameter wie Wassertemperatur, Sauerstoffgehalt, Leitfähigkeit und pH-Wert wurden meterweise vor Ort mit den Geräten Oxi 197-S, LF 197-S und pH 197-S von WTW erhoben. Diese wurden zuvor entsprechend der Herstellerangaben kalibriert. Die Sedimentproben wurden mit einem Uwitec-Sedimentstecher (Bild 2.2) entnommen. Dazu wurde der Ball neben der Plexiglasröhre fixiert und der Sedimentstecher an der Auslöse- / Bergeleine durch das Pelagial bis zum Sediment hinabgelassen. Durch den Widerstand, welcher beim Auftreffen des Sedimentstechers auf dem Gewässerboden entsteht, wird der Ball aus seiner Position gelöst und verschließt die untere Öffnung der Plexiglasröhre. Nach dem Bergen des Sedimentstechers wurde die Röhre mit einer Gummidichtung verschlossen und die Qualität der Proben kontrolliert.

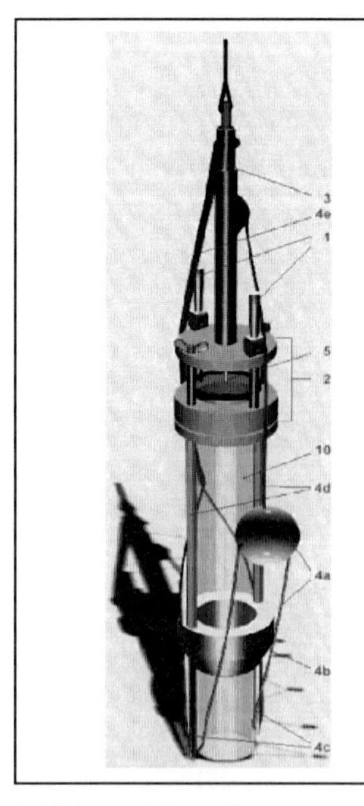

1. Spannhebel
2. Kopf des Sedimentstechers mit Schnellverschluß durch den Spannhebel
3. Aufhängung mit automatischer Auslösevorrichtung zur Kerngewinnung
4. Kerngewinner mit beschwertem Boden

4.a Ball mit Auslöseschnur
4.b Gewicht
4.c Unteres Ende mit Führung für die Auslöseschnur
4.d Distanzstange
4.e Gummischlaufe

5. Röhrenverschluß aus Plexiglas
10. PVC Rohr

Abbildung 2.2 Sedimentstecher (verändert nach UWITEC, 2006)

Die Probenahmen erfolgten zu den in Tabelle 2.1 aufgelisteten Daten. Im Februar 2006 wurden durch ein Loch in der 35 cm dicken Eisschicht an der Entnahmestelle 11 Sedimentkerne gewonnen. Die Beprobung vom Juni 2006 wurde ohne die Probenahmestellen H und S, die vom August 2006 ohne E durchgeführt. Das Sediment der Sedimentfalle E0 von der Entnahmestelle wurde nur im September 2005 und im August 2006 untersucht.

Tabelle 2.1 Probenahmedaten und beprobte Gewässerregionen sowie durchgeführte Untersuchungen

Datum	Probenahmestellen					durchgeführte Untersuchungen
	F	H	S	E	E0	
21.09.2005	x	x	x	x	x	CARD- FISH, Klonierung
20.02.2006	-	-	-	x	-	CARD- FISH, Klonierung
24.04.2006	x	x	x	x	-	Wassermedium, Phagen
22.05.2006	x	x	x	x	-	Mycobakterien- Kultur, Phagen
19.06.2006	x	-	-	x	-	Mycobakterien- Kultur, Phagen
24.07.2006	x	x	x	x	-	Phagen
29.08.2006	x	x	x	-	x	CARD- FISH, Klonierung, Phagen, BIOLOG
16.10.2006	x	x	x	x	-	Phagen

Die Sedimentkerne wurden über Nacht in der Kühlzelle bei 8°C gelagert. Die Abtrennung der Horizonte (Bild 2.3) erfolgte jeweils am Tag nach den Probenahmen. Die Zuordnung der Horizonte zu bestimmten Tiefen ist aus Abbildung 2.3 ersichtlich. Der weitere Ablauf der Untersuchungen ist im Schema 2.1 dargestellt.

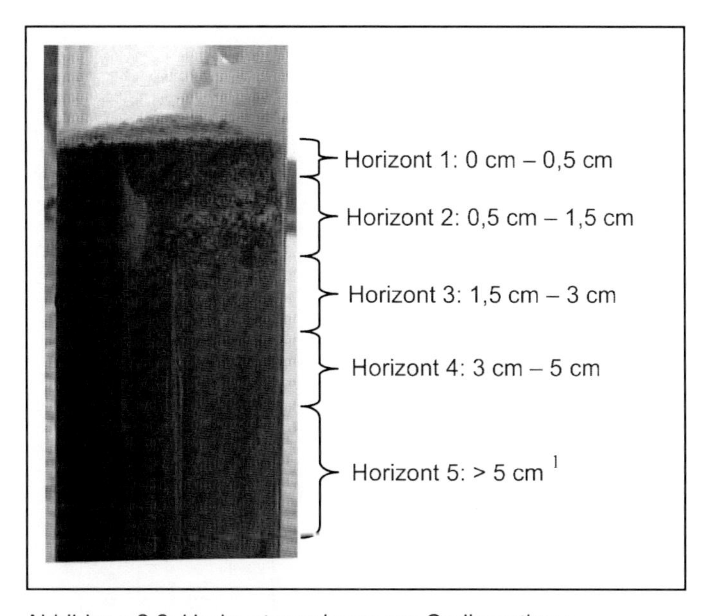

Abbildung 2.3: Horizontzuordnung am Sedimentkern

[1] Ab April 2006 E, H, S Horizont 5: 8 cm bis 10 cm

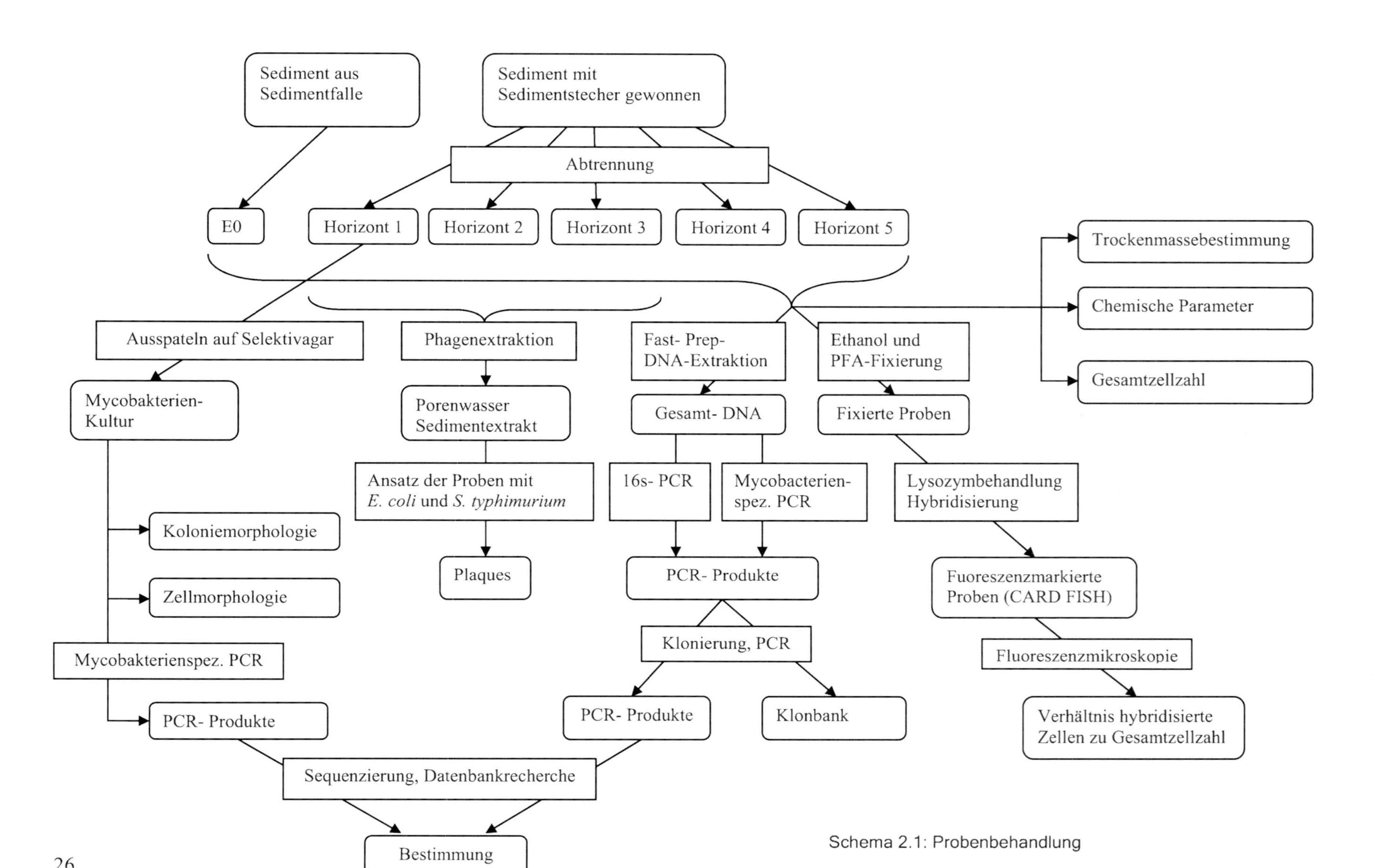

Schema 2.1: Probenbehandlung

2.4 Molekularbiologische Methoden

2.4.1 DNA-Extraktion

Die DNA-Extraktionsmethoden Fast DNA® Spin for Soil (Fa. Q-Biogene) und der Bead-Beater-Aufschluß (Fa. Retsch) lassen sich grundlegend in 4 Funktionsschritte einteilen. Zunächst müssen die Zellen mechanisch aufgeschlossen werden. Dies geschieht in beiden Fällen durch Kugeln mit bestimmtem Durchmesser, welche beim Schütteln in den jeweiligen Geräten die Zellwände zerstören. Dies wird bei den Extraktionsmethoden QIAamp® DNA-Stool Mini Kit und QIAamp® DNA Blood Mini Kit von Qiagen durch Erwärmen der Zellen im Puffer erreicht. Nach der Lyse erfolgt ein Reinigungsschritt, um die DNA von den Zelltrümmern und -organellen zu trennen. Beim anschließenden Waschschritt wird die DNA gereinigt und danach eluiert.

2.4.1.1 Fast DNA® Spin for Soil (Q Biogene)

Diese Methode wurde genutzt, um die DNA aus Organismen zu gewinnen, welche sich im Sediment befanden.

<u>Schritt 1: Lyse</u>
Um die Gesamt-DNA aus dem Sediment zu extrahieren, wurden 500 mg der Probe mit 978 µl Sodium-Phosphatpuffer und 122 µl MT-Puffer (Q Biogene) in das Multimix 2 Tissue Matrix Tube gegeben. Die Aufschlußgefäße wurden im „Fast Prep"-Gerät (Bio 101®) befestigt und 40 s bei Stufe 5.5 geschüttelt. Danach wurden die Proben bei 13000 rpm 30 s (Biofuge frescos Fa. Heraeus) zentrifugiert und der Überstand in ein neues Gefäß überführt. Nach Zugabe von 205 µl PBS wurde dies durch vorsichtiges „Überkopf"-Drehen des Gefäßes mit der Probe vermengt.

<u>Aufreinigung:</u>
Um ein Pellet zu präzipitieren, wurde die Probe bei 13000 rpm 5 min zentrifugiert. Der Überstand wurde in ein 2 ml Eppendorf-Reaktionsgefäß gegeben, welches 1 ml bereits suspendierte Binding Matrix enthielt. Dieser Ansatz wurde 2 min durch Schütteln vermengt. Nach dem Sedimentieren der Matrix wurden 500 µl aus dem Überstand verworfen, die Matrix im Rest suspendiert und in zwei Aliquote aufgeteilt. Diese wurden nacheinander auf einen Spin ™ (Q Biogene) Filter gegeben und 1 min bei 13000 rpm zentrifugiert.

<u>Waschen:</u>
Der Spin™ Filter wurde nach Auftragen von 500 µl Salz-Ethanol-Waschlösung (SEWS-M) bei 13000 rpm 1 min zentrifugiert. Das Filtrat wurde verworfen und der Filter nochmals bei gleicher Drehzahl für 2 min zentrifugiert.

Eluieren:
Die Rücklösung der DNA vom Filter wurde durch Auftragen von 80 µl DNA Elution Solution-ultra pure water (DES) auf die Matrix des SPIN™ Filters und anschließendes Zentrifugieren bei 13000 rpm für 1 min realisiert.

2.4.1.2 Bead Beater- Aufschluß

Diese Aufschlußmethode wurde genutzt, um Mycobakterien-DNA aus den Sedimentproben zu gewinnen.

Die DNA-Extraktionsmethode wurde mit der Schwingmühle MM 2000 (Fa. Retsch) in Sarstedt-Röhrchen durchgeführt. In einem Reaktionsgefäß mit Schraubverschluß wurden 500 µl Zirconia/Silica-Beads 0,1 mm (Fa. Roth) mit 500 µl Phenol und 500 µl Probe vermengt. Dieser Ansatz wurde zum mechanischen Zellaufschluß 12 min in der Schwingmühle bei maximaler Geschwindigkeit (Amplitude 100) behandelt. Aus dem wäßrigen Überstand wurden 400 µl abgenommen und mit 400 µl A-Puffer (Qiagen) versetzt. Die weitere Behandlung der Proben erfolgte nach den Extraktionsmethoden QIAamp® DNA-Stool Mini Kit bzw. QIAamp® DNA Blood Mini Kit von Qiagen.

2.4.1.3 QIAamp® DNA-Stool Mini Kit (Qiagen 2001)

Die DNA-Extraktion erfolgte entsprechend der Anleitung des im Kit enthaltenen Protokolls von Qiagen und wurde zur Gewinnung von DNA aus Reinkulturen genutzt.

2.4.1.4 QIAamp® DNA Blood Mini Kit (Qiagen 2003)

Die Methode wurde zur Extraktion von DNA aus Reinkulturen genutzt. Die Durchführung entsprach der im Begleitheft von Qiagen angegebenen Prozedur.

2.4.2 Polymerase Chain Reaction (PCR)

Die Polymerase Kettenreaktion (PCR), 1984 von Kary Mullis entwickelt (Löffler 2003), wird genutzt, um geringe DNA-Mengen zu amplifizieren. Grundlage der Reaktion ist, daß DNA einen bestimmten Schmelzpunkt hat, bei welchem sich der Doppelstrang aufspaltet. Diese Temperatur hängt davon ab, wie viele Guanin- (G) Cytosin- (C) und Adenin- (A) Thymin- (T) Wasserstoffbrückenbindungen vorhanden sind. Sind mehr GC-Paare vorhanden, ist die Schmelztemperatur höher, da zwischen G und C drei und zwischen A und T nur zwei Wasserstoffbrückenbindungen ausgebildet werden.

An die Einzelstränge bindet bei annähernder primerspezifischer Schmelztemperatur (z.B. TPU1 bei 57 °C) je ein Primer (= annealing), welcher die komplementäre Sequenz zum zu amplifizierenden DNA-Fragment enthält. Die Elongation erfolgt bei 72°C mittels der Taq-Polymerase, welche thermostabil ist und z.B. in *Thermophilus aquaticus* vorkommt. Die PCRs wurden mit einem T3 Thermocycler (Biometra) durchgeführt. Aus dem Gesamt-DNA-Extrakt (Kap. 2.4.1.1) wurde eine Verdünnung von 1:50 für die weiteren Untersuchungen in der PCR genutzt. Die 25 µl Reaktionsansätze setzten sich wie folgt zusammen:

PCR-Ansatz:
5 µl 5 x Green-Reaktionspuffer inkl. $MgCl_2$ 7,5 mM (Promega)
2,5 µl dNTPs (Promega)
0,5 µl forward Primer 10pmol/µl
0,5 µl reverse Primer 10 pmol/µl
0,125 µl GoTaq®-DNA Polymerase 5 u/µl (Promega)
13,875 µl PCR-Wasser (DEPC-Wasser Fa. USB)
2,5 µl DNA

2.4.2.1 Primer

Die in Tabelle 2.2 dargestellten Primer wurden von der Firma biomers.net, Ulm bzw. der Primer R264 von Thermo Biosciences, Ulm oder TIB MOLBIO, Berlin bezogen.

Tabelle 2.2: Primerübersicht

Name	Sequenz 5´- 3´	T_m	Referenz
TPU1	AGA GTT TGA TCM TGG CTC AG	53,2 °C	SCHUPPLER et al. 1995
TPU2	CCA RAC TCC TAC GGG AGG CA	60,3 °C	FUNKE 2004
1387R	GGG CGG WGT GTA CAA GGC	59,0 °C	MARCHESI et al. 1998
1492R	GGY TAC CTT GTT ACG ACT T	50,6 °C	FUNKE 2004
M13r	CAG GAA ACA GCT ATG AC	47,0 °C	Invitrogen 2004
M13f (-40)	GTT TTC CCA GTC ACG A	48,8 °C	NEDELKOVA 2005
MB1	CTA CGG CAC GGA TCC CAA	57,3 °C	LUDWIG 2006 unveröffentlicht
R264	TGC ACA CAG GCC ACA AGG GA	62,1 °C	BÖDDINGHAUS, 1990

Die Schmelztemperaturen (T_m) der Primer wurden auf den Internetseiten von Integrated DNA Technologies (IDT 2006) berechnet.

2.4.2.2 PCR-Programme

Abbildung 2.4 zeigt ein Standardprogramm für eine PCR mit den Variablen T_m, was für die Schmelztemperatur des Primers steht, und X, was die Anzahl der Zyklen darstellt. Für sämtliche PCRs mit den Primern TPU1, TPU2, 1387R, 1492R, –M13, +M13 und MB1 wurden T_m = 57 °C und X = 32 Zyklen genutzt. Reaktionen mit dem Primer R264 wurden mit T_m = 64 °C und X = 35 entsprechend SAA-NAT-MYKOUNI-03 durchgeführt.

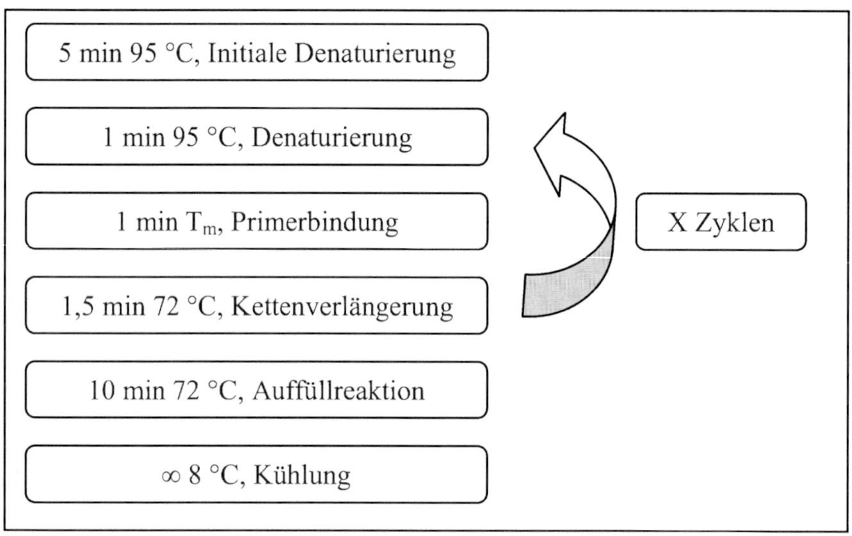

Abbildung 2.4: Standard-PCR-Programm

Bei Reaktionsansätzen von Zellen mit intakter Zellwand als Probe wurde die initiale Denaturierung auf 10 min erhöht, um die DNA durch die Lyse der Zellen freizusetzen. Außerdem wurden 2,5 µl PCR-Wasser mehr eingesetzt, um ein Probenvolumen von 25 µl zu erreichen.

2.4.3 Gelelektrophorese und DNA-Detektion

Die Gelelektrophorese wurde in 1% Agarose (Biozym LE Agarose) in 1x TAE Elektrophoresepuffer durchgeführt.

Agarose 1%:	1 g Agarose 1 l TAE (1 x)
1x TAE Puffer:	4,85 g TRIS 2 M 1,14 ml Eisessig 5,71 % 0,74 g EDTA Na_2-Salz (0,1 M) 1 l Aqua dest.

Der Längenstandard „Smart Ladder“ der Firma Eurogentec (s. Abbildung 2.5) wurde zu gleichen Teilen mit Gelauftragspuffer vermengt. Von diesem Ansatz wurden je Gelreihe 5 µl genutzt. Von der DNA wurden 5 µl Probe ohne Ladepuffer aufgetragen, da sich dieser bereits durch Nutzung von Green-Reaktionspuffer im PCR-Ansatz befand.

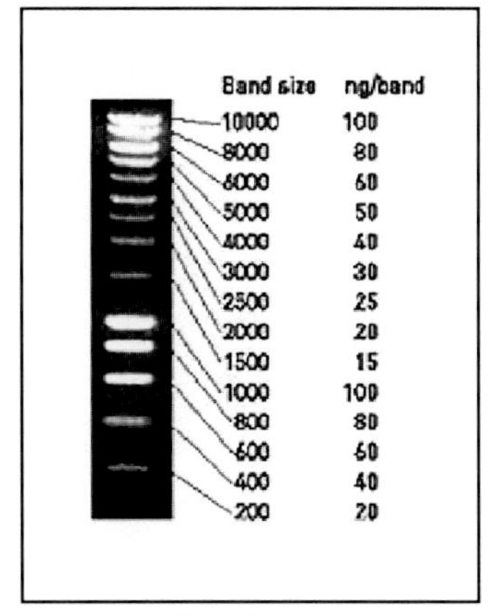

Abbildung 2.5: Smart Ladder

Gelauftragspuffer: 250 mg Bromphenolblau
250 mg Xylencyanol FF
15 g Ficoll 400
100 ml Aqua dest.

Für die Energieversorgung wurden die Geräte E844 von Consort und das Electrophoresis power supply – EPS 1001 von Amersham Pharmacia Biotech genutzt. Die Auftrennung der DNA erfolgte bei 120 V, 176 mA für 35 min. Im Anschluß wurde das Gel in 1 µg/ml Ethidiumbromid (Fa. Roth) für 30 min gefärbt. Die Visualisierung der DNA erfolgt in der Geldokumentationsanlage Gel Doc 200 (Bio-Rad). Mittels einer eingebauten Kamera konnten Bilder auf einen PC übertragen und gespeichert werden.

2.4.4 DNA-Extraktion aus Agarosegel

Das Ausschneiden ausgewählter DNA-Banden aus dem Agarosegel erfolgte mittels Skalpell auf dem Transilluminator „Gel vue“ der Firma Syngene unter Nutzung von UV-Augenschutzvorrichtungen (Pulsafe Clearways). Die anschließende Extraktion der DNA aus dem Gel wurde entsprechend dem Protokoll des GENECLEAN® II Kit von Bio 101® Systems durchgeführt. Die Methode läßt sich in 4 Schritte untergliedern:

1. Auflösen des Agarosegels
2. Binden der DNA an Silica-Matrix durch hohe Konzentrationen chaotroper Salze (Q Biogene)
3. Waschen der Nukleinsäure
4. Eluieren der DNA durch Verringerung des Salzgehaltes

2.4.5 Klonierung (Invitrogen 2004)

Durch die Klonierung ist es möglich, ein Nukleinsäuregemisch zu trennen. Das kann erforderlich sein, wenn, wie im vorliegenden Fall, ein DNA-Gesamtextrakt zur Verfügung steht und der Bestand an Organismen durch Sequenzierung erfaßt werden soll.

Die PCR-Produkte wurden mittels QIAquick (Fa. Qiagen) entsprechend dem Protokoll des Herstellers aufgereinigt. Für den TOPO® Klonierungsansatz wurden 4 µl gereinigtes PCR-Produkt mit 1 µl Salzlösung (1,2 M NaCl; 0,06 M $MgCl_2$) und 1 µl TOPO®-Vector 5 min bei Raumtemperatur inkubiert. Während dieses Schrittes bindet das zu klonierende DNA-Fragment an den Vector. Je Reaktion wurde ein Aliquot One Shot® *E. coli* (s. 2.1) auf Eis aufgetaut und danach mit 2 µl des TOPO® Klonierungsansatzes vermengt. Die chemische Kompetenz der Zellen wird dabei durch Magnesiumchlorid vermittelt. Der Ansatz wurde 15 min auf Eis inkubiert. Nach dem Hitzeschock bei 42 °C für 30 s erfolgte eine Vermehrung der Bakterien in 250 µl S.O.C.-Medium (Kap. 2.2.1) für 1 h bei 37 °C. Danach wurden je Probe 1 mal 100 µl und je 2 mal 50 µl bzw. 25 µl auf LB-Platten (Kap. 2.2.1) ausgespatelt und über Nacht bei 37 °C inkubiert. Aufgrund der plasmidvermittelten Antibiotikaresistenz der Kulturen (s. 2.1) konnten nur Bakterien mit Plasmid auf dem LB-Medium mit Ampicillin wachsen. Außerdem erfolgte eine Blau- Weiß- Selektion auf Basis der lacZ-Gene auf dem Plasmid. Weiße, einzelne Klone wurden mit sterilen Zahnstochern entnommen und als Impfstrich auf LB-Platten übertragen. Die so angelegten Klonbanken wurden wiederum über Nacht bei 37 °C inkubiert und danach bei 4 °C gelagert. Die Biomasse, welche beim Überimpfen am Zahnstocher verblieb, wurde in einem zuvor angesetzten PCR-Mastermix überführt. Dieser Mix enthielt die Primer M13r und M13f (-40), welche an Nukleotide vor bzw. nach der inserierten DNA am Plasmid binden. Die Angabe der Basen in Abbildung 2.6 entspricht der Position der Nukleotide ohne Insert.

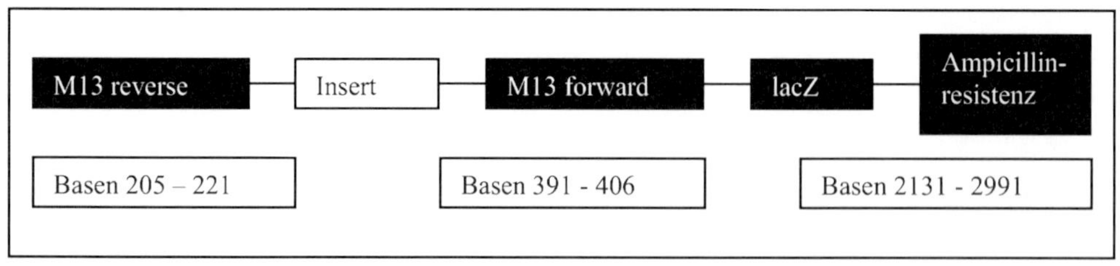

Abbildung 2.6: Plasmidarchitektur vereinfacht

Die Verwendung von M13 hat bei universellen, z.B. 16S-Inserts den Vorteil, daß schon nach der PCR im Kontrollgel anhand der Bandengröße festgestellt werden kann, ob die Klonierung erfolgreich war. Würde man die Produkte der Klonierung mit TPU1 amplifizieren, erhält man aufgrund der hohen Kopiezahl der Plasmide bei erfolgreicher Insertion PCR-Produkte, welche fast ausschließlich die klonierte DNA enthalten. Weist ein Plasmid jedoch kein Insert auf, wird bei Nutzung von TPU1 die 16s rRNA der zur Klonierung genutzten *E. coli* amplifiziert.

2.4.6 Restriktionsfragment-Längenpolymorphismus (RFLP)

Restriktionsendonucleasen sind Enzyme, welche DNA an spezifischen Stellen schneiden. Diese Schnittstellen befinden sind aufgrund der genomischen Unterschiede zwischen den Arten an verschiedenen Stellen. Ein Restriktionsverdau der DNA verschiedener Arten bedingt demnach unterschiedlich große Restriktionsfragmente. Diese Eigenschaft nennt man Restriktionsfragment-Längenpolymorphismus. Die Erkennungssequenzen der genutzten Enzyme sind in Abbildung 2.7 dargestellt.

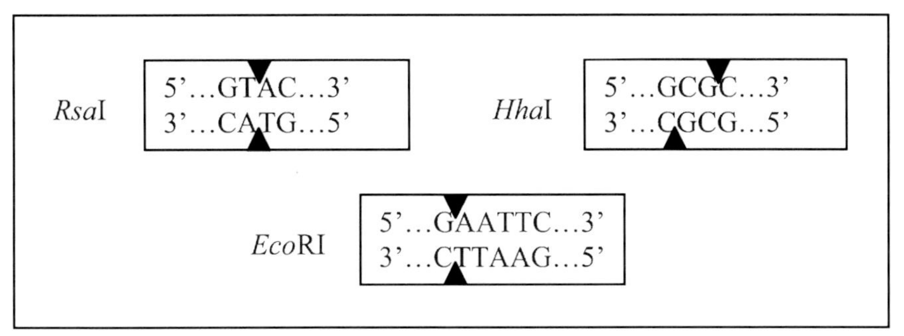

Abbildung 2.7: Schnittstellen *Rsa*I, *Eco*RI, *Hha*I

Die Enzyme sowie die zugehörigen Puffer wurden in einer Konzentration von 10 u/µl von Fermentas bezogen. Für den Restriktionsverdau wurden 9 µl PCR-Produkt mit 1,2 µl 10 x Puffer, 0,5 µl PCR-Wasser und 0,5 µl Enzym in PCR-Reaktionsgefäßen 3 h bei 37 °C im Thermocycler inkubiert. Für die Inaktivierung der Enzyme wurde die Temperatur für 20 min bei *Eco*RI und *Rsa*I auf 65 °C bzw. bei *Hha*I auf 80 °C erhöht.

2.4.7 Sequenzierung

Die Sequenzierung erfolgte automatisiert nach dem Prinzip der Didesoxymethode nach SANGER (1975). Dazu wurden innerhalb der Sequenzierungs-PCR neben dNTPs auch fluoreszenzmarkierte Didesoxynukleotide (ddNTPs) eingebaut, welche aufgrund der fehlenden Hydroxygruppe die Polymerisation der DNA verhindern, so daß es zum Kettenabbruch kommt. Durch den zufälligen Einbau der ddNTPs entstanden DNA-Fragmente unterschiedlicher Länge. Im Sequenzierer wurde dieses Fragmentgemisch im Gel nach Längen aufgetrennt und die jeweilige Base, welche zum Kettenabbruch führte, durch Laserscanner identifiziert.

2.4.7.1 Aufreinigung der Proben für die Sequenzier-PCR

Die PCR-Produkte, welche sequenziert werden sollten, mußten zunächst aufgereinigt werden. Das erfolgte mittels EXO-SAP, einem Gemisch aus Exonuclease I, welche einzelsträngige DNA inklusive übriggebliebener Primer bei 37 °C abbaut, und Shrimp Alkaline Phosphatase (SAP), welche verbleibende dNTP's bei 80 °C hydrolysiert. Je nach DNA-Gehalt des PCR-Produktes, was an der Gelbande der vorausgehenden Gelelektrophorese abgeschätzt werden kann, wurden 0,5 µl bis 2 µl Probe mit 0,8 µl EXO-SAP-Mix versetzt und im Thermocycler 30 min bei 37 °C und anschließend 15 min bei 80 °C inkubiert.

2.4.7.2 Sequenzier-PCR

Für den Mastermix wurden je Probe 2 µl Premix (DTCS-Beckmann bzw. BigDye® Terminator Applied Biosystems), 4,2 µl PCR-Wasser und 1 µl Primer genutzt. Auf die aufgereinigten Proben (Kap. 2.4.7.1) wurden 7 µl des Mastermixes aufgetragen. Da zur Sequenzierung verschiedene Sequenzer (Kap. 2.4.7.4) genutzt wurden, unterscheiden sich auch die dafür notwendigen PCR-Programme. Die in Tabelle 2.3 aufgeführten Abfolgen wurden für die Sequenzier-PCRs mit sämtlichen in Tabelle 2.2 aufgelisteten Primern genutzt.

Tabelle 2.3: Übersicht Sequenzier-PCR-Programme

Schritt	CEQ 2000 XL		ABI Prism 310		3100 Avant	
Denaturieren	20 s 96 °C	35 x	10 s 96 °C	24 x	10 s 96 °C	24 x
Annealing	20 s 50 °C		5 s 57 °C		5 s 50 °C	
Kettenverlängerung	4 min 60 °C		4 min 60 °C		4 min 60 °C	
Kühlung	∞ 8 °C		∞ 8 °C		∞ 8 °C	

2.4.7.3 Aufreinigung der Proben für die Sequenzierung

Aufreinigung bei Nutzung des ABI Prism 310 (Fa. Applied Biosystems):
Verwendet wurden die AutoSeq™ G-50 Säulchen von GE Healthcare, welche vor Gebrauch gevortext und nach Abbrechen des unteren Verschlusses 2 min bei 5000 rpm in einem 2 ml-Gefäß zentrifugiert wurden. Danach wurde das Säulchen in ein neues, beschriftetes 1,5 ml-Reaktionsgefäß gestellt, das gesamte PCR-Produkt (s. 2.4.7.2) aufgetragen und nochmals 2 min bei 5000 rpm zentrifugiert. Anschließend wurde die Probe für 35 min bei 42 °C in der Vakuumzentrifuge (Christ RVC 2-18) getrocknet.

Aufreinigung bei Nutzung des 3100 Avant (Fa. Applied Biosystems):
Die Aufreinigung erfolgte entsprechend der Anleitung der Prozedur für den Sequenzer ABI Prism 310, jedoch mit dem System DyeEx 2.0 von Quiagen. Die Zentrifugation der Säulchen erfolgte bei 2800 rpm für 3 min.

Aufreinigung bei Nutzung des CEQ™ 2000XL (Fa. Beckmann):
Für diesen Sequenzer wurden die Proben mittels einer Ethanolfällung gereinigt. Die Fällungslösung bestand je Probe aus 2 µl 3 M Natriumacetatlösung, 2 µl 100 mM EDTA und 1 µl Glycogen. 5 µl der Fällungslösung wurden in Reaktionsgefäßen, welche auf Eis gelagert wurden, vorgelegt. Danach wurden 20 µl Probe und umgehend 60 µl eiskaltes Ethanol 95 % zugegeben. Nach vorsichtigem Mischen des Ansatzes erfolgte der Fällungsschritt durch Inkubation für 15 min auf Eis. Zur Verdichtung des Pellets wurde die Probe 20 min bei 13000 rpm und 4 °C zentrifugiert. Der Überstand wurde, ohne das Pellet zu beschädigen, entnommen und verworfen. Zum Waschen wurden 200 µl eiskaltes Ethanol 70 % zugegeben und der Ansatz 10 min bei 13000 rpm und 4 °C zentrifugiert. Der Überstand wurde wiederum verworfen und das Pellet 35 min bei 42 °C in der Vakuumzentrifuge getrocknet. Die trockenen Pellets können mehrere Wochen bei -20 °C gelagert werden.

2.4.7.4 Sequenzierung

Für die Sequenzierung wurden die Geräte Abi Prism 310 sowie Abi Prism 3100 Avant von Applied Biosystems Hitachi und CEQ™ 2000XL von Beckmann genutzt. Die Analysen mit den zwei zuerst genannten Sequenzern wurden in der Diagnostik-Abteilung des Institutes für Medizinische Mikrobiologie und Hygiene der TU Dresden durchgeführt. Für die Sequenzierungen mit dem Beckmann Coulter wurden die trockenen Pellets in 35 µl Sample loading solution (SLS) aufgenommen. Die Proben wurden nach 10 min Inkubation bei Zimmertemperatur in Sequenzier-Mikrotiterplatten pipettiert und mit einem Tropfen Mineralöl (Fa. Beckmann) abgedeckt. Danach wurde die Probenplatte in den Sequenzer gestellt und der automatisierte Teil der Sequenzierung am Computer gestartet. Je Probe wurde von den Sequenzern eine abi- bzw. scf- Datei erstellt. Diese wurden mit dem Programm Chromas light, Version 2.01 (Technelysium 2005) manuell editiert.

2.4.8 Datenbank NCBI Blast

Korrekte Sequenzbereiche wurden in die Suchmaske der Datenbank von NCBI Blast eingegeben. Mittels dieser Datenbank wurde die Sequenz mit einer angegebenen Wahrscheinlichkeit einem gelisteten Eintrag zugeordnet. Da zwischen Probe und Datenbankeintrag kaum Sequenzhomologien von 100 % erreicht werden, sind alle Ergebnisse als Spezieszuordnungen höchster Wahrscheinlichkeit zu verstehen.

2.4.9 Catalyzed reporter deposition fluoreszenz *in-situ* Hybridisierung

Bei der „catalyzed reporter deposition fluoreszenz *in-situ* Hybridisierung“ (CARD FISH) werden spezifische rRNA-gerichtete, markierte Oligonukleotidsonden genutzt, um Mikroorganismen z.B. auf Genusebene zu quantifizieren. Als Zielmoleküle dienen je nach Sonde die 16S-rRNA beziehungsweise die 23S-rRNA. Durch die unterschiedliche Konservierung der genetischen Information auf diesen Zielmolekülen eignen sich diese zur phylogenetischen Taxonomie sowie zur Bestimmung auf Artebene in variablen Regionen. In lebenden Zellen liegt die rRNA in Kopiezahlen zwischen 5.000 und 50.000 je Zelle vor und bedingt damit ausreichende Signalstärken für die Anwendung der FISH. In toten oder weniger aktiven Zellen ist der Anteil der Ribosomen geringer, so daß es effektiver ist, den enzymvermittelten Verstärkungsmechanismus der CARD FISH zu nutzen. Die Auswertung der Signale erfolgt am Fluoreszenzmikroskop. Das primäre Ergebnis entspricht einer relativen Häufigkeit, bei welcher der Prozentwert der Sondensignale im Verhältnis zur Gesamtzellzahl ermittelt wird. Für die CARD-FISH wurde die Methode von PERNTHALER et al. 1998 modifiziert.

2.4.9.1 Puffer und Lösungen für CARD FISH

Lysozymlösung (ca. 1 ml):

10 mg Lysozym 50 000 u/mg (Merck)
100 µl EDTA 0,5 M
100 µl Tris HCl 1 M
800 µl Auqa dest.

Waschpuffer (ca. 50 ml):

1350 µl 5 M NaCl bei < / = 20 % Formamid im Hybridisierungspuffer
bzw. 420 µl 5M NaCl bei > / = 35 % Formamid im Hybridisierungspuffer
1000 µl 1M Tris/HCl
500 µl 0,5M EDTA
mit Aqua dest. auf 50 ml auffüllen
50 µl 10% SDS zufügen

Hybridisierungspuffer:

1,8 ml NaCl 5 M
0,2 ml Tris HCl 1 M
Formamid, Menge s. Tabelle 2.5
Aqua dest., Menge s. Tabelle 2.5
1 ml 10 % Blockierungsreagenz-Lösung
10 µl SDS (10 %)

Nach dem Erwärmen des Ansatzes im Wasserbad auf 60 °C wurde 1 g Dextransulfat zugegeben, welches sich durch Vortexen und Schütteln bei einer Temperatur zwischen 40 °C und 60 °C löste. Für die Blockierungsreagenz-Lösung wurde 1 g Blockierungsreagenz (Roche) bei 60 °C in 10 ml Puffer, welcher aus 100 mM Maleinsäure und 150 mM NaCl bestand, gelöst.

Tabelle 2.5: Herstellung Hybridisierungspuffer; Mengen Formamid / Aqua dest.

Formamid im Puffer	Menge Formamid	Menge Aqua dest.	Nutzung für Sonde
0 %	0 ml	7 ml	EUB, NON
20 %	2 ml	5 ml	α, HGC, CF
35 %	3,5 ml	3,5 ml	ARCH, β, γ
70 %	7 ml	0 ml	---

Amplifikationspuffer (ca. 40 ml): 2 ml 20 x PBS
0,4 ml 10 % Blockierungsreagenz
16 ml NaCl 5 M

Das Gemisch wurde auf 40 ml mit Aqua dest. aufgefüllt und auf 60 °C im Wasserbad temperiert. Danach wurden in dem Ansatz 4 g Dextransulfat gelöst.

2.4.9.2 Fixierung und Lysozym-Behandlung

Fixierung:
Um die Tertiärstruktur der Ribosomen zu stabilisieren, wurden die Umweltproben zunächst in Ethanol bzw. PFA fixiert. Dazu wurden 1,5 ml PFA und 250 µl bzw. 125 µl Probe mit 1x PBS auf 2 ml aufgefüllt und über Nacht bei 4 °C inkubiert. Nach dem Waschen mit 1x PBS wurde das Sediment in 1 ml 50 % Ethanol resuspendiert. Für die Ethanolfixierung wurden 250 µl Probe mit 250 µl PBS und 500 µl Ethanol vermengt. Sämtliche Proben wurden bei -20 °C gelagert.

Ultraschallbehandlung und Auftragen der Proben:
Nach dem Vortexen der Probe wurden 10 µl in ein neues Gefäß überführt und mit 90 µl PBS versetzt. Anschließend erfolgte zum Lösen der Bakterien vom Sediment sowie zur Homogenisierung der Suspension eine Ultraschallbehandlung mit 15 Impulsen des Sonopuls HD70 (Fa. Bandelin) mit der Einstellung Cycle: 70; Power: MS 72/0. Danach wurden je 5 µl Probe auf eines der 8 Felder des mit 0,1 % Gelatine beschichteten Objektträgers aufgetragen.

Für α-, β-, γ- und CF- Sonde wurden PFA- fixierte Proben und für HGC-, EUB-, NON- und ARCH- Sonde ethanolfixierte Proben genutzt. Das Dehydrieren erfolgte mit 96 % Ethanol für 1 min. Anschließend wurde die Probe bei Raumtemperatur getrocknet und konnte danach bei -20°C gelagert werden.

Lysozym-Behandlung:
Um die Zellwände für die Sonden zu perforieren, wurde eine Lysozymbehandlung durchgeführt. Dazu wurden 20 µl Lysozymlösung (Kap. 2.4.9.4) je Feld aufgetragen und bei 37 °C für 60 min in einer feuchten Kammer inkubiert. Anschließend wurde der Objektträger bei Raumtemperatur für 1 min in Aqua dest. gewaschen und je Feld 160 µl Acromopeptidaselösung (60 U / ml), welche 1:500 mit NaCl / Tris HCl 0,01 M verdünnt wurde, aufgetragen. Die Probe wurde 30 min bei 37 °C in der feuchten Kammer inkubiert. Im Anschluß wurde der Objektträger 1 min bei Raumtemperatur mit Aqua dest. gewaschen. Danach wurde die Probe 30 min in einem Gemisch aus 400 µl Wasserstoffperoxid 35 % (Fa. Merck) und 80 ml Methanol bei Zimmertemperatur inkubiert. Nach einem Waschschritt mit Aqua dest. wurde die Probe 1 min bei Raumtemperatur in 96 % Ethanol dehydriert und anschließend luftgetrocknet. Nach dieser Behandlung war wiederum eine Lagerung bei -20 °C möglich.

2.4.9.3 Hybridisierung und Sonden

Für die Hybridisierung wurden die in Tabelle 2.6 beschriebenen Sonden genutzt. Die Sequenzdaten wurden der Datenbank Probebase (Pb 2006, LOY 2003) entnommen.

Tabelle 2.6: CARD FISH-Sonden

Spezifität	Bezeichnung	Sequenz	rRNA	Referenz
Eubacteria	EUB338	5`-GCT GCC TCC CGT AGG AGT-3´	16S	AMANN 1990
Non- Eubacteria	NON	5´-CGA CGG AGG GCA TCC TCA-3´	unsp.	AMANN 1990
alpha Proteobakterien	ALF1b	5´-CGT TCG YTC TGA GCC AG-3´	16S	MANZ 1992
alpha Proteobakterien	ALF968	5´-GGT AAG GTT CTG CGC GTT-3´	16S	NEEF 1997
beta Proteobakterien	BET42a	5´-GCC TTC CCA CTT CGT TT-3´	23S	MANZ 1992
gamma Proteobakterien	GAM42a	5´-GCC TTC CCA CAT CGT TT-3´	23S	MANZ 1992
Cytophaga- Flavobacterium	CF319a	5´-TGG TCC GTG TCT VAG TAC-3´	16S	MANZ 1996
grampositive Bakterien	HGC69a	5´-TAT AGT TAC CAC CGC CGT-3´	23S	ROLLER 1994
Archea	ARCH915	5´-GTG CTC CCC CGC CAA TTC CT-3	16S	STAHL 1991
beta Kompetitor	β- Komp	5´-GCC TTC CCA CTT CGT TT-3´	23S	MANZ 1992
gamma Kompetitor	γ- Komp	5´-GCC TTC CCA CAT CGT TT-3´	23S	MANZ 1992

Je Feld auf dem Objektträger wurde 1 µl Sonde (50 ng μl^{-1}) in 10 µl Hybridisierungspuffer (Kap. 2.4.9.4) aufgetragen. Aufgrund der großen Sequenzähnlichkeit der Beta- und Gamma-Sonden wurden zusätzlich bei Beta-Hybridisierung je 1 µl unmarkierte Gamma-Oligonukleotide und analog für Gamma-Hybridisierung 1 µl unmarkierte Beta-Oligonukleotide als Kompetitoren eingesetzt. Der Hybridisierungsschritt der Sonden an die rRNA erfolgte in einer feuchten Kammer bei 46 °C für ≥ 2 h im Hybridisierungsofen (Grant Boekel HIR10M). Danach wurde der Objektträger kurz mit Waschpuffer (Kap. 2.4.9.4) gespült und für 10 min in diesem Puffer bei 48 °C gewaschen. Nach einer Inkubation in 1x PBS für 15 min bei Raumtemperatur wurden 500 µl Substratmix je Objektträger aufgetragen.

Zur Herstellung des Substratmixes wurden 5 µl 1:200 mit 1x PBS verdünntem Wasserstoffperoxid 35 % zu 500 µl Amplifikationspuffer gegeben und anschließend 1 µl Fluoreszein-5-isothiocyanat (FITC)-Substrat (Abb. 2.8) hinzugefügt. Die Substratreaktion fand in der feuchten Kammer im Dunklen bei 46 °C für 30 min statt. Danach wurde der Objektträger in 1x PBS für 10 min bei 20 °C und im Anschluß daran zweimal 1 min in Aqua dest. bei Raumtemperatur gewaschen. Das Dehydrieren der Proben erfolgte mit 96 % Ethanol im Dunklen für 1 min bei Raumtemperatur.

FITC

Propidiumjodid

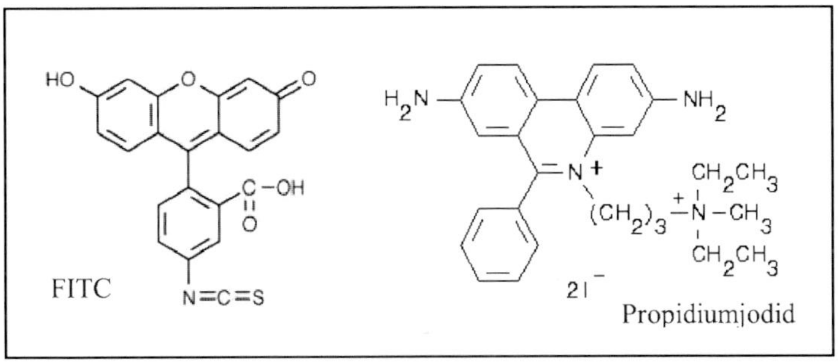

Abbildung 2.8: genutzte Fluoreszenzfarbstoffe (Altmann 2006, Uni Roma 2001)

Nach dem Lufttrocknen wurden je Objektträgerfeld 20 µl Propidiumjodid mit einer Konzentration von 5 µg/ml zum Gegenfärben aufgetragen. Nach einer Einwirkdauer von 15 min bei Raumtemperatur im Dunklen wurde die Probe mit Aqua dest. abgespült und luftgetrocknet. Abschließend wurde das Objekt in Citifluor™ (Fa. Citifluor, England), einem Gemisch aus Glycerin und PBS, eingebettet. In diesem Zustand wurden die Proben bis zur Weiterverarbeitung bei -20 °C gelagert.

2.4.9.4 Fluoreszenzmikroskopie

Die hybridisierten Proben wurden mit dem Fluoreszenzmikroskop Axioskop (Fa. Zeiss) unter Nutzung von Immersionsöl (Fa. Merck) bei 1000-facher Vergrößerung ausgewertet. Es wurden die Zeiss- Filtersätze 20 für Propidiumjodid- und 44 für FITC-Signale genutzt.

Tabelle 2.7: Anregungs- und Emissionswellenlängen Farbstoffe-Sonden-Vergleich

	Filter 44	FITC	Filter 20	Propidiumjodid
Excitation	BP 475/40	495 nm	BP 546/12	538 nm
Emission	BP 530/50	517 nm	BP 575/640	617 nm
Beam Splitter	FT 500	-	FT 560	-

Die technischen Daten der Filter (nach Zeiss 2006) sowie die physikalischen Parameter der Fluoreszenzfarbstoffe sind in Tabelle 2.7 zusammengefaßt.

Abbildung 2.9 zeigt den Spektralverlauf des Filterset 20 zur Detektion von Propidiumjodid-Signalen. Dabei wird deutlich, daß die Anregungswellenlänge im grünen und die Emissionsmaxima im roten Bereich des sichtbaren Lichtes liegen. Die Trennung der Wellenlängen durch den Beamsplitter erfolgt bei 560 nm. Analog dazu verhält sich Filter Set 44 mit den aus Tabelle 2.7 ersichtlichen Daten.

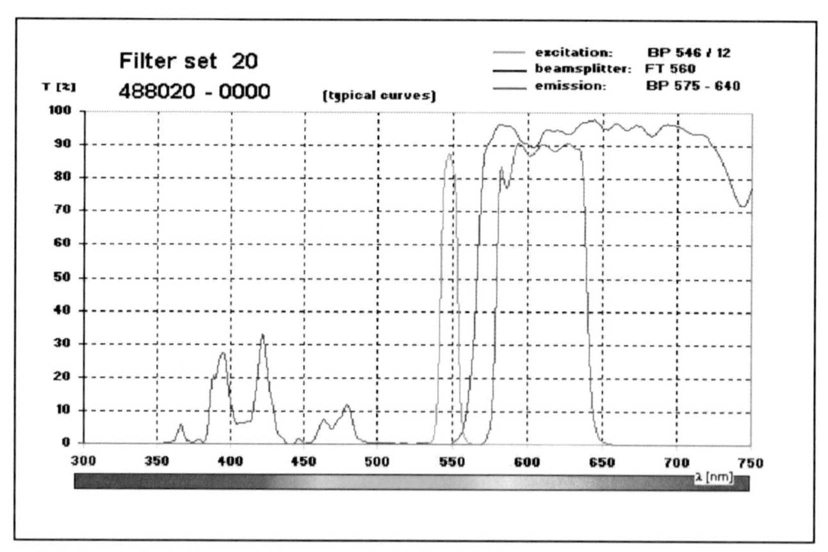

Abbildung 2.9: Daten Filter Set 20 (Zeiss 2006)

Es wurden die Anzahl der Sondensignale und die Gesamtsignale der Propidiumjodidfärbung bestimmt. Ausgezählt wurden je Probe und Sonde 10 Zählfelder. Diese wurden durch das Zählfeldokular E-Pl 10x / 20 (Zeiss) auf die Probe projiziert.

Mittels der Kamera AxioCam MRc (Zeiss) wurden ausgewählte Bilder auf einen PC übertragen und mit Hilfe des Programmes AxioVs40Ac V4.5.0.0 (Carl Zeiss 2005) importiert, ausgewertet und gespeichert.

2.5 *Bakteriophagen-Plaquetest*

Die Probenahmehorizonte 1, 2 und 3 (s. Abb. 2.3) aller Probenahmestellen wurden auf das Vorkommen von F-spezifischen sowie somatischen Bakteriophagen untersucht. Die Methode läßt sich in die Extraktion, bei welcher die Phagen aus Porenwasser und Sediment gewonnen werden, und den Ansatz, der eigentlichen mikrobiologischen Nachweisreaktion mittels spezifischer Wirtsorganismen, gliedern.

2.5.1 Phagenextraktion

Für die Extraktion wurden jeweils ca. 20 ml bis 30 ml Sediment in 50 ml Reaktionsgefäße (Fa. Greiner) überführt. Nach der Ermittlung der Masse der Einwaage wurde das Porenwasser des Sedimentes durch Zentrifugation (3-18K, Fa. Sigma) für 20 min bei 3000 g gewonnen und in ein 15 ml Reaktionsgefäß (Fa. Greiner) gegeben. Um die Phagen von den Sedimentpartikeln zu lösen, wurde je 1 g abgesetztes Sediment 1 ml 10 % Beef-Extrakt (Fa. Difco) zugegeben und für 1 h bei Raumtemperatur geschüttelt (Reax2, Fa. Heidolph). Das so gewonnene Sedimentextrakt wurde durch Zentrifugation für 20 min bei 3000 g von den partikulären Inhaltsstoffen getrennt. Der Überstand wurde zur weiteren Nutzung in 15 ml Reaktionsgefäße überführt. Das Sediment-Pellet wurde verworfen.

2.5.2 Somatische Coliphagen

Anlegen der *E. coli*-Aliquote:

Die Vermehrung der Inokulumskultur *E. coli* WG5 wurde entsprechend ISO/DIS 10705-2.2 durchgeführt. Dazu wurden 1 ml Kultur in 50 ml MSB mit 300 µl $CaCl_2$ bei 36 °C für 24 h inkubiert und danach 10 ml steriles Glycerin zugegeben. Die aus diesem Ansatz gewonnenen 1 ml- Aliquote wurden bei -20 °C bis zur weiteren Verwendung gelagert. Sie wurden für sämtliche Analysen hinsichtlich somatischer Coliphagen genutzt. Zur Untersuchung der neu angelegten *E. coli*-Charge wurde eine Wachstumskurve aufgenommen (Abb. 2.10), indem im zeitlichen Abstand von 10 min die OD einer in MSB bei 37 °C inkubierten Kultur mit einem Beckmann DU®640 Spectrophotometer bei der Wellenlänge 596 nm bestimmt wurde. Als Blindwert wurde MSB genutzt.

Durch Ausspateln verschiedener Verdünnungsstufen der Kultur nach bestimmten Zeiten auf MSA und anschließende Bebrütung bei 37 °C für 24 Stunden wurde ermittelt, daß die in ISO/DIS 10705-2.2 als optimal beschriebene Zelldichte von annähernd 10^8 Zellen je ml bei OD 0,3976 erreicht, bzw. mit 1,6 * 10^8 ml^{-1} gering überschritten wurde. Diese OD wurde nach einer Inkubation in MSB bei 37 °C nach 185 min beobachtet.

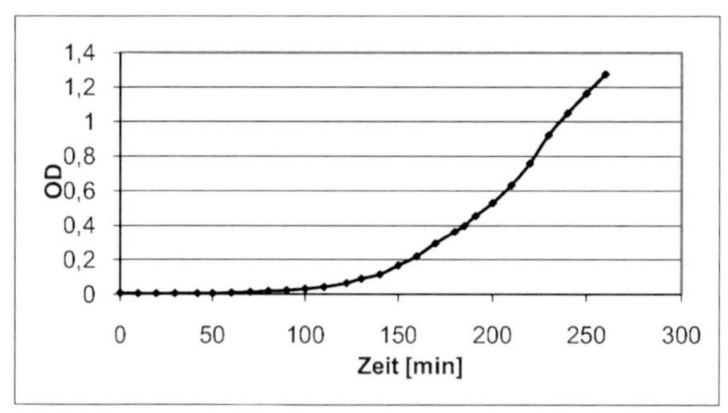

Abbildung 2.10: Wachstumskurve *E. coli* WG5

Um die Phagensensitivität der neu angelegten Kulturen zu testen, wurden auf einer MSA-Platte 1 ml *E. coli* einer Konzentration von ca. 10^8 Zellen je ml und der Phagenstamm ΦX174 ausgespatelt. Nach 24 Stunden Inkubation bei 37 °C hatten sich 15 Plaques gebildet.

Phagenansatz Sedimentextrakt und Porenwasser:

Um die Inokulumskultur von *E. coli* auf die gewünschte Zelldichte und -menge zu vermehren, wurden 0,7 ml Kultur in 70 ml MSB mit 420 µl $CaCl_2$ (1 mol/l) gegeben und bei 37 °C unter Schütteln bis zum Erreichen einer OD von 0,41 bei λ = 596 nm inkubiert. Für den kompletten Ansatz für 4 Probenahmestellen mit je 3 Horizonten wurden 200 ml ssMSA verflüssigt, auf 50 °C temperiert, 1,2 ml $CaCl_2$ (1 mol/l) zugegeben und zu 24 mal 2,5 ml und 12 mal 10 ml in Reagenzgläser gefüllt, welche weiterhin im Wasserbad bei 50 °C aufbewahrt wurden. In die Röhrchen mit 2,5 ml ssMSA wurden 1 ml *E. coli*-Kultur und 1 ml Sediment-Beef-Extrakt pipettiert und der Ansatz sofort auf MSA-Platten gegossen. In die Reagenzgläser mit 10 ml ssMSA wurden 1 ml *E. coli*-Kultur und 5 ml Porenwasser gegeben und auf MSA-Platten mit einem Durchmesser 15 cm aufgebracht.

Auswertung:

Nach 12 bis 24 Stunden Inkubation des Phagenansatzes bei 37 °C wurden die Anzahl der Plaques je Platte ausgezählt. Diese Zahl wurde zur eingesetzten Probemenge ins Verhältnis gesetzt. Da je 1 g Sediment 1 ml Beef-Extrakt zum Suspendieren der Phagen eingesetzt wurde, läßt sich das Ergebnis der Plaquezählung des Sedimentextraktes folgendermaßen darstellen:

pfp/ml Sedimentextrakt = pfp/g Sediment

2.5.3 F-spezifische Bakteriophagen

Anlegen der *Salmonella typhimurium*-Aliquote:

Vom Stamm *Salmonella typhimurium* WG 49 wurde 1 ml in 50 ml TYGB mit 500 µl $CaCl_2$-Glucose (3 g $CaCl_2$, 10 g Glucose, 100 ml Aqua dest.) gegeben und 18 h auf einem Schüttler bei 37 °C inkubiert. Danach wurden 10 ml Glycerin zugegeben, die Kultur zu je 1 ml in Reaktionsgefäße aliquotiert und bis zur weiteren Verwendung bei -20 °C gelagert. Zur Kontrolle und Ermittlung der Wachstumsparameter wurde eine Wachstumskurve (Abb. 2.11) aufgenommen. Dafür wurde bei einer Wellenlänge von 596 nm die OD im 10 min- Abstand ermittelt. Als Blindwert wurde TYGB genutzt.

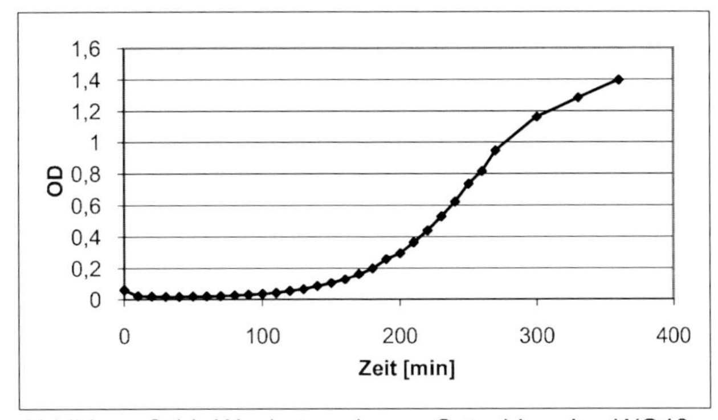

Abbildung 2.11: Wachstumskurve *S. typhimurium* WG49

Anhand der Wachstumsparameter der OD-Bestimmung sowie der Ergebnisse des Ausspatelns verschiedener Verdünnungsstufen wurde ermittelt, daß die zu erreichende Zelldichte für die Arbeitskultur von 10^8 Zellen je ml nach ca. 3 h bei OD 0,1978 erreicht wurde.

Phagenansatz Sedimentextrakt

Zu 70 ml TYGB wurden 0,7 ml Inokulumskultur *Salmonella typhimurium* WG 49 und 700 µl $CaCl_2$-Glucose gegeben. Dieser Ansatz wurde bis zum Erreichen einer OD von 0,19 auf einem Schüttler bei 37 °C inkubiert. Nach dem Verflüssigen von 90 ml ssTYGA wurde das Medium auf 50 °C temperiert und 0,9 ml $CaCl_2$-Glucose zugegeben. Je 2,5 ml des flüssigen Agars wurden in 36 Reagenzgläser gefüllt und im Wasserbad bei 50 °C aufbewahrt. Je Probe wurden 1 ml Kultur und 1 ml Probe mit 2,5 ml ssTYGA vermengt und sofort auf TYGA-Platten gegossen. Von der *S. typhimurium*-Kultur wurden 24 ml abgenommen, in ein anderes Gefäß überführt und mit 2,4 ml RNAse (1mg/ml) versetzt. Davon wurden im Doppelansatz je Platte 1 ml Kultur + RNAse, 1 ml Probe und 2,5 ml ssTYGA auf TYGA aufgebracht.

Auswertung:

Die Proben wurden über Nacht bei 37 °C inkubiert. Nach dem Auszählen der Plaques wurde unter Einbeziehen der Probemenge die Anzahl pfp/g Sedimentextrakt ermittelt.

2.6 Kultivierung und Bestimmung von Mikroorganismen

Im Rahmen der mikrobiologischen Analyse von Sediment und Pelagial der Probenahmestellen E, F, S und H wurden Mikroorganismen aus dem Freiwasser auf Wassermedium kultiviert, die mikrobiellen Umsatzraten von Sedimentproben für definierte Chemikalien mittels Biolog gemessen sowie Mycobakterien auf Selektivnährmedium kultiviert.

2.6.1 Bakterienkultur auf Wassermedium

Zur Bestimmung der lebensfähigen, auf Nährmedien kultivierbaren Bakterien wurden 100 µl bzw. 1 ml Wasser auf Wasseragar (Kap. 2.2.2) ausgespatelt und je eine Platte im Dunkeln und eine im Licht bei Raumtemperatur inkubiert. Die Proben H, S und E wurden auf Agar mit Wasser der Probenahmestelle E als Basis ausgespatelt. Die F-Proben wurden auf Agar mit Wasser von F kultiviert. Nach zwei Tagen wurden von allen Platten einzelne Bakterienkolonien entnommen, die Morphologie dokumentiert und die Mikroorganismen wiederum auf Wasseragar überimpft. Von diesen Kulturen wurde nach entsprechender Vermehrung (1 bis 7 Tage) mit einem sterilen Zahnstocher Biomasse abgenommen und in 1 ml sterile, physiologische NaCl-Lösung überführt. Davon wurden 5 µl in weiteren 1000 µl NaCl-Lösung verdünnt. Von dieser Suspension wurden 5 µl auf R2A-Agar (Kap. 2.2.2) ausgespatelt und so lange bei Raumtemperatur inkubiert, bis die Bakterien genügend Biomasse zum Abnehmen von Kolonien gebildet hatten. Das Gewinnen von Biomasse, die Suspension in NaCl und das Ausspateln erfolgten wiederum wie zuvor beschrieben so oft, bis aufgrund der Homogenität der Kolonien davon ausgegangen werden konnte, daß es sich um Reinkulturen handelt. Diese Kulturen wurden in einem Gemisch aus 500 µl autoklaviertem Wassermedium (F und E) und 500 µl Glycerin suspendiert und bei -20 °C gelagert. Zur Kontrolle der Flüssigkultur wurden nach ca. 1 Woche je 2 µl auf R2A-Agar ausgespatelt. Eine Kolonie wurde jeweils in PCR-Mastermix mit den Primern TPU1 und 1492r überführt. Konnte die DNA nicht amplifiziert werden, was darin begründet sein könnte, daß die Primerbindungsstelle für TPU1 bzw. 1492r nicht vorhanden ist, wurden die Primer anders kombiniert. Als Vorwärts-Primer wurden TPU1 und TPU2, als Rückwärtsprimer 1387r und 1492r genutzt. Die amplifizierte DNA wurde sequenziert. War an der Sequenz zu erkennen, daß es sich um keine Reinkultur handelte, wurde der Stamm aus der Flüssigkultur erneut ausgespatelt, mehrfach passagiert und danach nochmals molekularbiologisch untersucht. Die Sequenzdaten der Reinkulturen wurden in NCBI-BLAST ausgewertet.

2.6.2 BIOLOG

Die Methode diente der Kontrolle des biochemischen Stoffumsatzes definierter Substrate, welche sich in einer Mikrotiterplatte befanden. Die Verwertung dieser Kohlenstoffquellen wurde dabei mittels einer Farbreaktion angezeigt. In den 96 Vertiefungen der Mikrotiterplatte befanden sich neben den speziellen Substraten auch physiologisch notwendige Nährsalze und der Indikatorfarbstoff Triphenyltetrazoliumchlorid (TTC). Die Dehydrogenaseaktivität lebender Bakterien bei Stoffumsatz führt zur Reduktion von TTC zu rotem Triphenylformazan, welches sich photometrisch nachweisen läßt.

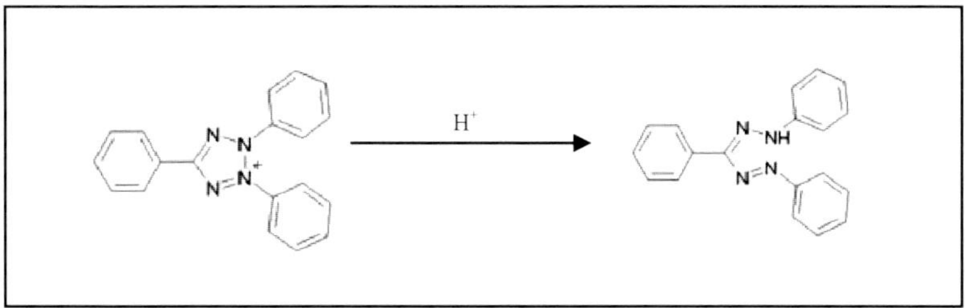

Abbildung 2.12: Reaktion des Tetrazolium-Kations zu Formazan (verändert nach Wikipedia 2006)

Zum Reaktionsansatz wurden je 150 µl Probe mit einer Bakterienkonzentration von 10^4 bis 10^9 Zellen je ml in jede Vertiefungen der Mikrotiterplatte pipettiert. Im Tagesabstand wurde die Farbentwicklung der einzelnen Substrate der im Dunklen bei 20 °C inkubierten Mikrotiterplatten mittels Bestimmung der OD bei 590 nm mit dem Platten- Scanphotometer Sunrise Basic (Fa. Tecan) gemessen. Die so gewonnenen Daten wurden mit dem Programm Magellan V.5.0.3 2005 visualisiert und zur weiteren Verwendung in Tabellenkalkulationsprogrammen im xls-Format gespeichert. Zur Auswertung wurde der Blindwert, welchen die erste Messung darstellt, von den Meßwerten der folgenden Tage subtrahiert. Zur Bestimmung der mittleren Farbentwicklung (AWCD) wurde von allen zusammengehörigen Meßwerten einer Platte zu einem bestimmten Zeitpunkt der Mittelwert bestimmt. Dieser Wert ist ein Maß für den mittleren Stoffumsatz.

2.6.2.1 Biolog Sedimentproben

Um den Stoffumsatz in einem Ökosystem zu charakterisieren, wurden von der Firma BIOLOG spezielle Mikrotiterplatten, sogenannte EcoPlates™ (s. Abb. 2.13), entwickelt, in welchen sich 3 x 31 Substrate und eine Kontrolle, welche Aqua dest. enthält, befinden. Die Proben F1, F4, H1, H4, S1 und S4 vom 29.08.2006 wurden 1:1000 verdünnt und je 150 µl davon in die Vertiefungen der EcoPlates™ pipettiert. Die Auswertung erfolgte wie unter 2.6.2 beschrieben.

A1 Water	A2 β-Methyl-D-Glucoside	A3 D-Galactonic Acid γ-Lactone	A4 L-Arginine	A1 Water	A2 β-Methyl-D-Glucoside	A3 D-Galactonic Acid γ-Lactone	A4 L-Arginine	A1 Water	A2 β-Methyl-D-Glucoside	A3 D-Galactonic Acid γ-Lactone	A4 L-Arginine
B1 Pyruvic Acid Methyl Ester	B2 D-Xylose	B3 D-Galacturonic Acid	B4 L-Asparagine	B1 Pyruvic Acid Methyl Ester	B2 D-Xylose	B3 D-Galacturonic Acid	B4 L-Asparagine	B1 Pyruvic Acid Methyl Ester	B2 D-Xylose	B3 D-Galacturonic Acid	B4 L-Asparagine
C1 Tween 40	C2 i-Erythritol	C3 2-Hydroxy Benzoic Acid	C4 L-Phenylalanine	C1 Tween 40	C2 i-Erythritol	C3 2-Hydroxy Benzoic Acid	C4 L-Phenylalanine	C1 Tween 40	C2 i-Erythritol	C3 2-Hydroxy Benzoic Acid	C4 L-Phenylalanine
D1 Tween 80	D2 D-Mannitol	D3 4-Hydroxy Benzoic Acid	D4 L-Serine	D1 Tween 80	D2 D-Mannitol	D3 4-Hydroxy Benzoic Acid	D4 L-Serine	D1 Tween 80	D2 D-Mannitol	D3 4-Hydroxy Benzoic Acid	D4 L-Serine
E1 α-Cyclodextrin	E2 N-Acetyl-D-Glucosamine	E3 γ-Hydroxybutyric Acid	E4 L-Threonine	E1 α-Cyclodextrin	E2 N-Acetyl-D-Glucosamine	E3 γ-Hydroxybutyric Acid	E4 L-Threonine	E1 α-Cyclodextrin	E2 N-Acetyl-D-Glucosamine	E3 γ-Hydroxybutyric Acid	E4 L-Threonine
F1 Glycogen	F2 D-Glucosaminic Acid	F3 Itaconic Acid	F4 Glycyl-L-Glutamic Acid	F1 Glycogen	F2 D-Glucosaminic Acid	F3 Itaconic Acid	F4 Glycyl-L-Glutamic Acid	F1 Glycogen	F2 D-Glucosaminic Acid	F3 Itaconic Acid	F4 Glycyl-L-Glutamic Acid
G1 D-Cellobiose	G2 Glucose-1-Phosphate	G3 α-Ketobutyric Acid	G4 Phenylethyl-amine	G1 D-Cellobiose	G2 Glucose-1-Phosphate	G3 α-Ketobutyric Acid	G4 Phenylethyl-amine	G1 D-Cellobiose	G2 Glucose-1-Phosphate	G3 α-Ketobutyric Acid	G4 Phenylethyl-amine
H1 α-D-Lactose	H2 D,L-α-Glycerol Phosphate	H3 D-Malic Acid	H4 Putrescine	H1 α-D-Lactose	H2 D,L-α-Glycerol Phosphate	H3 D-Malic Acid	H4 Putrescine	H1 α-D-Lactose	H2 D,L-α-Glycerol Phosphate	H3 D-Malic Acid	H4 Putrescine

Abbildung 2.13: Kohlenstoffquellen in EcoPlate™ verändert nach BIOLOG 2006

2.6.2.2 Biolog Reinkulturen

Um den Stoffumsatz von Reinkulturen zu bestimmen, stellt BIOLOG Mikrotiterplatten mit 95 verschiedenen Substraten und einer Kontrolle, welche wiederum destilliertes Wasser enthielt, zur Verfügung. Durch diesen größeren Umfang an Kohlenstoffquellen in den GN2 MicroPlates™ (s. Abb. 2.14) lassen sich gramnegative Mikroorganismen genauer charakterisieren. Ansatz und Auswertung erfolgten wie unter 2.6.2 beschrieben.

A1 Water	A2 α-Cyclodextrin	A3 Dextrin	A4 Glycogen	A5 Tween 40	A6 Tween 80	A7 N-Acetyl-D-Galactosamine	A8 N-Acetyl-D-Glucosamine	A9 Adonitol	A10 L-Arabinose	A11 D-Arabitol	A12 D-Cellobiose
B1 i-Erythritol	B2 D-Fructose	B3 L-Fucose	B4 D-Galactose	B5 Gentiobiose	B6 α-D-Glucose	B7 m-Inositol	B8 α-D-Lactose	B9 Lactulose	B10 Maltose	B11 D-Mannitol	B12 D-Mannose
C1 D-Melibiose	C2 β-Methyl-D-Glucoside	C3 D-Psicose	C4 D-Raffinose	C5 L-Rhamnose	C6 D-Sorbitol	C7 Sucrose	C8 D-Trehalose	C9 Turanose	C10 Xylitol	C11 Pyruvic Acid Methyl Ester	C12 Succinic Acid Mono-Methyl-Ester
D1 Acetic Acid	D2 Cis-Aconitic Acid	D3 Citric Acid	D4 Formic Acid	D5 D-Galactonic Acid Lactone	D6 D-Galacturonic Acid	D7 D-Gluconic Acid	D8 D-Glucosaminic Acid	D9 D-Glucuronic Acid	D10 α-Hydroxybutyric Acid	D11 β-Hydroxybutyric Acid	D12 γ-Hydroxybutyric Acid
E1 p-Hydroxy Phenylacetic Acid	E2 Itaconic Acid	E3 α-Keto Butyric Acid	E4 α-Keto Glutaric Acid	E5 α-Keto Valeric Acid	E6 D,L-Lactic Acid	E7 Malonic Acid	E8 Propionic Acid	E9 Quinic Acid	E10 D-Saccharic Acid	E11 Sebacic Acid	E12 Succinic Acid
F1 Bromosuccinic Acid	F2 Succinamic Acid	F3 Glucuronamide	F4 L-Alaninamide	F5 D-Alanine	F6 L-Alanine	F7 L-Alanyl-glycine	F8 L-Asparagine	F9 L-Aspartic Acid	F10 L-Glutamic Acid	F11 Glycyl-L-Aspartic Acid	F12 Glycyl-L-Glutamic Acid
G1 L-Histidine	G2 Hydroxy-L-Proline	G3 L-Leucine	G4 L-Ornithine	G5 L-Phenylalanine	G6 L-Proline	G7 L-Pyroglutamic Acid	G8 D-Serine	G9 L-Serine	G10 L-Threonine	G11 D,L-Carnitine	G12 γ-Amino Butyric Acid
H1 Urocanic Acid	H2 Inosine	H3 Uridine	H4 Thymidine	H5 Phenyethyl-amine	H6 Putrescine	H7 2-Aminoethanol	H8 2,3-Butanediol	H9 Glycerol	H10 D,L-α-Glycerol Phosphate	H11 α-D-Glucose-1-Phosphate	H12 D-Glucose-6-Phosphate

Abbildung 2.14: Kohlenstoffquellen in GN2 MicroPlate™ nach BIOLOG 2001

2.6.3 Mycobakterien

Das Sediment der Probenahmestellen E, F, S und H wurde auf das Vorkommen von Mycobakterien untersucht. Dazu wurden Proben auf Spezialnährmedien kultiviert und einige Horizonte mittels mycobakterien-spezifischer PCR untersucht. Sämtliche Arbeiten wurden entsprechend den Sicherheitsbestimmungen im S2 Labor durchgeführt.

2.6.3.1 Mycobakterien-Kultur

Die Kultivierung von Mycobakterien ist nur auf speziellen Nährmedien, wie z.B. Löwenstein-Jensen-Agar, Middlebrook 7H11, Ogawa Nährboden oder Eigelb-Nährboden mit Antibiotikasupplement (Kap. 2.2.3) möglich. Mit letzteren beiden wurde das Sediment auf das Vorkommen von kultivierbaren Mycobakterien untersucht. Da sich Mycobakterien nur sehr langsam vermehren und bis zum makroskopischen Sichtbarwerden 4 bis 8 Wochen benötigen, besteht bei der Kultivierung die Gefahr, daß sich Konkurrenzorganismen, welche schneller wachsen, auf den Kulturplatten ausbreiten. Deshalb war eine Vorbehandlung der Proben notwendig. Außerdem mußte dem Kultivierungsmedium ein Antibiotikasupplement zugegeben werden. Dieses bestand aus Polymixin B, Amphoterizin, Carbenizillin und Trimethoprim.

Vorbehandlung mit N-Acetyl-L-Cystein-NaOH-Lösung:
In ein 2 ml- Reaktionsgefäß wurden 500 µl Sediment, welches zuvor mit 20 Impulsen ultraschallbehandelt (vgl. Kap. 2.4.9.1) wurde, und 500 µl unbehandeltes Sediment zu 700 µl N-Acetyl-L-Cystein-NaOH-Lösung (Kap. 2.2.3) gegeben und gevortext. Diese Suspension wurde 20 min bei 1400 rpm und 20 °C mit dem Eppendorf Thermomixer comfort homogenisiert und in ein 50 ml Ansatzgefäß mit 48 ml Phosphatpuffer nach SÖRENSEN (1/15 M), gegeben. Dieser Puffer bestand aus 4,84 g KH_2PO_4, 5,53 g Na_2HPO_4 und 1 l Aqua dest. (SCHIMMEL 1997). Um größere Partikel aus der Probe zu entfernen, wurde diese auf einen sterilen Filter (3421, Fa. Schleicher & Schuell) gegeben. Das Filtrat wurde 20 min bei 3600 rpm zentrifugiert (Variofuge 3, Fa. Kendro/ Heraeus). Anschließend wurde der Überstand verworfen und das Pellet in 1 ml Phosphatpuffer für BACTEC resuspendiert.

Ansatz und Inkubation:
Von den vorbehandelten Proben wurden jeweils 500 µl auf Ogawa Nährboden + PACT und Eigelb-Nährboden + PACT aufgebracht. Diese Röhrchen wurden dunkel bei 37 °C inkubiert und wöchentlich auf das Wachstum von Mycobakterien untersucht.

2.6.3.2 Färbemethoden für Mycobakterien

Färbung nach ZIEHL-NEELSEN (SAA-TBC-ZINEFBG-02):
Mit der Färbemethode nach ZIEHL-NEELSEN werden säurefeste Stäbchen nachgewiesen. Prinzip der Methode ist, daß Karbolfuchsin unter Erwärmung mit den Mycolsäuren der Zellwand der Mycobakterien einen Komplex bildet, welcher sich nicht durch Salzsäure-Alkohol-Behandlung entfernen läßt.

Karbolfuchsin:	1,7 g Fuchsin	Salzsäure Alkohol:	970 ml Ethanol 96 %
	8,5 g Phenol krist.		10 ml Aqua dest.
	30 ml Methanol		20 ml Salzsäure 36 %
	160 ml Aqua dest.		

Die zu untersuchenden Kolonien wurden vom Nährmedium mittels Plastik-Impföse abgenommen und in 10 µl physiologischer NaCl-Lösung auf einem Objektträger ausgestrichen. Die Hitzeinaktivierung und Fixierung erfolgte mittels Gasbrenner durch wiederholtes Durchziehen des Objektes durch die Flamme. Das Präparat wurde mit unverdünntem Karbolfuchsin überschichtet und für 5 min alle 30 bis 60 s bis zur Dampfbildung durch die Brennerflamme gezogen. Die Erwärmung darf dabei nicht so stark sein, daß die Flüssigkeit kocht. Nach dem Spülen mit Wasser wurden die Mikroorganismen mit Salzsäure-Alkohol (3 %) entfärbt, bis keine Farbe mehr abgegeben wurde. Die Gegenfärbung erfolgte für 30 s mit Methylenblau (Fa. Merck). Danach wurde das Präparat mit Wasser abgespült und bei Raumtemperatur getrocknet. Die Mikroskopie erfolgte mit Immersionsöl bei 1000 -facher Vergrößerung mit Durchlicht.

Acridinorange-Färbung (SAA-TBC-ACRIFBG-2):
Der Fluoreszenzfarbstoff Acridinorange (Abb. 2.15) bildet, wie Karbolfuchsin, einen Komplex mit den Mycolsäuren der mycobakteriellen Zellwand. Eine Entfärbung der Zellen mit Salzsäure-Alkohol ist nicht möglich.

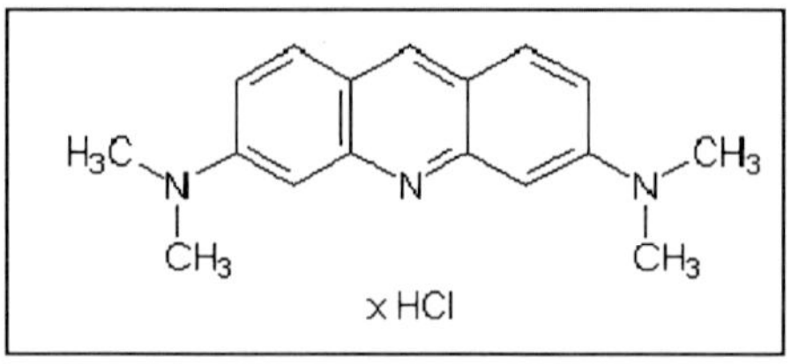

Abbildung 2.15: Acridinorange (Omikron 2004)

Die Inaktivierung und Fixierung der Proben erfolgte analog der Fixierung für die ZIEHL-NEELSEN-Färbung. Danach wurde der Objektträger 10 min mit Schwefelsäure (2N, = 1 mol/l) überschichtet und anschließend mit Aqua dest. gespült.

Nach der Färbung mit Acridinorange-Gebrauchslösung (1 %) für 10 min wurde die Probe wiederum mit Wasser gespült. Das Entfärben erfolgte durch 3 x 1 min Überschichten des Objektes mit Salzsäure-Alkohol (3 %) und anschließendes Spülen mit Wasser. Nach dem Trocknen wurden die Präparate mit Immersionsöl bei 1000 -facher Vergrößerung unter Nutzung des Filtersatzes 20 (Fa. Zeiss) am Fluoreszenzmikroskop ausgewertet.

2.6.3.3 Identifizierung von Mycobakterien

Zur Identifizierung der Mycobakterien auf Artebene wurde je nach Probenbeschaffenheit unterschiedlich verfahren.

Untersuchung von Kulturen:
Kulturen wurden in 1,5 ml Reaktionsgefäße überführt, in Aqua dest. suspendiert und im Eppendorf Thermomixer comfort für 20 min bei 95 °C inaktiviert. Danach wurde die DNA mittels QIAamp® DNA-Stool Mini Kit bzw. QIAamp® DNA-Blood Mini Kit extrahiert. Zur Ermittlung der Mycobakterien-Spezies wurde zunächst eine PCR mit der Primerkombination MB1 TPU1 und für die Untersuchung der Verunreinigung mit der Primerkombination TPU1-1387r durchgeführt. Im Falle einer Ampifikation wurden die Proben mit den Vorwärts-Primern sequenziert. Bei negativem PCR-Ergebnis wurde die PCR mindestens einmal wiederholt. Als Positivkontrolle wurde im semi-nested-Verfahren ein 16S-rRNA-Fragment von *Mycobacterium smegmatis* mitgeführt, welches durch TPU1-1397r-Amplifikation der DNA dieser Art gewonnen wurde. Die Nukleinsäure, aus dieser das Fragment isoliert wurde, stammt aus der Diagnostik-Abteilung des Institutes für medizinische Mikrobiologie und Hygiene der TU Dresden.

Untersuchung von Gesamt-DNA:
Mittels spezifischer PCR wurde die Sediment-Gesamt-DNA (Kap. 2.4.1.1 und 2.4.1.2) auf das Vorkommen von mycobakteriellen Nukleinsäuren untersucht. Genutzt wurde dazu die Primerkombination TPU1 und MB1. Das Ergebnis dieser PCR läßt nur den Schluß zu, ob 16S rRNA von Mycobakterien vorhanden ist oder nicht. Zur Bestimmung auf Artebene wurde exemplarisch das PCR-Produkt der Probe E1 vom April 2006 mit dem QIAquick-Set aufgereinigt und kloniert (s. Kap 2.4.5). Anschließend wurden die Klone sequenziert. Um einen Methodenvergleich zwischen Sequenzierung und RFLP durchführen zu können, wurden die PCR-Produkte der Klone mit den Restriktionsendonucleasen *Rsa*I, *Eco*RI und *Hha*I verdaut (Kap. 2.4.6).

2.6.4 Rasterelektronenmikroskopie

Zum genauen Ausmessen von Bakterien sowie zur Bestimmung von deren Feinstruktur wurde ein Rasterelektronenmikroskop (REM) genutzt.

Herstellung der Gefäße für die Ethanol-Entwässerungsreihe:
Für die REM-Untersuchungen müssen die zu mikroskopierenden Objekte zur Entwässerung der Zellen für jeweils 30 min in verschiedenen Gefäßen inkubiert werden, welche Ethanol mit aufsteigenden Konzentrationen enthalten. Dies ist bei sehr kleinen Objekten, wie Bakterien, nicht ohne weiteres möglich. Um dieses Problem zu bewältigen, wurde folgende Versuchsanordnung entwickelt:
Von PCR-Reaktionsgefäßen wurde mit einem Skalpell der Boden abgetrennt und ein Loch so in den Deckel geschnitten, daß dessen Funktion erhalten blieb. Auf beide Öffnungen wurden mittels Sekundenkleber Membranfilterstückchen mit der mittleren Porenweite von 0,22 µm der Firma Whatman aufgeklebt.
Somit wurde realisiert, daß das Ethanol in die Reaktionsgefäße diffundieren kann, die Bakterien aber nicht herausgeschwemmt werden.

Vorbereitung der Proben:
Die Bakterien wurden mit einer Impföse von den Kulturplatten abgenommen und in einem Eppendorf-Reaktionsgefäß in 400 µl physiologischer Kochsalzlösung suspendiert. Von dieser Suspension wurden je Probe ca. 100 µl in die präparierten PCR-Reaktionsgefäße gegeben. Diese Gefäße wurden zur Entwässerung der Proben jeweils 30 min in einem Greinerröhrchen mit aufsteigenden Konzentrationen Ethanol (10 %, 20 %, 40 %, 60 %, 80% und 100 %) gelagert. Von den entwässerten Proben wurden je 2 µl auf Probeträger für das Elektronenmikroskop pipettiert und luftgetrocknet. Die Goldbedampfung erfolgte mit dem Sputter K550 der Firma Emitech.

Mikroskopie:
Für die Mikroskopie wurde das Gerät „Leo 420 REM" der Herstellerfirma Leo Electron Microscopy, Ltd. Cambridge genutzt. Die Visualisierung und Bildbearbeitung erfolgte mit der gleichnamigen, mitgelieferten Software.

3 Ergebnisse und Diskussion

3.1 Phagenuntersuchung

Die Ergebnisse der Untersuchung des Porenwassers sowie des Sedimentextraktes auf somatische Coliphagen sind in Tabelle 3.1 dargestellt. Letztere sind in Abbildung 3.1 grafisch visualisiert. Die Werte sind in pfp je 1 g Sediment (SE) bzw. pfp je 5 ml Porenwasser (PW) angegeben und wurden auf ganze Zahlen gerundet. Die Gesamtauflistung der Einzelwerte ist im Tabellenanhang T2 bis T7 aufgeführt.

Tabelle 3.1: Anzahl somatischer Coliphagen in den Horizonten 1 bis 3 der Probenahmestellen E, F, S und H je g Sediment- Frischmasse (SE) bzw. je 5 ml Porenwasser (PW)

	24.04.2006		22.05.2006		19.06.2006		24.07.2006		29.08.2006		16.10.2006	
	PW	SE	PW	SE	PW	SE	PW	SE	PW	SE	PW	SE
E1	0	9	0	29	0	3	0	3	nicht ermittelt		0	1
E2	1	5	0	7	0	1	0	1	nicht ermittelt		0	0
E3	0	1	0	1	1	2	0	0	nicht ermittelt		0	2
F1	0	6	0	14	0	6	0	0	0	1	0	2
F2	0	1	0	4	0	4	0	0	0	2	0	3
F3	0	1	1	4	0	0	0	1	0	2	0	1
H1	0	11	0	12	nicht ermittelt		0	1	0	0	0	0
H2	0	2	0	1	nicht ermittelt		0	1	0	1	0	0
H3	0	2	0	4	nicht ermittelt		0	0	0	0	0	1
S1	1	3	0	3	nicht ermittelt		0	1	0	1	0	1
S2	0	1	0	3	nicht ermittelt		0	1	0	1	0	0
S3	0	0	0	2	nicht ermittelt		0	1	0	0	0	0

Somatische Coliphagen:

Besonders auffällig ist die hohe Konzentration somatischer Coliphagen im Sedimentextrakt im April und Mai 2006 (s. Abb. 3.1). Diese könnte darin begründet sein, daß die Schneeschmelze im Erzgebirge im Jahr 2006 erst Ende April einsetzte und bis in den Mai anhielt. Fäkale Verunreinigungen, welche im Schnee und Eis gebunden waren, wurden mit dem Tauwetter freigesetzt und in die Zuläufe der Talsperre gespült. Die so eingetragenen Phagen könnten zum großen Teil von den landwirtschaftlich genutzten Gebieten abgeschwemmt worden sein. Diese Flächen machen 72 % des 60,78 km^2 großen Einzugsgebietes der Talsperre Saidenbach aus (LTV 2006). Neben dem Eintrag somatischer Coliphagen durch die Landwirtschaft wird auch durch Fäces von Wassergeflügel die Abundanz an Bakteriophagen im Gewässer erhöht. So könnten die ohnehin schon hohen Werte im Frühjahr auch durch den Vogelzug begünstigt worden sein. Auch das Schmelzen der Eisdecke führte zu einem Spontaneintrag von Wassergeflügelfäces. Zwischen Juni und Oktober 2006 wurde eine geringe, nahezu gleichbleibende Belastung mit somatischen Coliphagen beobachtet.

Daß die Anzahl der somatischen Coliphagen im Sediment an der Entnahmestelle am höchsten ist, läßt sich mit der Fließ- und Strömungsrichtung begründen. Trotz der Tauchwand, welche die Fließgeschwindigkeit herabsetzt, ist eine Strömung infolge der Wasserentnahme bzw. der Wildbettabgabe oder der Nutzung des Überlaufes zu beobachten. Diese Wasserbewegung korreliert mit der mittleren täglichen Abgabemenge der Talsperre von 67.392.000 Litern. Aufgrund dieser Tatsache ist vor der Staumauer eine hohe Sedimentationsrate zu erwarten. Mit dem Sediment werden auch freie, biofilmgebundene oder in Flocken assoziierte phageninfizierte Bakterien abgelagert (s. Abb. 3.1).

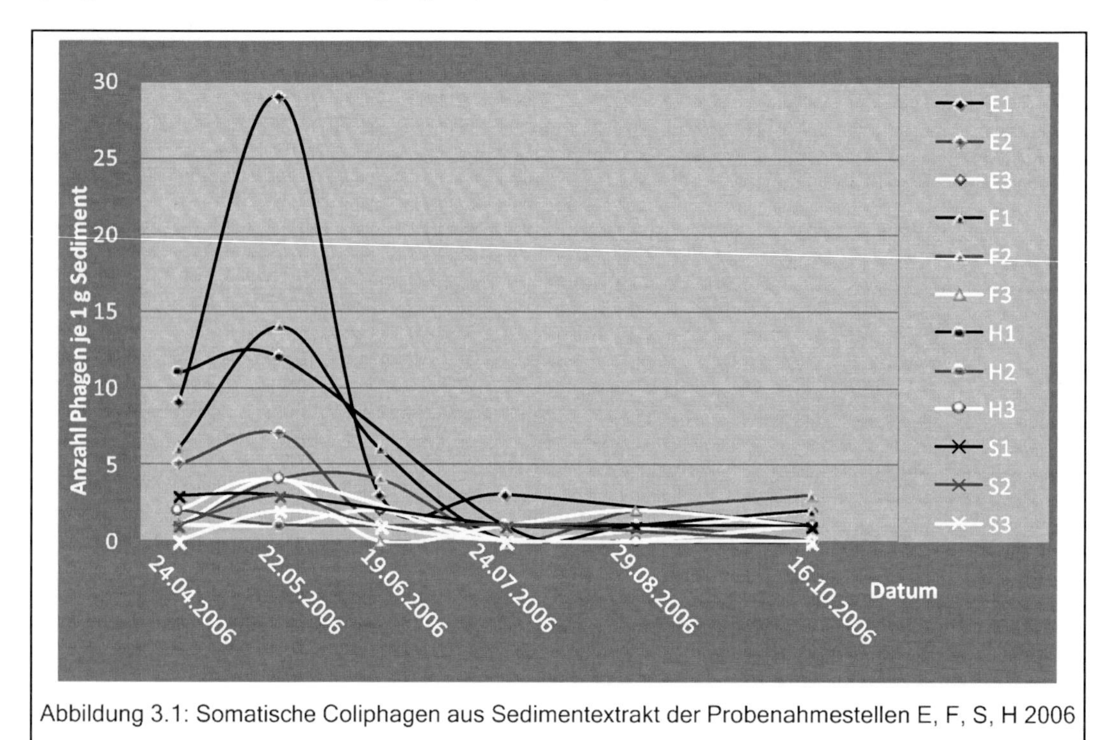

Abbildung 3.1: Somatische Coliphagen aus Sedimentextrakt der Probenahmestellen E, F, S, H 2006

Eine Erklärung dafür, daß im Porenwasser kaum somatische Coliphagen nachgewiesen werden konnten (Tab. 3.1), ist, daß mit somatischen Phagen infizierte Bakterien durch biofilmbildende Spezies im Sediment an Partikel gebunden gewesen sein könnten.

F-spezifische RNA-Bakteriophagen:

F-spezifische RNA-Bakteriophagen konnten im Rahmen der Probenahmen 2006 kaum nachgewiesen werden (Tab. 3.2). Eine geringe Erhöhung der Abundanz war an der Entnahmestelle im April und Juni sowie im obersten Horizont der Probenahmestelle H im April 2006 zu beobachten (s. Tab. 3.2). Da diese Phagen an Rezeptoren auf den Pili der Bakterienzellen binden, welche nur von einigen Arten ausgebildet werden, besteht eine relativ große Wirtsspezifität. Die Erwartung, daß Bakteriophagen mit einer höheren Wirtsspezifität in geringeren Mengen nachgewiesen werden, wurde bestätigt. Ein vermehrtes Auftreten von F-spezifischen Phagen im Frühjahr ist, analog zu dem somatischer Coliphagen, wahrscheinlich auf Einträge aus den landwirtschaftlich genutzten Flächen in Zusammenhang mit der Schneeschmelze zurückzuführen.

Eine geringe Abundanz der RNA-Viren könnte damit begründet werden, daß die Gruppe der *Leviviradae* im Vergleich zu anderen Phagengruppen relativ empfindlich gegenüber Umwelteinflüssen ist.

Tabelle 3.2: Anzahl F-spezifischer Bakteriophagen der Horizonte 1-3 von E, F, S und H je g Sediment

	24.04.2006		22.05.2006		19.06.2006		24.07.2006		29.08.2006		16.10.2006	
	ohne RNAse	mit RNAse	ohne RNAse	mit RNAse	ohne RNAse	mit RNAse	ohne RNAse	mit RNAse	ohne RNAse	mit RNAse	ohne RNAse	mit RNAse
E1	3	0	0	0	1	2	0	0	nicht ermittelt		0	0
E2	0	0	0	0	4	3	0	0	nicht ermittelt		0	0
E3	0	0	0	0	0	0	0	0	nicht ermittelt		0	0
F1	0	-	0	0	0	0	0	-	0	0	0	0
F2	0	1	0	0	0	0	0	0	0	0	0	0
F3	1	-	0	0	0	0	0	0	0	0	0	0
H1	8	0	0	0	nicht ermittelt		0	0	0	0	0	0
H2	0	0	0	0	nicht ermittelt		0	0	0	0	0	0
H3	1	0	0	1	nicht ermittelt		1	1	0	0	0	0
S1	1	0	0	0	nicht ermittelt		0	0	0	0	0	0
S2	0	-	0	0	nicht ermittelt		0	0	0	0	0	0
S3	0	0	0	0	nicht ermittelt		0	0	0	0	0	0

Vergleicht man die Ergebnisse mit denen von HAVELAAR et al. (1993) aus den Jahren 1989 und 1990, welcher niederländische Gewässer auf das Vorkommen von F-spezifischen Bakteriophagen untersuchte, zeigen sich Gemeinsamkeiten hinsichtlich der Konzentration der nachgewiesenen Phagen in den vergleichbaren Proben der Talsperre Saidenbach. Die ermittelten Konzentrationen lagen im Bereich zwischen 0,004 $pfp*l^{-1}$ und 1,3 $pfp*l^{-1}$, was ungefähr der nachgewiesenen Abundanz der Sedimentuntersuchungen der Talsperre Saidenbach entsprach. Es wurden im Jahresverlauf im Seewasser in nur 8 von 32 Freiwasserproben keine F-spezifischen Bakteriophagen gefunden. Die höchste Anzahl Phagen wurde in den Monaten Juni und Juli 1989 und 1990 beobachtet. Die wenigsten Phagen wurden, im Gegensatz zu den eigenen Beobachtungen, im Januar, März und April 1990 nachgewiesen. Es wird deutlich, daß die Ergebnisse der Untersuchungen von HAVELAAR et al. (1993) hinsichtlich der jahreszeitlichen Entwicklung der Phagenabundanz stark von den ermittelten Werten der Talsperre Saidenbach aus dem Jahr 2006 abweichen.

Plaquemorphologie:

Wirtszellen einer Art können durch mehrere Phagenspezies infiziert werden. Bild 3.2 zeigt die Plaquemorphologie *E. coli*-spezifischer Phagen auf MSA.

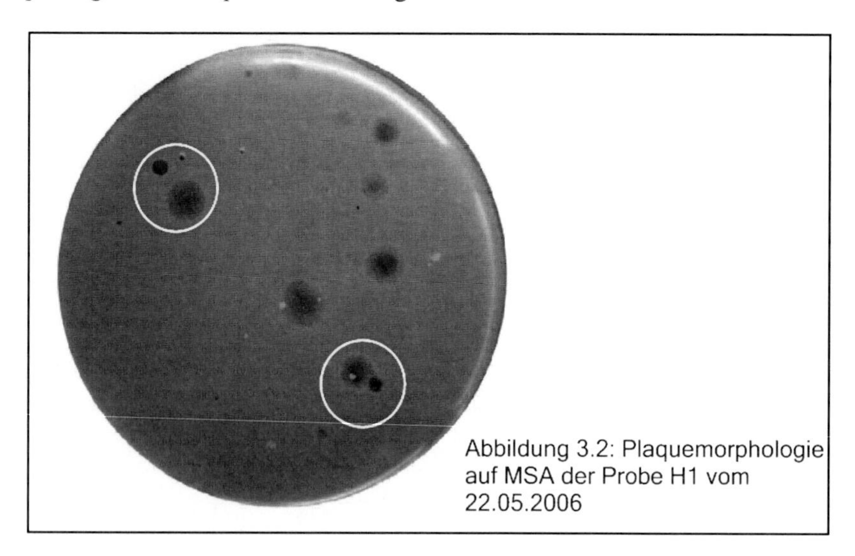

Abbildung 3.2: Plaquemorphologie auf MSA der Probe H1 vom 22.05.2006

Die Plaques unterschieden sich neben der Größe hauptsächlich im Lysierungsverhalten. So war bei annähernd gleicher *E. coli* Zelldichte zu beobachten, daß einige Kolonien mit scharf abgegrenztem Rand, andere wiederum mit sehr diffuser Begrenzung wuchsen (s. markierte Bereiche Abb. 3.2). Im Rahmen der Untersuchungen konnte keine Typisierung der Phagenspezies durchgeführt werden.

Grenzen der Untersuchungsmethode:

Befinden sich Zellen, welche mit Phagen infiziert sind, in der Probe, kommt es bereits während der Vorbehandlung zu Stressor-vermittelter Phageninduktion. Diese Viren treten noch vor dem Aufbringen der Proben auf MSA in den lytischen Zyklus ein und können so die eigentlich zu beobachtende Abundanz verfälschen. Außerdem sind viele Phagenarten zur Zeit noch unbekannt. So besteht die Möglichkeit, daß der Stamm *Salmonella typhimurium*, WG49, welcher genutzt wird, um F-spezifische Bakteriophagen nachzuweisen, Rezeptoren an der Zellwand besitzt, welche derzeit unbekannte somatische Phagen als Erkennungsdomäne nutzen können.

Eine fälschlich zu gering bestimmte Abundanz ist zu erwarten, wenn aufgrund starker Kontamination der Proben mit Bakterien die *E. coli*- bzw. *S. typhimurium*- Kulturen überwuchert werden und die Plaques dadurch nicht zu erkennen sind bzw. das Wachstum der Kulturen stark gehemmt wird. Dies wurde unter anderem bei den Proben vom 22.05.2006 beobachtet.

3.2 CARD-FISH

3.2.1 Vergleich kumulative Berechnung vs. Einzelwertbetrachtung

Bei dieser Untersuchung wurden zwei verschiedene Auswertemethoden verglichen, deren Anwendung in Fachkreisen kontrovers diskutiert wird. Statistisch gebräuchlicher ist das Verfahren, von jeder Einzelzählung das prozentuale Verhältnis zwischen Sondensignal und Gesamtzellzahl für ein Zählfeld zu ermitteln und aus allen Prozentwerten einen Mittelwert zu bilden. Diese Methode, welche bei gleichmäßiger Verteilung der Werte der Einzelproben Anwendung finden sollte, wird im Folgenden als Einzelwertbetrachtung (EWB) bezeichnet. Eine weitere Möglichkeit zur Auswertung der Ergebnisse ist, alle Sondensignale einer Untersuchungsreihe zu addieren, die Summe aller Gesamtzellzahlen zu erfassen und aus diesen akkumulierten Werten das prozentuale Verhältnis der Sondensignale zur Gesamtzellzahl zu ermitteln. Diese Methode, welche sich vor allem für Proben mit großen Abweichungen innerhalb einzelner Zählreihen eignet, wird als kumulative Berechnung (KB) bezeichnet. In Tabelle 3.3 sind alle erfaßten Ergebnisse beider Verfahren gegenübergestellt. Die Standardabweichungen wurden aus den zwei zusammengehörigen Werten EWB und KB berechnet. Alle angegebenen Werte verstehen sich als Prozentangaben. Je 10 unabhängige Einzelzählungen je Probe und Sonde (s. Tabellenanhang T8 bis T11) wurden zu einem Mittelwert zusammengefaßt. Von diesem Ergebnis wurde der NON-Wert, dessen Fluoreszenzsignale unspezifische Hybridisierungen repräsentieren, subtrahiert.

Tabelle 3.3: Gegenüberstellung Kumulative Berechnung (KB) und Einzelwertbetrachtung (EWB); Angabe der Standardabweichung (STW) beider Werte, alle Werte in Prozent

		EWB	KB	STW		EWB	KB	STW			EWB	KB	STW		EWB	KB	STW
EUB	E1	93,9	94,7	0,5	F1	69,9	70,6	0,5	ALF1b	E1	15,8	15,4	0,3	F1	6,4	6,6	0,1
	E2	90,7	90,9	0,1	F2	75,9	75,6	0,2		E2	8,1	8,1	0,0	F2	7,7	7,4	0,2
	E3	66,5	65,6	0,7	F3	75,7	75,8	0,0		E3	16,7	16,1	0,4	F3	1,8	1,6	0,1
	E4	58,5	58,8	0,2	F4	74,1	75,4	0,9		E4	6,3	6,4	0,1	F4	6,9	7,1	0,2
	E5	56,2	54,5	1,2	F5	76,0	75,4	0,4		E5	3,8	3,8	0,0	F5	6,4	6,5	0,1
NON EUB	E1	0,4	0,5	0,0	F1	1,0	1,0	0,0	ALF 968	E1	13,4	13,7	0,2	F1	7,3	7,9	0,4
	E2	2,5	2,8	0,2	F2	0,6	0,7	0,1		E2	11,4	11,4	0,0	F2	6,9	7,4	0,4
	E3	3,9	4,1	0,1	F3	0,0	0,0	0,0		E3	2,5	2,0	0,3	F3	11,3	11,8	0,4
	E4	0,3	0,4	0,1	F4	0,0	0,0	0,0		E4	5,7	5,5	0,2	F4	3,4	3,3	0,1
	E5	0,2	0,2	0,0	F5	0,0	0,0	0,0		E5	5,2	5,2	0,0	F5	4,7	4,9	0,2
HGC	E1	2,6	2,6	0,0	F1	0,0	0,0	0,0	Beta	E1	11,1	10,5	0,4	F1	3,3	3,5	0,1
	E2	0	0,0	0,0	F2	0,8	0,6	0,1		E2	5,6	5,9	0,2	F2	4,5	4,5	0,0
	E3	0	0,0	0,0	F3	0,3	0,3	0,0		E3	0	0,0	0,0	F3	5,1	5,2	0,1
	F4	0,6	0,5	0,1	F4	0,5	0,4	0,1		E4	1,6	2,1	0,4	F4	4,4	4,3	0,1
	E5	0,3	0,2	0,1	F5	0,0	0,0	0,0		E5	1,9	2,5	0,4	F5	1,2	1,3	0,1
Arch	E1	5,5	5,4	0,1	F1	33,4	33,2	0,1	Gamma	E1	3,2	3,3	0,1	F1	0,0	0,0	0,0
	E2	2,6	2,8	0,1	F2	10,9	11,3	0,3		E2	0	0,0	0,0	F2	0,0	0,0	0,0
	E3	1,2	0,3	0,6	F3	12,5	12,7	0,2		E3	0	0,0	0,0	F3	0,0	0,0	0,0
	E4	6,7	6,2	0,4	F4	12,0	12,1	0,0		E4	0	0,0	0,0	F4	0,6	0,5	0,0
	E5	6,8	6,5	0,2	F5	7,0	7,0	0,0		E5	0	0,0	0,0	F5	0,2	0,2	0,0

Die mittlere Standardabweichung entsprechend Tabelle 3.3 beträgt 0,2 %. Betrachtet man dagegen die Abweichungen der Einzelzählungen der einzelnen Proben (Tabellenanhang T8 bis T11), ergibt sich allein daraus eine mittlere Standardabweichung von 3,85 %. Rechnet man dazu noch die Zählfehlertoleranz, welche bei der CARD FISH mit ± 3 % angenommen wird, kommt man zu dem Schluß, daß die methodisch bedingte Abweichung von 0,2 % zu vernachlässigen ist. Die im Folgenden betrachteten Ergebnisse wurden ausschließlich mit der kumulativen Berechnungsmethode erzielt.

3.2.2 Vergleich ALF1b mit ALF968

Für die Detektion von Alpha Proteobakterien stehen mehrere Sonden zur Verfügung, welche je nach Oligonukleotidsequenz mit der 16S rRNA unterschiedlicher Arten hybridisieren. Untersucht wurde das Erfassungsspektrum der Sonden ALF1b (MANZ 1992) und ALF968 (NEEF 1997).

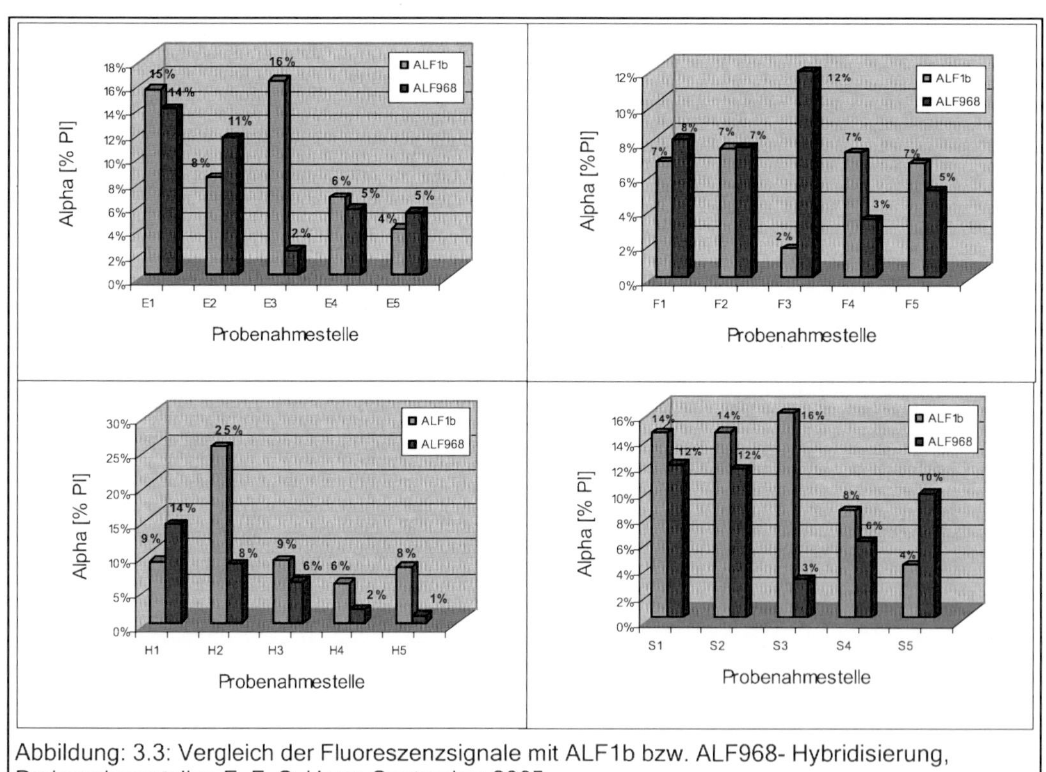

Abbildung: 3.3: Vergleich der Fluoreszenzsignale mit ALF1b bzw. ALF968- Hybridisierung, Probenahmestellen E, F, S, H von September 2005

In Abbildung 3.3 sind detektierte Sondensignale der Hybridisierung mit ALF1b bzw. ALF968 prozentual visualisiert. Die dargestellten Proben E, F, S und H mit den Horizonten 1 bis 5 entstammen der Probenahme vom September 2005. Bezüglich des Anteils hybridisierter rRNA war zu beobachten, daß in den untersuchten Proben mit ALF1b mehr Bakterien erfaßt wurden als mit ALF968.

Bei 13 von 20 Proben konnte mit ALF1b ein höherer Anteil hybridisierte rRNA beobachtet werden. Rechnet man jedoch den Zählfehler von ca. ±3% mit ein, weisen 14 von 20 Proben keine Unterschiede bei Vergleich der beiden Sonden auf. Die größten Abweichungen wurden in den dritten Horizonten der Probenahmestellen E, S und F sowie im zweiten Horizont von H nachgewiesen.
Ähnliche Resultate wurden bei unabhängigen Untersuchungen der ersten vier Horizonte der Entnahmestelle der Proben vom Februar 2006 erzielt (GOLDSCHMIDT 2006 unveröffentlicht). In Abbildung 3.4 sind die in diesem Zusammenhang beobachteten Ergebnisse dargestellt.

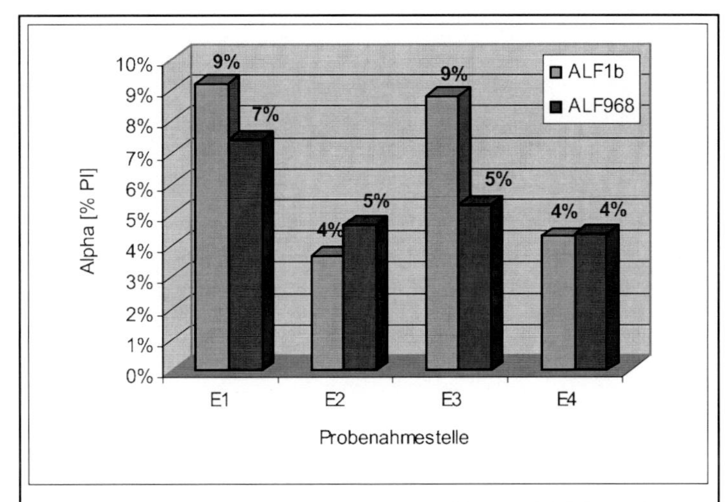

Abbildung 3.4: Prozentuale Angabe der Signale ALF1b und ALF968, E1 bis E4 vom Februar 2006, nach GOLDSCHMIDT 2006, unveröffentlicht

Aus Diagramm 3.4 geht hervor, daß genau wie bei den Proben E und S vom September 2005 (Abb. 3.3) eine höhere Detektionsrate für ALF1b im dritten Horizont zu beobachten war. In E2 vom Februar 2006 erfaßte die Sonde ALF968 geringfügig mehr Bakterien. Das gleiche galt für die Hybridisierung der Probe E2 vom September 2005 (Abb. 3.3 links oben). Die Ergebnisse der zwei Untersuchungen zeigen, daß ALF968, obwohl es fast 25 % mehr Alpha Proteobakterienspezies als ALF1b erfaßt (s. Tabelle 3.4, RDP 2006), weniger Hybridisierungssignale bedingen kann. Wesentlich für das Ergebnis ist der Umstand, welche Arten sich mit der eingesetzten Sonde nachweisen lassen. So erfaßt die Sonde ALF968 im Vergleich zu ALF1b mehr als doppelt so viele *Rhodospirillales, Rhodobacterales, Sphingomonadales, Caulobacterales* und *Rhizobiales* (s. Tab. 3.4). Sucht man jedoch explizit nach *Rickettsiales*, ist ALF1b geeigneter, da diese Sonde mit der 16S rRNA von mehr als 5 mal so vielen Arten dieser Ordnung hybridisieren kann. Außerdem besteht die Möglichkeit, daß zum Beispiel eine *Rhodobacter*-Spezies nur durch ALF1b erfaßt wird, auch wenn nur 13,7 % der Arten dieser Ordnung mit ALF1b nachgewiesen werden können. Eine oder mehrere dieser Arten können aber zu den Spezies gehören, welche ALF968 nicht erfaßt.

Falsch positive Ergebnisse können ebenfalls bei beiden Sonden entstehen. So besteht die Möglichkeit, daß ALF968 *Planctomycetes, Chloroflexi, Bacteroidetes* bzw. ALF1b *Verrucomicrobia* erfaßt. Diese Klassen wurden mit anderen Methoden (s. Kap. 3.3) in den Proben nachgewiesen und könnten fälschlicherweise mit der Alpha-spezifischen Sonde detektiert worden sein.

Tabelle 3.4: Mit ALF1b und ALF968 erfaßte phylogenetische Gruppen (RDP Probe Match, 2006)

			erfaßte Arten		phylogen.	prozentuale Erfassung	
			ALF968	ALF1b	Gesamtzahl	ALF968	ALF1b
		Bacteria	12988	6648	262030	5,0%	2,5%
Proteobacteria		Proteobacteria	12404	5377	106234	11,7%	5,1%
	Alpha Proteobacteria	Alpha Proteobacteria	10792	4299	26411	40,9%	16,3%
		Rhodospirillales	1073	371	2231	48,1%	16,6%
		Rickettsiales	21	113	1060	2,0%	10,7%
		Rhodobacterales	2351	676	4929	47,7%	13,7%
		Sphingomonadales	1652	701	3655	45,2%	19,2%
		Caulobacterales	448	170	999	44,8%	17,0%
		Rhizobiales	4741	1912	10422	45,5%	18,3%
		Parvularculales	0	0	15	0,0%	0,0%
		Beta Proteobacteria	19	23	20840	0,1%	0,1%
		Gamma Proteobacteria	170	47	45234	0,4%	0,1%
		Delta Proteobacteria	1284	906	8373	15,3%	10,8%
		Epsilon Proteobacteria	4	2	2906	0,1%	0,1%
		Deinococcus	38	0	583	6,5%	0,0%
		Chloroflexi	29	3	1860	1,6%	0,2%
		Thermomicrobia	1	0	17	5,9%	0,0%
		Deferribacteres	2	5	124	1,6%	4,0%
		Cyanobacteria	8	5	8016	0,1%	0,1%
		Firmicutes	83	48	60542	0,1%	0,1%
		Acidobacteria	8	10	2560	0,3%	0,4%
		Bacteroidetes	6	14	26309	0,0%	0,1%
		Fusobacteria	1	0	957	0,1%	0,0%
		Verrucomicrobia	1	226	1546	0,1%	14,6%
		Planctomycetes	54	81	2479	2,2%	3,3%
		Fibrobacteres	58	12	73	79,5%	16,4%
		Actinobacteria	10	12	25459	0,0%	0,0%
		Gemmatimonadetes	9	1	535	1,7%	0,2%
		Nitrospira	0	179	927	0,0%	19,3%
		Spirochaetes	0	183	2427	0,0%	7,5%
		Lentisphaerae	0	6	96	0,0%	6,3%
		unclassified	269	462	18516	1,5%	2,5%

Zusammenfassend ist zu erwähnen, daß keine der beiden Sonden vorzugsweise zu verwenden ist. Je nach Spezies in der zu untersuchenden Probe kann es sogar sinnvoll sein, bei wenigen Signalen beide Sonden parallel zu nutzen. Selbst die neuere, 1997 entwickelte ALF968-Sonde (NEEF 1997) erfaßt nicht einmal die Hälfte aller Alpha Proteobakterien. Außerdem kommt es bei beiden Sonden zu Fehlhybridisierung mit Spezies, welche nicht zu den Alpha Proteobakterien gehören

3.2.3 Allgemeine Verteilung der Bakteriengruppen

Der Diagrammblock 3.5 repräsentiert die im Tabellenanhang T12 aufgeführten Ergebnisse der CARD FISH Zählungen. In der rechten Abbildung ist jeweils die prozentuale Zusammensetzung der Eubakterien als Summe der Sondensignale von ALF968, BET42a, GAM42a, CF319a und HGC69a dargestellt, während das linke Diagramm die grundlegende Zusammensetzung der Probe hinsichtlich des Vorkommens von Eubakterien und Archaebakterien zeigt, welche mit den Sonden EUB338 bzw. Arch915 hybridisiert wurden.
Betrachtet man zunächst nur die Eubakterien, ist festzustellen, daß die ermittelten Werte zwischen 95 % in E1 und 3 % bei H5 im September 2005 schwanken. Die EUB-Sonde erfaßt nur 71 % der Eubakterien (s. Tab. 3.5). Befinden sich im Bereich der Probenahmestelle vorwiegend durch die Sonde unerfaßte Arten, führt das dazu, daß weniger Eubakterien registriert werden, als sich tatsächlich in der Probe befinden. So wurden mit anderen Methoden (s. Kap. 3.3) im Sediment des untersuchten Gewässers *Cyanobacteria* und *Verrucomicrobia* nachgewiesen. Deren theoretische Wiederfindungsraten unter Nutzung der EUB-Sonde betragen jedoch nur 50 % und 0,6 % (s. Tab 3.5).

Tabelle 3.5: theoretische Hybridisierung der phylogenetischen Gruppen mittels EUB-Sonde (RDP Probe Match 2006)

Gruppe	erfaßte Gruppen	Phylogen. Gesamtzahl	Prozent erfaßt
Eubacteria	185921	262030	71,0%
Chloroflexi	494	1860	26,6%
Cyanobacteria	4010	8016	50,0%
Chlorobia	88	359	24,5%
Proteobacteria	77372	106234	72,8%
Bacteroidetes	19959	26309	75,9%
Verrucomicrobia	9	1546	0,6%

Die niedrigsten EUB-Werte wurden im September 2005 im fünften Horizont der Probenahmestelle H, gefolgt von S4, S3 und S5 bestimmt. Bis auf diese vier Werte wurden bei Nutzung der EUB-Sonde nie Hybridisierungsergebnisse unter 20 % beobachtet. In den Proben von H könnten vermutlich durch Sauerstoffzehrung im Sediment Archaebakterien über- und Eubakterien unterrepräsentiert sein. Allerdings ist zu beachten, daß anaerobe Verhältnisse kein absolutes Ausschlußkriterium für die Anwesenheit von Eubakterien darstellen.
Die sehr gute Hybridisierungseffizienz in E1 vom September 2005 mit 95 % kann so erklärt werden, daß in einer Probe zufällig eine große Abundanz an Arten vorkommt, welche sich mit der genutzten Sonde detektieren läßt, die Sonde also optimal hybridisiert. Das setzt voraus, daß sich kaum Arten in der Probe befinden, welche sich mit der Sonde nicht detektieren lassen. Außerdem besitzen aktive Zellen, wie sie in E1 zu erwarten sind, viele Ribosomen, was die Hybridisierungseffizenz erhöht.

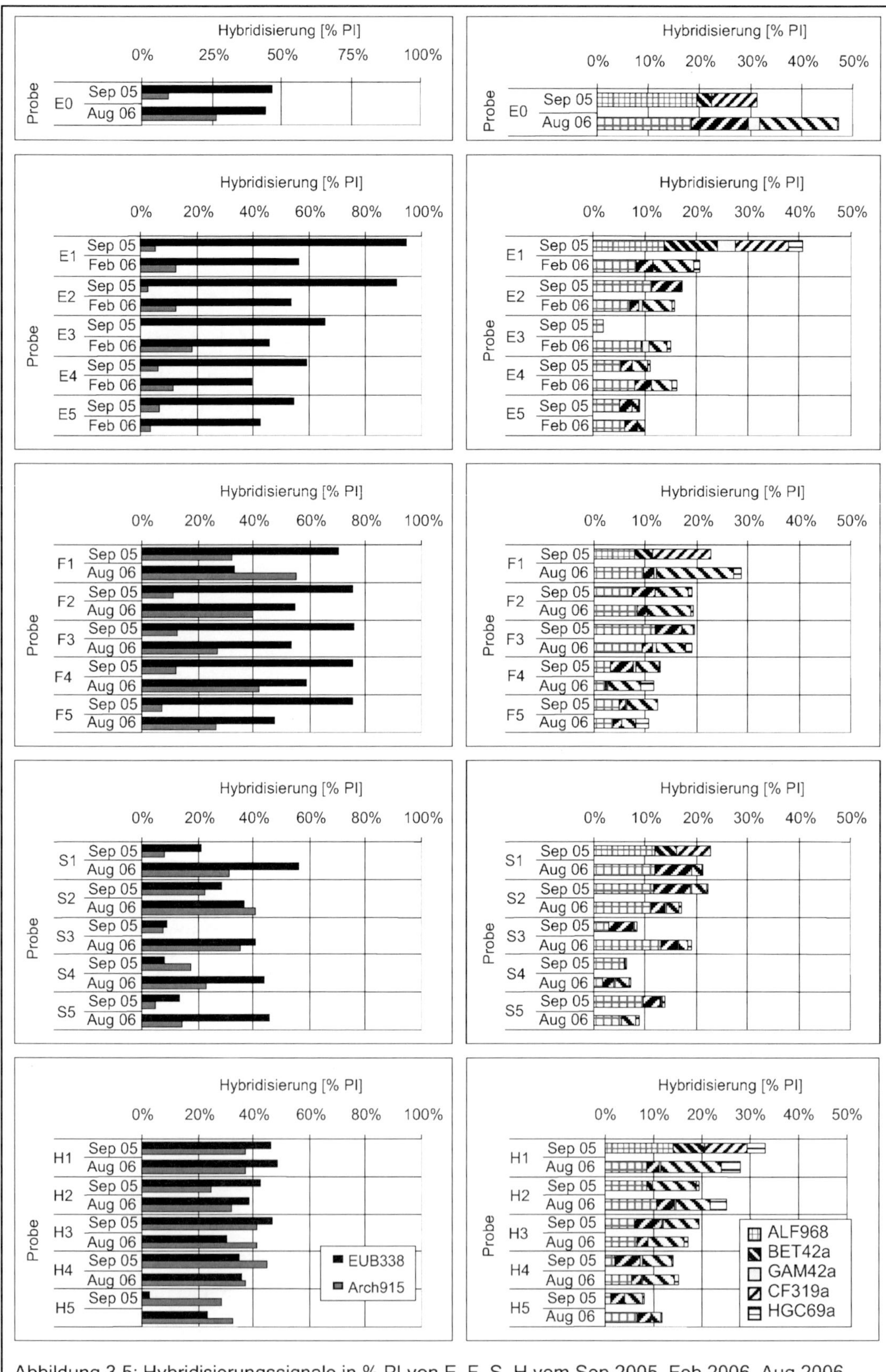

Abbildung 3.5: Hybridisierungssignale in % PI von E, F, S, H vom Sep 2005, Feb 2006, Aug 2006, Sonden: EUB338, Arch915, ALF968, BET42a, GAM42a, CF319a, HGC69a

Der Mittelwert aller EUB-Hybridisierungen beträgt 47 %. Dieses Ergebnis liegt nur um 1 % höher als der zugehörige Median. Diese Betrachtung stellt aufgrund ihrer Komplexität einen Schnitt durch den gesamtem Gewässerkomplex inklusive aller untersuchten Horizonte einschließlich der Proben der Vorsperre dar.

Die Gruppe der Archaebakterien ist mit Werten zwischen 0 % in E3 im September 2005 und 55 % in F1 im August 2006 nachgewiesen worden. Die genutzte Sonde ARCH 915 erfaßt 68,7 % aller bekannten *Archaea* und 0,2 % *Eubacteria* (Greengenes 2006). Damit weist sie eine ähnliche relative Spezifität für die nachzuweisende Gruppe auf wie die EUB-Sonde bezüglich der Eubakterien.

Alpha Proteobakterien wurden in allen Proben in relativen Häufigkeiten zwischen 1 % und 14 % in H5 bzw. E1 jeweils im September 2005 gefunden. In der Sedimentfalle wurden Werte bis zu 20 % bei beiden Probenahmeterminen beobachtet.

Die Klasse der Beta Proteobakterien konnte in fast allen Proben nachgewiesen werden. Ausnahmen stellten dabei die Proben E3 und S4 vom September 2005 sowie S5 vom August 2006 dar. Die Ergebnisse aller anderen Proben lagen bei Werten von gering über Null bis zu 11 % im September 2005 in E1 bzw. im August 2006 in der Sedimentfalle.

Auffällig ist, daß Proben mit hoher Hybridisierungsrate für Beta Proteobakterien auch hohe Werte bei der Alpha-Hybridisierung aufweisen. Da der Umkehrschluß nicht möglich ist, ist auszuschließen, daß das Auftreten dieser Klassen gegenseitig bedingt ist. Vielmehr ist anzunehmen, daß Arten beider Gruppen ähnliche physikalische beziehungsweise chemische Ansprüche an ihren Lebensraum aufweisen.

Eine geringe Abundanz wiesen die Gamma Proteobakterien auf. Bei allen Untersuchungen wurde nur ein Wert, welcher größer als der einzurechnende Zählfehler ist, ermittelt. Dieser wurde in der Septemberprobe von 2005 in E1 mit 3,3 % festgestellt. Alle anderen Auswertungen lieferten Ergebnisse zwischen 0 % und 3 %. Aufgrund dieser Beobachtungen ist zu vermuten, daß die Gamma Proteobakterien im Vergleich zu den anderen untersuchten Gruppen im Sediment unterrepräsentiert sind.

Relative Häufigkeiten zwischen 0 % und 15 % wurden für die Gruppe der Cytophaga-Flavobakterien (CF) ermittelt. *Cytophaga spp.* sind in der Lage, Polysaccharide wie Zellulose umzusetzen (MADIGAN 2006). Da diese Substanz überall im Sediment verfügbar ist, ist auch das Auftreten von Bakterien der Gattung *Cytophaga* zu erwarten. Innerhalb dieser Gruppe gibt es im Gegensatz zur Klasse der Gamma Proteobakterien nur zwei pathogene Arten. *Cytophaga columnaris* und *Cytophaga psychrophila* sind fischpathogene Bakterien. Da zur CARD FISH jedoch nur gruppenspezifische Sonden genutzt wurden, konnte mit dieser Methode keine Bestimmung auf Artebene durchgeführt werden, so daß eine Aussage über das Vorkommen pathogener Arten nicht möglich ist. Als weitere Gattungen, welche durch die CF-Sonde erfaßt werden, zählen die psychrophilen bzw. psychrotoleranten Flavobakterien. Diese besiedeln limnische als auch marine Ökosysteme. Daher war das Auftreten dieser Gattung ebenfalls zu erwarten.

Tabelle 3.6: theoretische Hybridisierung der phylogenetischen Gruppen mittels CF-Sonde (RDP Probe Match 2006)

Gruppe	erfaßte Gruppen	Phylogen. Gesamtzahl	Prozent erfaßt
Eubacteria	8605	262030	3,3%
Chloroflexi	3	1860	0,2%
Chlorobi	1	359	0,3%
Proteobacteria	256	106234	0,2%
Bacteroidetes	8298	26309	31,5%
Flavobacteria	3315	5520	60,1%
Cytophaga	17	31	54,8%

Die Sonde ist relativ spezifisch und hybridisiert außerhalb der CF-Gruppe nur mit *Chloroflexi, Chlorobi* und *Proteobacteria* in sehr geringem Maße. Ein Nachteil ist jedoch die Erfassungsrate innerhalb der CF-Gruppe. Diese beträgt für *Cytophaga* 54,8 % und für *Flavobacteria* 60,1 % (s. Tab. 3.6).

Grampositive Bakterien mit hohem GC-Gehalt (HGC) konnten kaum nachgewiesen werden. So wurden maximale Werte von 3 % bis 4 % in den obersten Horizonten der Probenahmestelle H beobachtet. Die geringe Nachweisrate könnte methodisch bedingt sein. So ist die Zellwand grampositiver Bakterien schwer zu permeabilisieren, was eine Hybridisierung erschwert.

3.2.4 Jahreszeitliche Betrachtung der Bakteriengruppen im Sediment

Sämtliche Darstellungen dieses Kapitels beziehen sich auf die Diagramme in Abbildung 3.5, welche mittels der Werte der Tabelle T12 aus dem Tabellenanhang erstellt wurden.

Betrachtet man zunächst den Unterschied zwischen dem Vorkommen der untersuchten Bakteriengruppen, ist auffällig, daß im Februar 2006 in allen Horizonten der Probenahmestelle E weniger Eubakterien nachgewiesen wurden als im September 2005 (s. Abb. 3.5d). Das könnte sowohl mit dem Mangel an Nährstoffen während der Wintermonate als auch mit Sauerstoffmangel aufgrund unzureichender Durchmischung begründet werden. Diese ist wiederum mit dem Zufrieren des Gewässers zu erklären, was mit einer extrem stabilen Winterschichtung einhergeht. Auch die Hybridisierungseffizenz der EUB-Sonde von 71 % (s. Tab. 3.5) muß in diesem Zusammenhang betrachtet werden. Die Summe aller dieser Aspekte führt zu einer geringeren Abundanz vieler Eubakterienspezies. Im ersten Horizont von E gilt dies für alle untersuchten Eubakteriengruppen. Die höchste Abweichung, mit ca. 7 % mehr hybridisierten Zellen im Vergleich zur Wintersituation, zeigen dabei die Beta Proteobakterien. Selbst die kaum nachgewiesenen Gamma Proteobakterien und die grampositiven Bakterien mit hohem GC-Gehalt wurden im September 2005 mit Werten von 3,3 % und 2,6 % beobachtet.

Mögliche jahreszeitliche Schwankungen in der Abundanz der untersuchten Bakteriengruppen konnten in den Horizonten 2 und 3 der Probenahmestelle E im September 2005 beobachtet werden. So wurden in diesen Proben keine Bakterien der CF-Gruppe nachgewiesen. In den gleichen Tiefen wurde im Februar 2006 eine relative Häufigkeit von 5,8 % bei E2 und 3,5 % bei E3 ermittelt. Im September 2005 wurde in E1 ein Anteil von 10,5 % der CF-Gruppe in Bezug zur Gesamtzellzahl nachgewiesen. Der erste Horizont im September 2005 könnte durch Überlagerung von 0,5 cm Sediment während bzw. nach der Herbstvollzirkulation zum zweiten Horizont im Februar 2006 geworden sein. Somit würde sich die größere Anzahl CF-Bakterien zu einem späteren Zeitpunkt im zweiten Horizont befinden. Das überlagernde Sediment war nahezu frei von Bakterien der CF-Gruppe. Eine weitere Erklärung für die Tatsache, daß trotz der geringen Hybridisierbarkeit von Eubakterien in den Wintermonaten einige Bakteriengruppen zu dieser Zeit, vor allem in tieferen Sedimentschichten, in größeren absoluten Häufigkeiten nachgewiesen wurden, ist wiederum der Aspekt, daß die Sonden nicht alle Arten erfassen bzw. Fehlhybridisierungen stattfinden (s. Tab. 3.4, 3.5 und 3.6).

Tab. 3.7: Anteil Archaea in % PI

Probe		Arch zu PI
E0	Sep 05	9%
	Aug 06	26%
E1	Sep 05	5%
	Feb 06	13%
E2	Sep 05	3%
	Feb 06	12%
E3	Sep 05	0%
	Feb 06	18%
E4	Sep 05	6%
	Feb 06	12%
E5	Sep 05	7%
	Feb 06	4%

Die Situation für Archaebakterien verhält sich umgekehrt zu der der Eubakterien (s. Tab. 3.7). Betrachtet man die Tatsache, daß wesentlich mehr *Archaea* als *Eubacteria*-Spezies in sauerstoffarmer oder anaerober Umgebung existieren können, wird deutlich, daß viele Archaebakterien während der Winterstagnation einen Vorteil hinsichtlich der Besiedelung einer ökologischen Nische haben. Dieser Vorteil führt, bis zur Erschöpfung der Nährstoffressourcen, zunächst zur Vermehrung der Art. Diese Situation wird durch Vergleich der Werte E1 bis E4 vom September 2005 mit selbigen vom August 2006 verdeutlicht.

Da sich in den verschiedenen Horizonten auch unterschiedliche Spezies befinden können, welche abweichende Ansprüche an ihre Umgebung haben, ist nicht verwunderlich, daß die nachgewiesenen Häufigkeiten mit zunehmender Sedimenttiefe keinen einheitlichen Trend zeigen (s. Kap. 3.2.6). In Probe E5 konnten im September und Februar unter Beachtung der Zähltoleranz ähnliche Werte beobachtet werden. Für diesen Fall ist anzunehmen, daß sich der Sauerstoffgehalt sowie die Temperatur in dieser Sedimenttiefe im Jahresverlauf nicht wesentlich ändern. Dafür spricht auch, daß in diesem Horizont die geringste Abweichung hinsichtlich des Auftretens von Eubakterien im Vergleich von Februar und September beobachtet wurde.

3.2.5 Auftreten der Bakteriengruppen 2005 und 2006

Hinsichtlich der prozentual nachgewiesenen Eubakterien konnten zwischen den einzelnen Probenahmestellen erhebliche Unterschiede festgestellt werden. So wurden in den Präparaten aller Horizonte von F im September 2005 mehr Hybridisierungssignale beobachtet als in den Proben vom August 2006. Bei H wurden in beiden Monaten ähnliche Werte erreicht. In den Präparaten von S konnten im August 2006 die meisten Hybridisierungssignale nachgewiesen werden. Dies könnte mit einer Änderung der physikalischen bzw. chemischen Einflußgrößen im Sediment bzw. mangelnder Sondenspezifität erklärt werden.
Ein erhöhtes Auftreten von *Archaea* wurde in F und S im August 2006 im Vergleich zum September 2005 in allen Sedimenttiefen festgestellt. Bei H ist hinsichtlich der relativen Häufigkeit von *Archaea* kein Unterschied bei Betrachtung der Situation nach 11 Monaten zu verzeichnen. Dies könnte durch die jahreszeitliche Periodizität ohne größere Störfaktoren, wie z.B. Hochwassersituationen, bedingt sein. Die weiteren untersuchten Gruppen CF, HGC, Beta- und Gammaproteobakterien wiesen ebenfalls keine nennenswerten Unterschiede bei Vergleich der Ergebnisse von September 2005 und August 2006 auf. Die Differenzen lagen innerhalb der doppelten Zähltoleranz, welche sich aus dem ermittelten Wert ±3 % ergibt. Eine Ausnahme im Vergleich der bisher betrachteten Gruppen bilden die Alpha Proteobakterien im Horizont 3 der Probenahmestelle S. In diesem Horizont wurden im September 2005 3 % und im August 2006 13 % Alpha Proteobakterien nachgewiesen. Ob diese Abweichung tatsächlich vorhanden ist oder durch die geringe Gruppenspezifität sowie die relativ hohe Hybridisierungsrate der Sonde für gruppenfremde Spezies erklärt werden kann (s. Tab. 3.4), läßt sich nicht abschließend beurteilen.

3.2.6 Tiefenprofilabhängige Verteilung der Bakterien im Sediment

Sämtliche Betrachtungen in diesem Kapitel berücksichtigen den Vergleich der Horizonte in den Monaten September 2005 sowie Februar und August 2006 (s. Abb. 3.6). Die Abbildungen entstanden auf Basis der Daten aus Tabelle T12 aus dem Tabellenanhang. Für die Tiefenangabe in cm wurde der Mittelwert der einzelnen Tiefen der Horizonte berücksichtigt. Da z.B. der Horizont 1 von 0 cm bis 0,5 cm reicht, wurde eine mittlere Tiefe von 0,25 cm im Diagramm abgetragen.

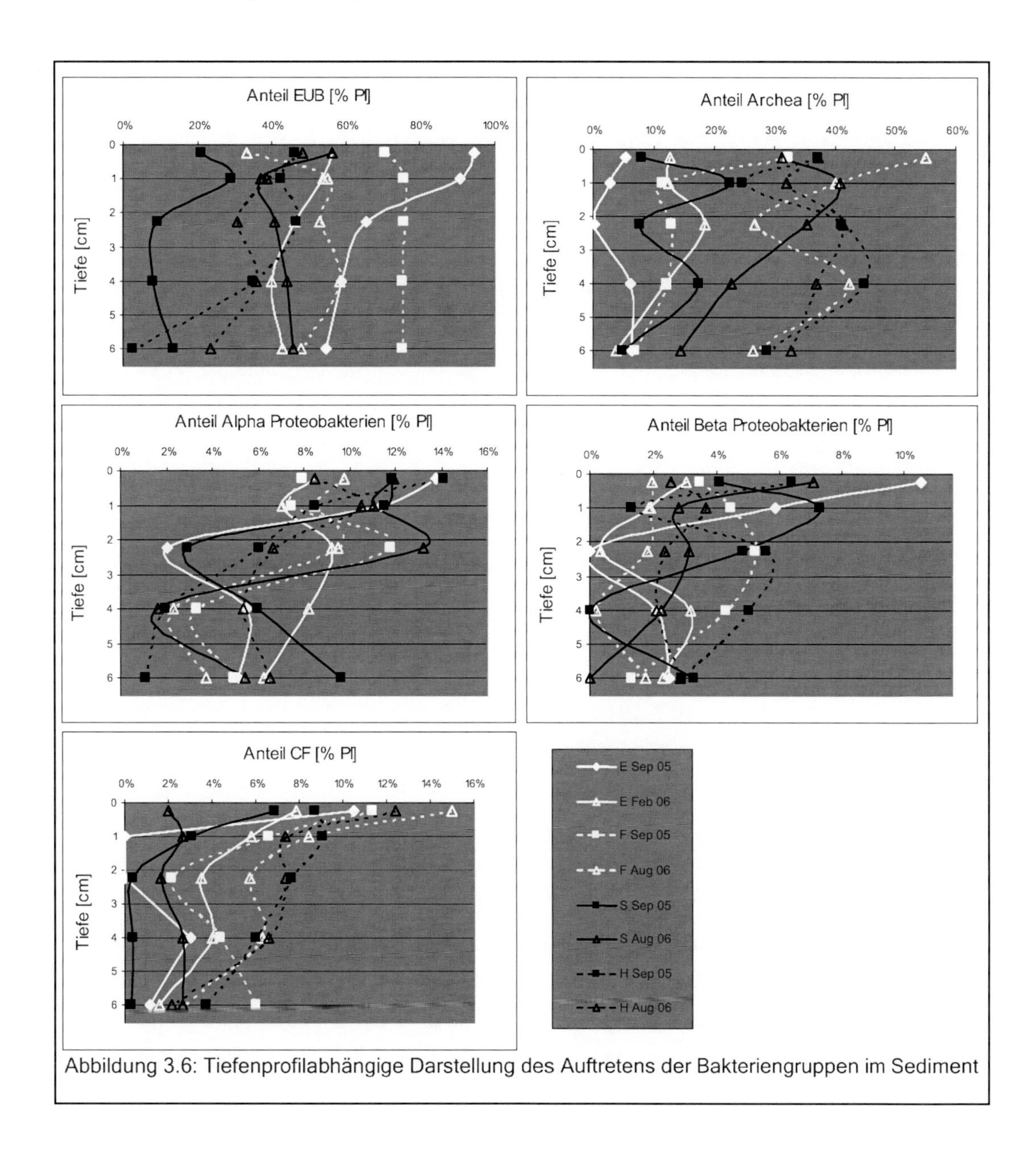

Abbildung 3.6: Tiefenprofilabhängige Darstellung des Auftretens der Bakteriengruppen im Sediment

Vergleich Sedimentfalle E0-E1:

Die Bakterien im Sediment der Sedimentfalle E0 repräsentieren die Arten, welche nach dem Absinken den obersten Horizont bilden bzw. in diesem nachweisbar sind. In der Sedimentfalle konnten in den untersuchten Monaten weniger Eubakterien, Archaebakterien und Alpha Proteobakterien als im ersten Horizont der Probenahmestelle E mittels CARD FISH nachgewiesen werden (s. Tab. T12). Im September 2005 wurde in E0 ein Anteil von ca. 18% Cyanobakterien bestimmt (SCHEERER, pers. Information). Ein Grund für die geringe Nachweisrate für Eubakterien ist die Tatsache, daß mit der genutzten Sonde nur 50 % aller Cyanobakterienspezies erfaßt werden (s. Tab. 3.5).

Grampositive Bakterien mit hohem GC-Gehalt wurden in E1 in größeren Mengen als in E0 nachgewiesen. Bezieht man die Zähltoleranz ein, relativiert sich dieses Ergebnis. Hinsichtlich der relativen Häufigkeiten der Beta Proteobakterien und der CF-Gruppe ist kein Trend bezüglich eines gehäuften Vorkommens in E1 oder E0 zu erkennen.

Vergleich der Horizonte 1 bis 5:

In den Proben E und H nimmt der Anteil mittels CARD FISH nachweisbarer Eubakterien mit zunehmender Tiefe ab (s. Abb. 3.6). Gleiches wurde bei den Untersuchungen mikrobiologischer Parameter im Juli 2001 durch WOBUS *et al.* beobachtet (WOBUS *et al.* 2003). Am extremsten ausgeprägt ist dieser Verlauf im September 2005 bei E. Die Abnahme könnte durch Sauerstoffzehrung in den tieferen Sedimentschichten bedingt sein, welche sich bei der Sommerstagnation bzw. bei H durch hohen Umsatz an Biomasse unter Sauerstoffverbrauch einstellen kann. Große Mengen Orthophosphat (s. Abb. 3.8) bei H lassen eine hohe Mineralisierung vermuten. Bei S und F ist entgegen der Darstellung von E und H kein eindeutiger Trend erkennbar. In 1 cm Tiefe wurde bei den Probenahmestellen F im August 2006 und bei S im September 2005 im Vergleich zum darüberliegenden Horizont ein höherer Anteil Eubakterien nachgewiesen. Der Zustand an diesen beiden Probenahmestellen wird in dieser Tiefe kaum durch Sauerstoffmangel beeinflußt. So könnten erhöhte Werte, bei Nutzung der EUB-Sonde, unter anderem durch Fehlhybridisierung, geringe wiederum durch mangelnde Hybridisierungsfähigkeit der rRNA vieler Spezies, insbesondere der Cyanobakterien und Verrucomicrobia, bedingt gewesen sein.

Entgegen den Erwartungen hinsichtlich der Verteilung der Archaebakterien wurde festgestellt, daß deren Anzahl nicht unbedingt mit steigender Sedimenttiefe zunimmt (s. Abb. 3.6). Vielmehr konnten alternierende Verläufe beobachtet werden. So wurde bei den meisten Probenahmestellen eine maximale relative Häufigkeit in einer Tiefe zwischen 1 cm und 4 cm nachgewiesen. Danach nimmt auch der Anteil der Archaebakterien ab. Das könnte mit der geringeren Nährstoffverfügbarkeit mit zunehmender Sedimenttiefe erklärt werden. Die relative Häufigkeit nahm in Tiefen ab 4 cm in allen Probenahmestellen bis auf E in September 2005 ab (s. Abb. 3.6). In dieser Probe konnte keine Veränderung der prozentual erfaßten Häufigkeiten in einer Sedimenttiefe ab 4 cm festgestellt werden.

Hohe Hybridisierungswerte für die Gruppe der Archaea, wie die der Probenahmestellen F und H, sind darauf zurückzuführen, daß Archaebakterien möglicherweise nicht auf sauerstofffreie Umgebungen angewiesen sind und andererseits diese Bedingungen jedoch im Inneren von Aggregationen im Biofilm vorfinden, welche sich auch auf Sedimentpartikeln im obersten Horizont befinden.

Die meisten der untersuchten Horizontabfolgen wiesen bezüglich der prozentualen Häufigkeiten der Alpha und Beta Proteobakterien ebenfalls alternierende Verläufe auf. Dabei konnten ähnliche Verläufe bei Nutzung der Alpha-Sonde im Vergleich zwischen September 2005 und August 2006 bei F bzw. absolut gegensätzliche Entwicklungen in den gleichen zwei Monaten bei S beobachtet werden. Für die Beta Proteobakterien trifft für die gleichen Proben ähnliches zu, jedoch in so geringen Abweichungen, daß kein Trend abgeleitet werden kann. Bei H wurde eine Abnahme an Alpha Proteobakterien mit zunehmender Tiefe nachgewiesen. Im Sediment von E nahm im September 2005 der Anteil dieser Klasse innerhalb der ersten 2,5 cm zunächst ab und danach wieder zu.

Die Untersuchung der Probenahmestellen hinsichtlich der Verteilung der Cytophaga-Flavobakterien-Gruppe in den Sedimenttiefen lieferte bei allen Proben ein ähnliches Ergebnis. So wurden an der Oberfläche die meisten Bakterien dieser Gruppe gefunden. Die Abundanz nimmt bis in eine Tiefe von 2 cm bis 3 cm ab. Bei S ändert sich in der Horizontabfolge die beobachtete relative Häufigkeit nicht mehr. In den Proben F vom September 2005 kann ab einer Tiefe von 2,5 cm eine leichte Zunahme der CF-Gruppe beobachtet werden. Eine Abnahme der CF-Abundanz ist hingegen in allen untersuchten Monaten bei E und H bzw. bei F im August 2006 zu verzeichnen.

Im dritten Horizont bei ca. 2,5 cm zeigte sich unabhängig von der genutzten Sonde bei vielen Proben eine abrupte Änderung des Anteils der Bakterien in Bezug zur Gesamtzellzahl innerhalb der nachgewiesenen Gruppen. Ähnliches ist auch beim Verlauf des DOC im Tiefenprofil zu beobachten.

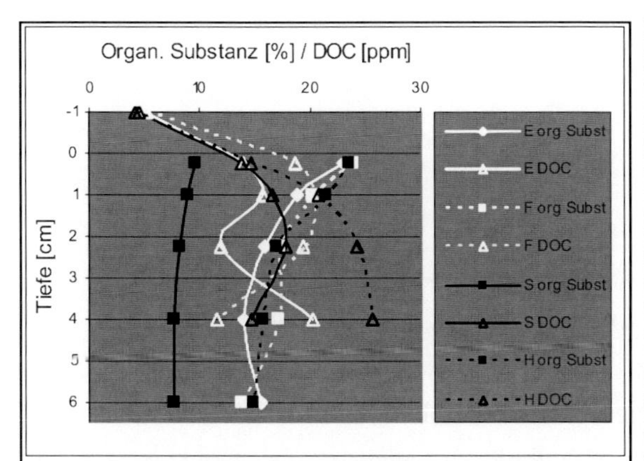

Abbildung 3.7: Organische Substanz und DOC der Tiefenprofile, E, F, S, H vom September 2005

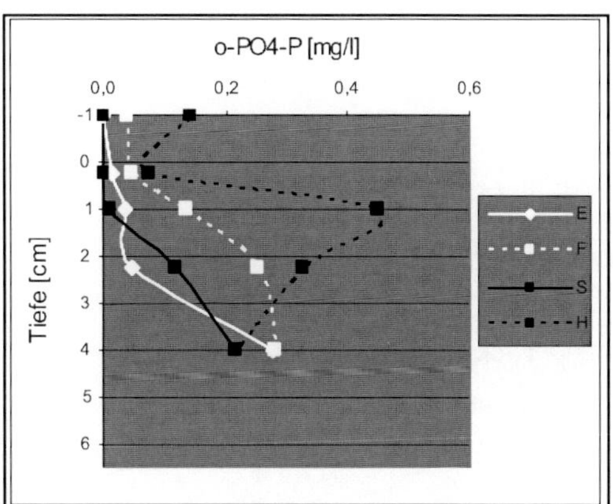

Abbildung 3.8: Orthophosphat im Tiefenprofil, Proben E, F, S, H vom September 2005

In einer Tiefe von ca. 2,5 cm erreicht der DOC bei H, F und S relativ hohe Werte, welche danach bei F und S wieder abfallen. Die Funktion dieses Parameters alterniert bei E, weist aber ein negatives Extrema bei 2,5 cm auf. Die organische Substanz nimmt in dieser Sedimenttiefe bei H, E und F Werte an, die sich in tieferen Horizonten nicht wesentlich ändern. Aus Abbildung 3.7 geht außerdem hervor, daß die Menge organischer Substanz bzw. der DOC im Vergleich der Probenahmestellen untereinander kaum variiert.
Die Mineralisationsleistung kann unter anderem anhand des Orthophosphates, welches erwartungsgemäß in F und H in großen Mengen vorkommt, belegt werden (s. Abb. 3.8). Interessant ist, daß die gebildete Menge Orthophosphat bei S unterhalb des ersten Zentimeters und bei E in Sedimenttiefen unter 2,5 cm erheblich zunahm. Diese Umsatzleistung könnte bei H unter anderem durch Alpha Proteobakterien stattgefunden haben. Deren vermehrtes Vorkommen korreliert mit der Zunahme an nachgewiesenem Orthophosphat in den entsprechenden Tiefen. Bei E könnte der Zusammenhang durch eine höhere Anzahl Archaebakterien bzw. Beta Proteobakterien in Bezug zur Gesamtzellzahl hervorgerufen worden sein. Als weitere Ursache für die Zunahme an Orthophosphat in den genannten Horizonten ist eine eventuell verringerte Adsorptionsfähigkeit des Substrates durch Veränderungen chemisch-physikalischer Parameter in Erwägung zu ziehen.

Grenzen der Untersuchungsmethode:

Da die Methode extrem zeitaufwendig und unter Berücksichtigung der Anschaffung spezifischer Sonden auch ziemlich kostenintensiv ist, sollte zunächst annähernd bekannt sein, welche Bakteriengruppen in der Probe vorhanden sein könnten. Außerdem muß die Zielsequenz der zu verwendenden Sonde bekannt sein. Untersucht man nur das Vorkommen von Bakteriengruppen, lassen sich keine Aussagen über das Auftreten einzelner Arten und somit auch nicht über biochemische Umsatzleistungen einer Biozönose ableiten. Gruppenspezifische Sonden haben den Nachteil, daß einige Arten erfaßt werden, die anderen Gruppen angehören. Der größte Nachteil der Methode liegt jedoch darin, daß die genutzten Sonden Nachweisraten für die zu untersuchende Gruppe von 71 % bei EUB (s. Tab. 3.5) und 40,9 % bei ALF968 (s. Tab. 3.4) bzw. bei der CF-Sonde 54,8 % für *Cytophaga* und 60,1 % für *Flavobacteria* (s. Tab. 3.6) aufweisen. Speziell für die Alpha Proteobakterien-Sonde bedeutet das, daß fast 60 % aller der zugehörigen Arten mit dieser Sonde nicht nachgewiesen werden können. Ein weiterer Nachteil der Methode ist die Tatsache, daß bei unabhängigen Zählungen durch verschiedene Personen individuelle Unterschiede als systematische Fehler zu berücksichtigen sind. Daher müssen die Ergebnisse mit einer Zähltoleranz von ca. ±3 % angenommen werden.
Aufgrund aller angeführten Fakten muß festgestellt werden, daß die CARD FISH nur bedingt zum Screening eines Ökosystems geeignet ist und die Auswertung der Ergebnisse unter Berücksichtigung der methodischen Fehler erfolgen muß.

3.3 Allgemeine 16S-Klonierung und Sequenzierung

Ziel der 16S rRNA-Klonierung war es, einen Überblick über den Bestand der Mikroorganismen zu verschiedenen Jahreszeiten und Probenahmestellen zu erhalten. Dafür wurde zunächst eine allgemeine 16S rRNA- PCR mit der gesamt-DNA durchgeführt. Diese Fragmente wurden in Plasmide inseriert, welche wiederum in *E. coli* vermehrt wurden. Klone, welche das Plasmid nicht aufgenommen hatten, konnten auf dem antibiotikahaltigen Agar nicht wachsen. Mittels dieser Selektion und des Nachweises der β- Galactosidase-Aktivität durch Auswahl farbloser Bakterienkolonien vom LB-Agar wurde sichergestellt, daß nur Klone mit Plasmid weiter genutzt wurden. Die Klonierungseffizienz lag nach Auswertung der Blau- Weiß- Selektion (s. Kap 2.4.5) bei ca. 95 %. Bei der PCR konnte mit dem plasmidspezifischen Primerpaar +M13 und -M13 von nur 21,4 % bis maximal 95 % der ausgewählten Klone die 16S rRNA in der zu erwartenden Größe amplifiziert werden. Das PCR-Fragment des Plasmides ohne Insertionssequenz ist ca. 220 bp lang. Bei vollständig aufgenommenem Insert hat das Oligonukleotid eine Größe von ca. 1560 bp (s. Abb. 3.9).

Tabelle 3.8: Klonierungseffizienz; Verhältnis der Klone mit, zu denen ohne Plasmid

Probe	ausgewählte Klone	PCR positiv	PCR positiv [%]
E0 September 2005	64	59	92,2 %
E1 September 2005	64	54	84,4 %
E1 Februar 2006	60	57	95,0 %
F1 August 2006	60	54	90,0 %
E0 August 2006	187	40	21,4 %

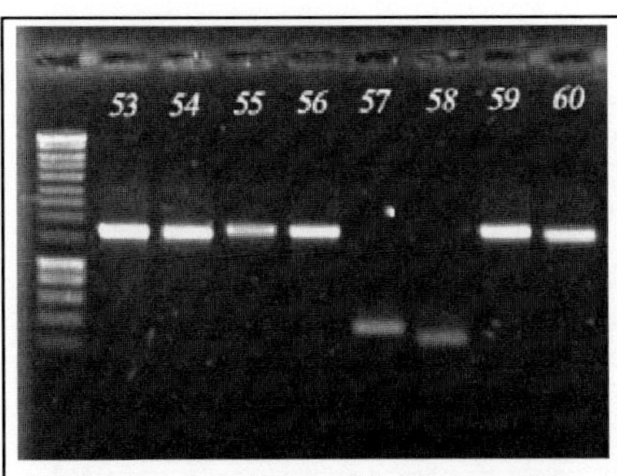

Abbildung 3.9: Klone 53-60 der 16S PCR-Produkte aus F1 vom Februar 2006

Aus Abbildung 3.9 ist ersichtlich, daß zwei der acht dargestellten Proben das Insert nicht bzw. nicht in der gewünschten Größe im Plasmid trugen, Das Plasmid wurde jedoch in allen Fällen aufgenommen. Bei Probe Nr. 58 (E1, Februar 2006), dargestellt in Abbildung 3.9, ist zu erkennen, daß die DNA eines Plasmides ohne Insertionssequenz amplifiziert wurde.

In der Probe 57 (Abb. 3.9) wurde ein Fragment in das Plasmid aufgenommen. Es handelt sich dabei jedoch um ein unerwünschtes Amplifikat einer zu kurzen Nukleotidsequenz.

Die geringe Klonierungseffizienz der Probe E0 vom August 2006 (Tab. 3.8) läßt sich ebenfalls mit der Insertion unspezifischer, kurzer PCR-Fragmente erklären. In der mittleren Gelspur (Bild 3.10 links) vom August 2006 ist zu erkennen, daß bei der 16S-PCR eines DNA-Gemisches von E0 viele unspezifische Produkte gebildet wurden, welche bei ca. 100 bp eine Bande zeigen. Werden diese Fragmente in das Plasmid aufgenommen, entsteht nach PCR mit dem M13 Primerpaar ein neues Fragment mit einer Länge von ungefähr 320 bp, welches z.B. bei den E0 Augustproben Nr. 54 bis 57 gebildet wurde (Abb. 3.10 rechts).

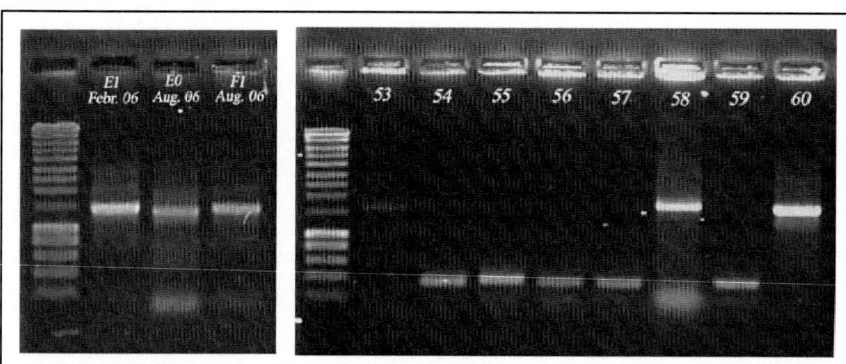

Abbildung 3.10: gesamt 16S rRNA vor der Klonierung (links), Klone E0 vom August 2006 (rechts)

Nach der Sequenzierung wurden die Sequenzen mittels Datenbankrecherche per NCBI Blast den entsprechenden taxonomischen Ebenen, wenn möglich bis zur Art, und in Taxonomicon 2006 den zugehörigen Klassen bzw. Gattungen zugeordnet (s. Tab. 3.9).

Tabelle 3.9: absolute Häufigkeiten der Klone nach Klassen auf Basis der Klonierung

Klasse	E0 Sep 05	E1 Sep 05	E1 Feb 06	E0 Aug 06	F1 Aug 06
Cyanobacteria	12 von 49	5 von 50	9 von 50	4 von 29	9 von 48
α- Proteobacteria	12	10	2	5	5
β- Proteobacteria	1	5	3	6	1
γ - Proteobacteria	4	4	5	5	3
δ- Proteobacteria	2	1	5	1	4
Verrucomicrobiae	9	6	3	2	1
Actinobacteria	1	0	1	0	6
Planctomycetacia	5	9	5	1	4
Sphingobacteria	2	2	2	3	3
Gemmatimonadetes[1]	1	0	0	0	1
Chloroflexi	0	3	2	0	5
Acidobacteria	0	4	4	0	2
Chlorobia	0	1	0	0	1
Spirochaeta	0	0	2	0	0
Nitrospira	0	0	2	0	0
Methanococci	0	0	1	0	0
Halobacteria	0	0	0	0	1
Clostridia	0	0	1	0	0
Chroobacteria	0	0	0	0	1
Bacilli	0	0	0	0	1
Flavobacteria	0	0	3	2	0

[1] Phylum

Die ausführlichen Tabellen, mit Angabe der zur Sequenz zugeordneten Spezies, sofern diese Zuordnung möglich war, befinden sich im Tabellenanhang T14 bis T17. Da nicht von jedem Probenahmedatum gleich viele Sequenzen ausgewertet werden konnten, werden zur besseren Vergleichbarkeit der Ergebnisse die Werte in Tabelle 3.9 sowie in Abbildung 3.11 in der absoluten bzw. relativen Häufigkeit angegeben.

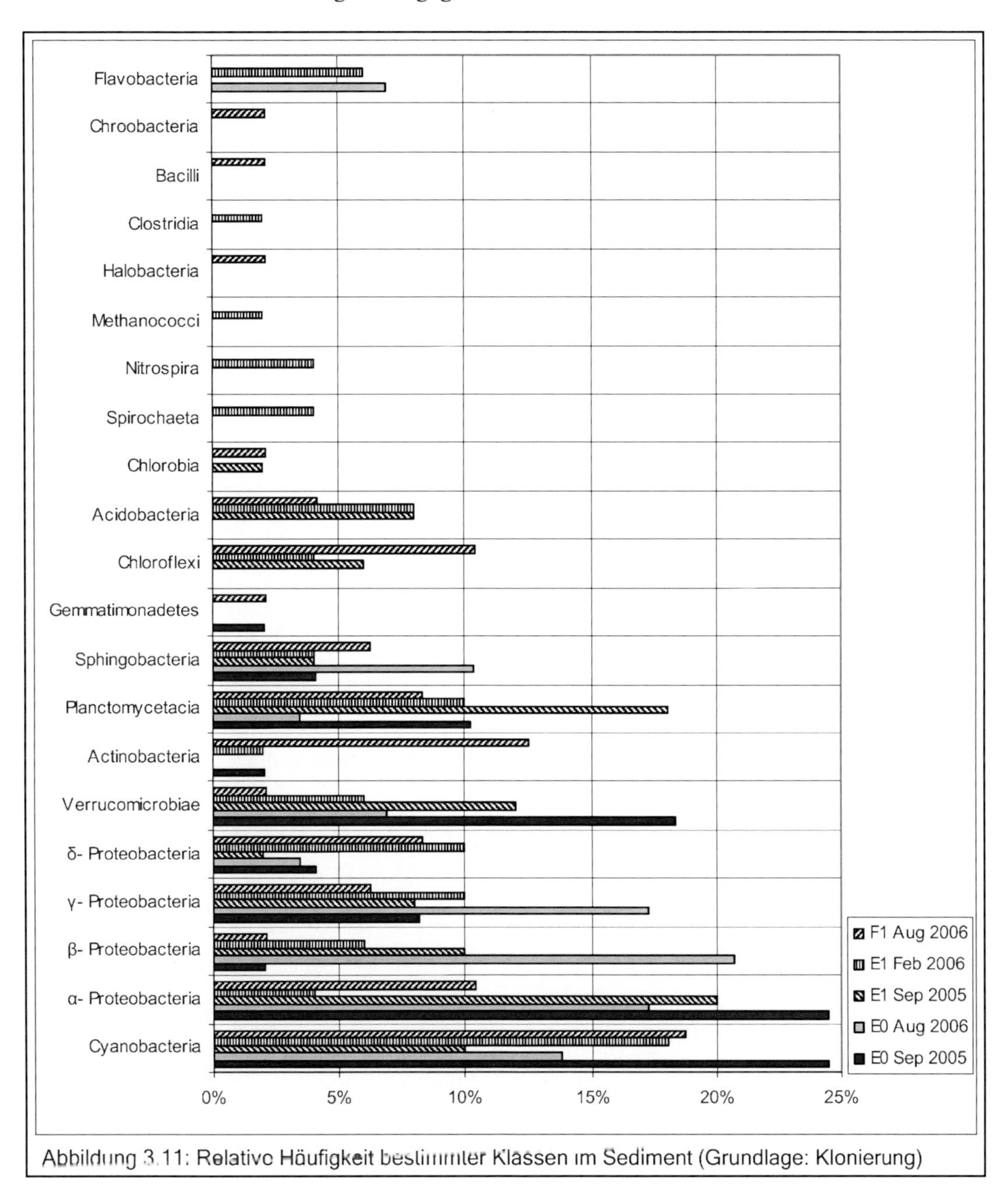

Abbildung 3.11: Relative Häufigkeit bestimmter Klassen im Sediment (Grundlage: Klonierung)

Die erwartungsgemäß größte Häufigkeit weisen in der Gesamtbetrachtung die Cyanobakterien auf. Außer in den Proben E1 vom September 2005 und E0 vom August 2006 stellen sie die dominierende Klasse in der oberen Sedimentschicht dar. Auch die Proteobakterien, *Verrucomicrobiae* und *Planctomycetacia* kommen in den untersuchten Proben häufig vor.

Nur in geringer Abundanz wurden Spezies der Klassen *Clostridia*, *Chroobacteria* und *Bacilli* gefunden. Die geringe Nachweisrate grampositiver Spezies, wie z.B. *Clostridium sp.* könnte methodisch bedingt sein. Der Zellaufschluß und die DNA-Extraktion erfolgte mittels der Methode „Fast DNA® Spin for Soil“ (s. Kap. 2.4.1.1). Da grampositive Bakterien aufgrund der mehrlagigen, stark vernetzten Peptidoglycanschicht eine sehr widerstandsfähige Zellwand besitzen, besteht die Möglichkeit, daß das genutzte Verfahren diese Zellwände nicht zerstören kann. Es sind mehr grampositive Spezies im Sediment zu erwarten, als mit dieser Methode nachgewiesen werden konnten.

3.3.1 Artenspektrum

Zu beachten ist, daß mit der genutzten Methode die DNA, nicht die tatsächliche Präsenz lebensfähiger Mikroorganismen an der Probenahmestelle nachgewiesen wurde. Es besteht daher die Möglichkeit, daß abgestorbene Organismen passiv im Wasser verfrachtet und in den Proben nachgewiesen wurden.
Von 226 untersuchten Klonen enthielten 216 die DNA von definitiv unkultivierten Bakterien. Dies entspricht 95,6 %. Nach AMANN (1995) sind 99 % bis 99,9 % der Bakterien aus oligotrophen Seen nicht kultivierbar.
Im Tabellenanhang T14 bis T17 ist der jeweils erste Eintrag aus der Datenbank NCBI Blast, mit genauer Angabe der Sequenzübereinstimmung „e-value“ und „Score“, aufgeführt. Außerdem ist die ranghöchste in der Datenbank beschriebene Klasse angegeben. Insgesamt konnten nur 10 Klone auf Artebene bestimmt werden. Dabei handelt es sich zum Beispiel um die doppelt nachgewiesene Spezies *Acidithiobacillus ferrooxidans, Methanospirillum hungatei, Bradyrhizobium japonicum* und *Staphylococcus intermedius* (NCBI 2006). Dabei lag die Sicherheit der Zuordnung, welche durch die Qualität der DNA-Sequenzen bestimmt wird, bei *Agrobacterium sanguineum*, isoliert aus der Probe 44 von F1 im August 2006 sowie der Probe 29 von E0 vom September 2005, im Bereich eines e-values von 0,0 bzw. 7E-87 und Scores von 995 bzw. 327.

Agrobacterium sanguineum ist ein stäbchenförmiges, gramnegatives Alpha Proteobakterium, welches keine Sporen bildet. Es kommt einzeln oder paarweise vor, lebt aerob und besitzt Geißeln. Das Temperaturoptimum für *Agrobacterium sanguineum* liegt zwischen 25-28°C (GARRTIY 2005). Die Abundanz im natürlichen Habitat, die Art und Weise der Verfrachtung sowie der Eintrag in das Gewässer bestimmen die Nachweisrate im Sediment. Da *Agrobacterium spp.* zum normalen Artenbestand der Böden Mitteleuropas gehören, ist der Nachweis der 16S rRNA dieser Art keine Besonderheit. Es ist anzunehmen, daß das Bakterium zufällig in das Gewässer eingetragen wurde.

Die im Folgenden betrachteten Spezies wurden zwar ebenfalls alle als wahrscheinlichste Treffer bei der Datenbankrecherche ermittelt, wiesen jedoch geringe Scores bzw. relativ hohe e-values auf.

Die Anwesenheit der 16S rRNA von *Bradyrhizobium japonicum* (JORDAN 1992, KIRCHNER 1896) in der Probe E1 vom Februar 2006 war zu erwarten. Dieses stäbchenförmige, gramnegative, durch polare Geißeln bewegliche Alpha Proteobakterium ist ein Wurzelknöllchensymbiont der Leguminosen der Tropen sowie der gemäßigten Breiten (Garrity 2005). Diese Tatsache läßt darauf schließen, daß das Bakterium aus dem Boden in die Talsperre Saidenbach eingetragen wurde. Darauf weist auch die optimale Wachstumstemperatur von 25 °C bis 30 °C hin.

Ein Eintrag mit allochthonem Material kann auch für *Acidithiobacillus ferrooxidans* angenommen werden. Die 16S rRNA dieses Bakteriums wurde in der Probe E0 vom August 2006 nachgewiesen. *Acidithiobacillus ferrooxidans* ist ein obligat acidophiles, gramnegatives, bewegliches Stäbchen und ist den Gamma Proteobakterien zugeordnet. Das Wachstumsoptimum liegt bei einer Temperatur zwischen 30 °C und 35 °C sowie einem pH-Wert kleiner 4. Diese Bedingungen sind in der Nadelstreuauflage des Fichtenwaldes, welcher den Gewässerkomplex umgibt, zu finden.

Staphylococcus intermedius, dessen 16S rRNA in der Probe F1 vom August 2006 nachgewiesen wurde, könnte sich unter den in der Vorsperre Forchheim herrschenden Bedingungen geringfügig vermehren. Die optimale Wachstumstemperatur dieses fakultativ anaeroben, grampositven, kokkalen Bakteriums liegt zwischen 18 °C und 40 °C, was jedoch keinesfalls bedeutet, daß das Bakterium unter 18 °C nicht lebens- bzw. vermehrungsfähig ist. *Staphylococcus intermedius* nimmt, wie der Name vermuten läßt eine Zwischenstellung hinsichtlich biochemischer Umsatzleistungen zwischen *Staphylococcus aureus* und *Staphylococcus epidermidis* ein. Das Bakterium gehört zur normalen Flora des Nasopharynx von Karnivoren, wurde jedoch auch bei herbivoren Nutztieren nachgewiesen (SNEATH 1986). Daher ist anzunehmen, daß das Bakterium durch eine externe Quelle in das Gewässer eingetragen wurde.

3.3.2 Jahreszeitlicher Vergleich

Vergleichen lassen sich für diese Fragestellung nur gleiche Horizonte gleicher Probenahmestellen. Im Folgenden werden daher die Proben E1 von September 2005 und Februar 2006 betrachtet. Größere Unterschiede bei der Untersuchung der Zusammensetzung des Sedimentes auf Mikroorganismen-16S rRNA waren hauptsächlich durch die Klassen *Cyanobacteria, Flavobacteria, Alphaproteobacteria, Deltaproteobacteria* und *Verrucomicrobia* bedingt (s. Abb.3.11). In E1 der Winterprobe wurde im Vergleich zur Probe vom September 2005 mittels Klonierung ein größerer Anteil 16S rRNA von Cyanobakterien nachgewiesen.

Da diese Bakterien nach der Massenentwicklung im Sommer absterben und sedimentieren, ist die DNA dieser Bakterien folglich zunächst im obersten Horizont zu finden. Vergleichbar stellen sich die Ergebnisse der Delta Proteobakterien und der Flavobakterien dar. Letztere sind schon im Frühjahr in großen Mengen im Pelagial der untersuchten Gewässer zu finden (s. Kap 3.6). Unter anderem kann das negative Ergebnis der Probe vom September 2005 darauf zurückzuführen sein, daß ein Großteil der Individuen aufgrund von fraßbedingter Populationsminimierung nicht sedimentieren konnte (BRENDLEBERGER 2005). Dieser Fraßdruck ist durch die Nährstoffverfügbarkeit im Frühjahr bedingt, in dessen Folge sich die Größe der Bakterien ändert (MORITA 1996), was wiederum dazu führt, daß diese größeren Bakterien bevorzugt von Zooplanktern gefressen werden.

Außerdem könnte die Geschwindigkeit der Sedimentation sehr gering sein, so daß die Bakterien erst verzögert im Sediment angelangen oder sogar bei Detritusstau an der Thermokline mit den Partikeln in der Schwebe gehalten werden. Verdeutlicht wird dieser Zusammenhang durch das modifizierte STOKES'sche Gesetz, mit welchem sich die Sedimentationsgeschwindigkeit ermitteln läßt (s. Formel 3.1). Diese ist um so geringer, je mehr die Form des Bakteriums von der Kugelform abweicht.

Aufgrund der Stäbchenform ist F_W bei den Flavobakterien deutlich größer als 1. Mit zunehmender Wassertiefe sinkt die Temperatur, ρ_M wird immer größer, so daß die Differenz ρ_K - ρ_M immer kleiner wird, was wiederum zur Folge hat, daß aufgrund der direkten Proportionalität dieser Differenz zur Sedimentationsgeschwindigkeit die Bakterien langsamer absinken. Die Größe ρ_K wird dagegen aufgrund von Abbauprozessen bei toten Organismen geringer, was die Sedimentation zusätzlich verlangsamt. Die Sinkgeschwindigkeit der Bakterien nimmt durch steigende Viskosität bei abnehmender Wassertemperatur zusätzlich ab.

$$s = \frac{1}{18} \cdot g \cdot d^2 \cdot \frac{(\rho_k - \rho_M)}{\eta \cdot F_W}$$

Formel 3.1: modifiziertes STOKES'sches Gesetz

s = Sedimentationsgeschwindigkeit [cm s^{-1}]; g = Gravitationskonstante [981 cm s^{-2}]; d = Durchmesser einer Kugel mit dem gleichen Volumen wie das sedimentierende Objekt [cm], ρ_K = Dichte des Körpers [g cm^{-3}]; ρ_M = Dichte des Mediums [g cm^{-3}]; η = dynamische Viskosität [g cm^{-1} s^{-1}]; F_W = Formwiderstand [dimensionslos], F_W = 1 für Kugel, für andere Körper meist > 1 (nach UHLMANN 2001).

Versucht man die Herkunft der nachgewiesenen 16S rRNA zu klären, ergeben sich unter anderem die Möglichkeiten eines allochthonen Eintrages, der Vermehrung der entsprechenden Organismen im Sediment bzw. die Sedimentation von Bakterienclustern.
In den obersten Horizonten wird auch im Winter sedimentierte Biomasse zersetzt, jedoch im Vergleich zur Frühjahrs- bzw. Sommersituation wenig neue eingetragen. Dieser Aspekt und die steigende Stoffwechselrate bei zunehmenden Temperaturen führen zu einer stärkeren Vermehrung der Mikroorganismen im Sommerhalbjahr. Daher soll der Prozeß der Sedimentierung im Folgenden, beginnend vom Frühjahr aus, betrachtet werden. Bakterienklassen, deren 16S rRNA in hoher Kopiezahl im September 2005 nachgewiesen wurde, könnten im Frühjahr, idealerweise zur Vollzirkulation, eine Massenentwicklung gezeigt haben. Fand diese erst nach stabiler Sommerschichtung statt, begünstigt eine Form, welche der Kugelform nahe kommt, eine hohe Dichte, wie bei den Diatomeen, oder ein Anheften an anorganische Partikel, z.B. in Form von Biofilmen, ein rasches Sedimentieren. Die sinkgeschwindigkeitsfördernden Eigenschaften sollten, um die Theorie zu untermauern, auf einige Spezies der im September 2005 in hoher Abundanz nachgewiesenen Klassen, wie zum Beispiel *Verrucomicrobiae, Alpha Proteobacteria* und *Planctomycetacia*, zutreffen. Da die 16S rRNA dieser Klassen auch in der Sedimentfalle nachgewiesen wurde (s. Tab. 3.9), ist anzunehmen, daß ein großer Teil der Arten pelagialen Ursprungs ist. Das trifft auf *Planctomycetacia* und *Verrucomicrobia* zu. Beide Klassen sedimentieren wahrscheinlich aufgrund ihrer Formmerkmale relativ langsam.
Die Arten der Klasse *Planctomycetacia* sind gestielte Bakterien, welche neben dem Stiel Zellgeißeln und Pili ausbilden (MADIGAN 2006). Durch all diese Strukturen und die aktive Beweglichkeit wird der Prozeß der Sedimentierung bei *Planctomycetacia* verlangsamt.
Die Spezies der Klasse *Verrucomicrobia* bilden ebenfalls cytoplasmatische Zellfortsätze, jedoch in Form von Prostheken aus (MADIGAN 2006). Diese erhöhen die Zelloberfläche enorm, so daß auch bei diesen Bakterien die Sedimentation verlangsamt stattfindet.
Um die Annahme, daß ein Großteil der Bakterien in den Sommermonaten das Sediment nicht erreicht, zu untermauern, sei erwähnt, daß selbst schnell sedimentierende Diatomeen eine Sinkgeschwindigkeit von nur 3,3 bis 6,6 m je Tag aufweisen (GRIM 1939). Algen sinken je nach Spezies mit 0,04 m bis 1,6 m * d^{-1} (Sommer 1984). BRENDLEBERGER (2005) postuliert die euphotische Zone, die oberste Region des Pelagials, mit Hinweis auf die Sinkgeschwindigkeit und den Fraßdruck während der Sommerstagnation sogar als „quasi abgeschlossenes System". Dem gegenüber steht der Aspekt, daß an der Staumauer, vor welcher sich die Probenahmestelle befindet, die Bewegungsvektoren der Schwebstoffe, welche zunächst durch die Wasserbewegung Richtung Staumauer geleitet wurden, durch die Barriere Richtung Sediment weisen.
Eine weitere Möglichkeit für das gehäufte Auftreten bestimmter Klassen im September 2005 ist die bereits erwähnte Vermehrung bestimmter Mikroorganismen während des Frühjahrs und Sommers im Sediment. Das trifft zum Beispiel auf einen Teil der Arten der Alpha Proteobakterien zu.

3.3.3 Vergleich Pelagial und Sediment

Betrachtet man die relativen Häufigkeiten der nachgewiesenen Klassen in der Sedimentfalle und im ersten Horizont von E der Proben vom September 2005, stellt man fest, daß den Erwartungen entsprechend die Bakterienklassen, deren Arten hauptsächlich im Pelagial leben, in größeren Mengen in E0 nachgewiesen werden konnten. Dies trifft insbesondere für einen Teil der Arten der *Alpha Proteobacteria* sowie uneingeschränkt für *Cyanobacteria* und *Verrucomicrobiae* zu. Klassen, welche nicht in der Sedimentfalle gefunden wurden, hatten entweder ihre pelagiale Massenentwicklung abgeschlossen oder kommen ausschließlich im Sediment vor. Das wurde bei den durchgeführten Untersuchungen bei den Klassen der *Beta Proteobacteria*, *Chloroflexi* und den *Acidobacteria* beobachtet.
Die mittels Klonierung häufig nachgewiesenen *Chloroflexi spp.* besitzen Bakterienchlorophyll a und c. Sie leben photoautotroph bzw. im Sediment chemoorganotroph. Die filamentösen, gramnegativen Stäbchen erreichen Längen von 6 µm und bewegen sich durch Gleiten fort. Die einzig beschriebene Art dieser Klasse, das orangefarbene Bakterium *Chloroflexus aurantiacus*, hat ein Temperaturoptimum von 52 °C bis 60 °C, deren mesophile Varietät eines von 20 °C bis 25 °C (STALEY 1989). Daher kann von einem natürlichen Vorkommen von *Chloroflexus aurantiacus* im Sediment von E1 ausgegangen werden.

3.3.4 Besonderheiten der Proben der Vorsperre Forchheim

Von der Probenahmestelle F wurde der erste Horizont der Schichtung vom August 2006 untersucht. Da vom gleichen Monat keine DNA vergleichbarer Horizonte von E kloniert wurde, soll die Probe im Folgenden einzeln betrachtet werden. Da das Gewässer an der Probenahmestelle F eine Tiefe von nur 6 Metern aufweist und viele organische sowie anorganische Schwebstoffe vorhanden sind, finden Sedimentationsprozesse in größerem Umfang statt. Es konnte 16S rRNA der Klassen *Cyanobacteria, Alpha Proteobacteria, Actinobacteria, Sphingobacteria* und *Chloroflexi* nachgewiesen werden.
Nicht kloniert wurde DNA von Flavobakterien, welche im Pelagial im April noch vorhanden waren (s. Kap. 3.6). In der Vorsperre Forchheim ist der Eintrag von Biomasse so stark, daß eine sehr hohe Sedimentationsrate erreicht wird (UHLMANN 2001). Nach einer Massenentwicklung von Flavobakterien im Frühjahr bzw. Frühsommer (MARY 2006) wurden die wenigen sedimentierenden Bakterien, welche nicht gefressen wurden (vgl. Kap. 3.2.2), vermutlich relativ schnell im Sediment abgebaut.
In größeren Mengen wurde die 16S rRNA von Cyanobakterien kloniert. Diese Klasse zeigt im Sommer bis Spätsommer üblicherweise eine Massenentwicklung (UHLMANN 2001), was die Ergebnisse (s. Tab. 3.9) belegen.

Mit 12,5 % relativer Häufigkeit in Bezug zur Gesamtklonzahl waren die *Actinobacteria* nach den Cyanobakterien die zweithäufigste nachgewiesene Klasse im August 2006 in F1.Viele Spezies dieser Klasse leben im Boden, so daß eine Ausschwemmung mit folgendem Eintrag in die Vorsperre Forchheim anzunehmen ist.

Die 16S rRNA von Alpha Proteobakterien und *Chloroflexi* wurde in F1 mit jeweils 10,4 % nachgewiesen. Diese beiden Klassen sind in aquatischen Lebensräumen Mitteleuropas in großer Artenzahl und Abundanz zu finden.

Eine Fehlerquelle bei der Auswertung sämtlicher hier betrachteten Ergebnisse stellt der geringe Stichprobenumfang dar. So wurden pro Horizont maximal 50 Klone untersucht. Betrachtet man die große Artenanzahl, die je Gramm Sediment nachgewiesen werden kann, kommt man zu dem Schluß, daß die Untersuchung als Stichprobe und keinesfalls als statistische Erhebung interpretiert werden darf. Man kann davon ausgehen, daß Arten, deren DNA häufiger nachgewiesen wurde, auch wirklich im Bereich der Probenahmestelle vorkommen, Spezies, welche in geringer Zahl nachgewiesen wurden, jedoch auch allochthonen Ursprunges sein könnten. Außerdem wurde mittels der der Klonierung vorausgehenden PCR eine Selektion zugunsten der Arten getroffen, deren 16S rRNA mit der Primerkombination TPU1-1387R amplifiziert werden konnte. Nicht alle Bakterien weisen diese Primerbindungsstelle auf. Da die bei dieser PCR amplifizierten Fragmente diverser Spezies auch verschiedene Längen aufweisen können, werden sie bei der Klonierung mit unterschiedlicher Effizienz in das Plasmid inseriert.

3.4 Vergleich der Ergebnisse von CARD FISH und Klonierung

Um CARD FISH- und Klonierungsergebnisse vergleichbar zu machen, wurden entsprechend der zur CARD FISH genutzten Sonden die in der Klonierung nachgewiesenen Klassen *Flavobacteria* und *Sphingobacteria* zu CF bzw. *Chroobacteria* und *Bacilli* zu HGC zusammengefaßt (s. Tab 3.10).

Tabelle 3.10: Vergleich der Ergebnisse aus CARD FISH und Klonierung

		α-Proteobacteria	*β-Proteobacteria*	*γ-Proteobacteria*	CF	HGC	EUB
E0 Sep 05	CARD FISH	19%	3%	0%	9%	0%	47%
	Klonierung	25%	2%	8%	4%	2%	100%
E1 Sep 05	CARD FISH	14%	11%	3%	11%	3%	95%
	Klonierung	20%	10%	8%	4%	0%	100%
E1 Feb 06	CARD FISH	8%	3%	0%	8%	1%	56%
	Klonierung	4%	6%	10%	10%	4%	98%
E0 Aug 06	CARD FISH	18%	11%	2%	15%	0%	45%
	Klonierung	17%	21%	17%	17%	0%	100%
F1 Aug 06	CARD FISH	10%	2%	0%	15%	1%	33%
	Klonierung	10%	2%	6%	6%	15%	98%

Alle Klassen der Eubakterien aus der Klonierung wurden zum Wert EUB addiert. Als Basis dieser Berechnung wurden die Daten aus Tabelle 3.9 genutzt. Dem gegenüber stehen die visualisierten Daten der CARD FISH aus Kapitel 3.2.3 mit Grundlage der Ergebnisse aus Tabellenanhang T12.

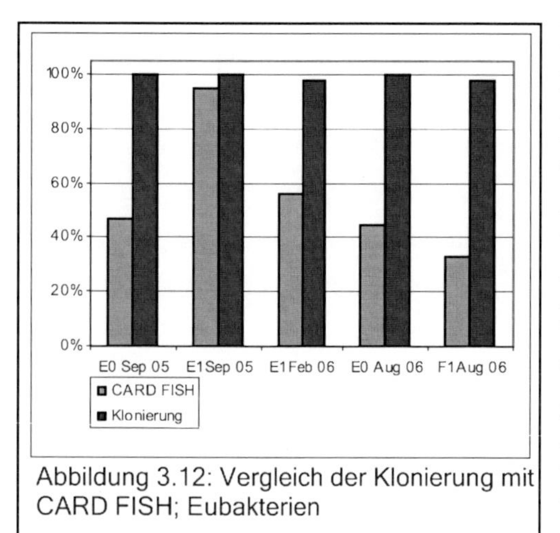

Abbildung 3.12: Vergleich der Klonierung mit CARD FISH; Eubakterien

Erstaunlicherweise konnten, obwohl beide Methoden aufgrund der Komplexität der Durchführung fehlerbehaftete Ergebnisse liefern, bei vielen Proben gleiche oder ähnliche Ergebnisse beobachtet werden. Größere Abweichungen der Werte wiesen die Eubakterien-Gesamtwerte auf. Die teilweise erheblichen Differenzen könnten darauf zurückzuführen sein, daß mit der genutzten Eubakteriensonde nur 71 % aller Arten erfaßt werden (s. Tab 3.5).

Einige Bakterienklassen der Eubakterien, welche im Rahmen der Klonierung gefunden wurden, konnten keiner CARD FISH- sondenspezifischen Gruppe zugeordnet werden, da dafür keine Sonde zur Verfügung stand. Insbesondere betrifft das die Klassen *Verrucomicrobia* und *Cyanobacteria*. Insgesamt blieben 28 % bis 71 % der Klassen, welche mittels Klonierung nachgewiesen wurden, aufgrund nicht vorhandener CARD FISH Sonden in der Gegenüberstellung der beiden Methoden unberücksichtigt. Mit diesen Werten kann der Unterschied zwischen hybridisierter 16S rRNA mittels EUB-Sonde und der Summe aller Sondensignale, welche Eubakterien erfassen, erklärt werden.

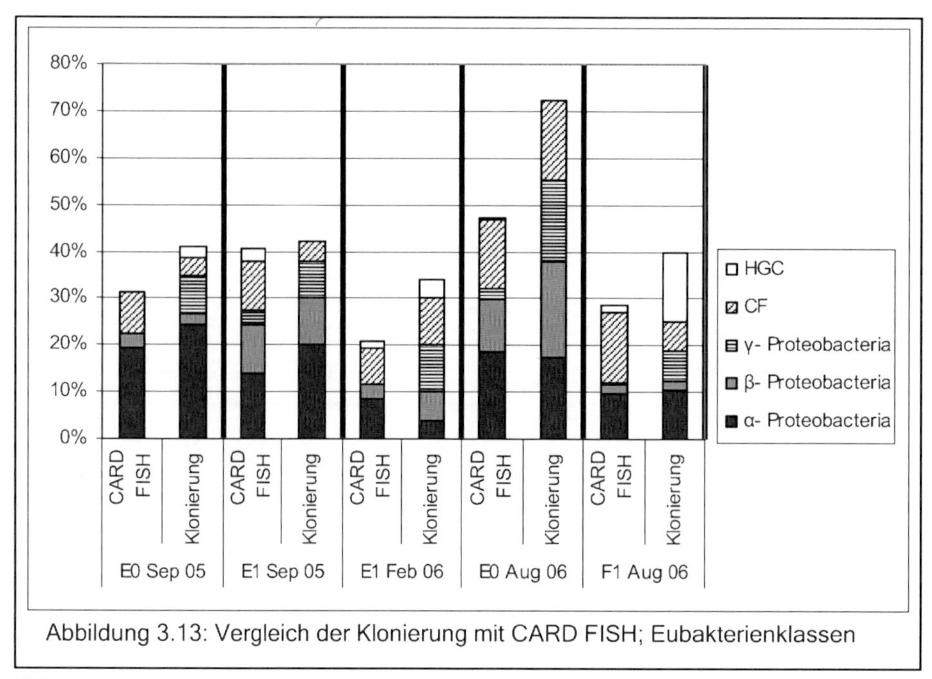

Abbildung 3.13: Vergleich der Klonierung mit CARD FISH; Eubakterienklassen

Vergleicht man die Erfassungsraten beider Methoden hinsichtlich der Eubakteriengruppen, sind kaum Unterschiede in den relativen Häufigkeiten der Alpha- und Beta- Proteobakterien sowie der Gruppe der Cytophaga- Flavobakterien zu erkennen (s. Abbildung 3.13).
Ähnliches gilt für den Vergleich der prozentualen Erfassung der grampositiven Bakterien mit hohem GC-Gehalt. Eine große Abweichung ist nur in der Probe F1 vom August 2006 zu verzeichnen, in welcher mittels der Klonierung allein 12,5 % Actinobakterien nachgewiesen wurden. Das könnte auf inhomogene Verteilung der Bakterien in der untersuchten Probe zurückzuführen sein. So wäre es möglich, daß bei der Gesamt-DNA-Extraktion für die Klonierung zufällig eine Bakterienaggregation der Actinobakterien isoliert worden ist.
Größere Unterschiede hinsichtlich der Detektionsraten im Vergleich der Methoden sind bei den Gamma Proteobakterien festzustellen. Daß die GAM42a-Sonde vermutlich eine sehr geringe Hybridisierungseffizienz aufweist, wird deutlich, wenn den Daten der CARD FISH die Klonierungsergebnisse gegenübergestellt werden. Die Abweichung der ermittelten Werte beträgt 5 % bis 15 %. Eventuell wird die 16S rRNA der Klasse der Gamma Proteobakterien auch effektiver mit dem genutzten Primerpaar TPU1-1387R amplifiziert bzw. die DNA mit einer höheren Effizienz in das Plasmid inseriert.

Zusammenfassend kann festgestellt werden, daß jede der beiden Methoden Vorteile, aber auch entscheidende Nachteile aufweist. Man kann mit der CARD FISH einen guten Überblick über die Zusammensetzung eines Ökosystems mittels gruppenspezifischer Sonden erhalten. Allerdings muß hierbei die Spezifität der Sonden hinsichtlich der zu detektierenden Gruppe geprüft werden. Genauere Untersuchungen mit mehreren Sonden sind sehr kosten- und zeitintensiv. Die Klonierung mit folgender Sequenzierung ist eine Methode, welche zum Einsatz kommen sollte, wenn Organismen genauer, zum Beispiel durch Bestimmung auf Artebene, charakterisiert werden sollen. Die Methode sollte der CARD FISH vorgezogen werden, wenn nur wenige Proben sehr genau zu untersuchen sind bzw. bekannt ist, daß es sich bei den zu bestimmenden Bakterien um Reinkulturen handelt. Außerdem sollten Proben mit vielen Gamma Proteobakterien vorzugsweise mittels Klonierung und Sequenzierung charakterisiert werden, da diese Klasse mit dieser Methode sehr gut erfaßt wird. Ein entscheidender Nachteil der Klonierung ist jedoch die Selektion der Bakterien, welche die für die Primer der vorausgehenden PCR die entsprechende Primerbindungsstellen aufweisen. Diese Primerbindungsstellen besitzen, trotz der Nutzung der relativ universellen Primer TPU1 und 1387R, nicht alle Bakterien. Die nächste Selektion findet bei der Insertion der amplifizierten 16S-Fragmente, welche in Abhängigkeit der Art in der Anzahl der Basen und somit in der Länge variieren können, statt. Kürzere Fragmente werden, im Gegensatz zu relativ langen, effizienter in das Plasmid integriert. Damit werden Spezies mit kürzerer 16S rRNA bei der Klonierung vermutlich überrepräsentiert.

3.5 Untersuchung bakterieller Stoffwechselleistungen mittels BIOLOG

Zur Untersuchung des Sedimentes auf die Aktivität und die Verwertbarkeit bestimmter Kohlenstoffquellen wurden von den Proben E, F und H vom 29.08.2006 die Horizonte 1 und 4 mittels BIOLOG- Ecoplates™ untersucht.

3.5.1 Average Well Color Development (AWCD)

Zur Ermittlung des AWCD wurde von allen Einzelmeßwerten einer Probe zu einem bestimmten Zeitpunkt der Mittelwert gebildet. Die dynamische Entwicklung des AWCD ist in Abbildung 3.14 dargestellt. Es ist gut zu erkennen, daß der mittlere Stoffumsatz, welcher mit der mittleren Farbentwicklung korreliert, in allen Probenahmestellen ähnlich verläuft. Die tieferen Horizonte F4, H4 und S4 weisen geringfügig kleinere Werte auf als die oberen Horizonte F1, H1 und S1. Das könnte die Folge davon sein, daß in den obersten Horizonten die meisten und variabelsten Nährstoffe verfügbar sind und somit ein breites Artenspektrum Mikroorganismen in diesem Bereich leben kann. In den tieferen Horizonten nimmt wahrscheinlich die mikrobielle Artenvielfalt und Aktivität aufgrund geringerer Nährstoffverfügbarkeit bzw. mangelnder Nahrungsvielfalt im Vergleich zum obersten Horizont ab.

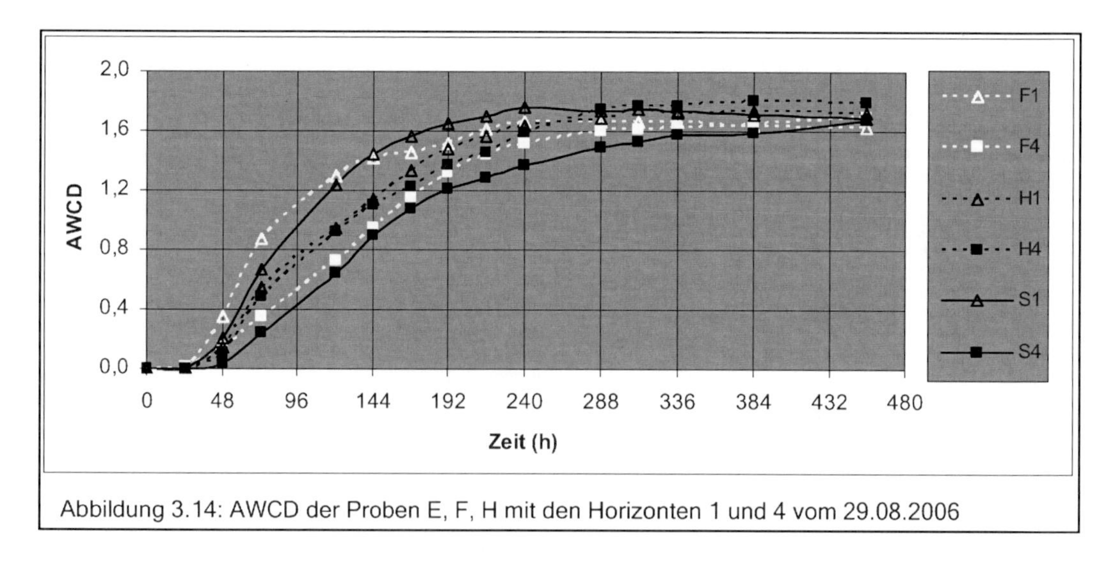

Abbildung 3.14: AWCD der Proben E, F, H mit den Horizonten 1 und 4 vom 29.08.2006

Am weitesten liegen die Kurven von S1 und S4 auseinander. Das könnte mit der Partikelgröße des sedimentierenden Materials erklärt werden. Diese Partikel sind in F noch relativ groß und in hoher Anzahl vorhanden. Sie bilden im Vergleich zu kleineren Schwebstoffen bei S in einer kürzeren Zeit eine lockere, leicht zersetzbare Auflage.

Daß bei S viele feinkörnige Schwebstoffe sedimentieren, ist durch die Unterwasser-Vorsperre bedingt, vor welcher bereits ein Großteil an Partikeln abgeschieden wird.
Durch die 19-tägige Inkubation wurden einige Mikroorganismen, welche bestimmte Kohlenstoffquellen zum Wachstum nutzen können, selektiv begünstigt, so daß die Farbentwicklung jeder einzelnen Vertiefung der EcoPlate™ die mittlere Wachstumskurve dieser auf das jeweilige Substrat spezialisierten Arten darstellt. Würde diese selektive Vermehrung nicht stattfinden, die Bakterienanzahl also fiktiv konstant bleiben, bestände ein linearerer Zusammenhang zwischen Inkubationsdauer und der umgesetzten Substratmenge.
Wird zu Beginn eine höhere Konzentration der Bakteriensuspension eingesetzt, verkürzt sich die Inkubationszeit, so daß eine selektive Vermehrung spezialisierter Mikroorganismen nicht stattfinden kann. Eine Selektion wird dadurch verhindert.
Die Artenvielfalt in einem solch komplexen Ökosystem wie dem Sediment eines Gewässers ist so groß, daß fast jedes Substrat in den EcoPlates™ umgesetzt werden konnte.

3.5.2 Vergleich der Proben

In den Abbildungen 3.15 und 3.16 sind die biochemischen Umsätze der Kohlenstoffquellen in den EcoPlates™ nach einer Inkubation von 460 Stunden dargestellt. Die Grundlage für die Abbildung sind die Tabellen T18 und T19, welche im Tabellenanhang zu finden sind. Zur Vergleichbarkeit der Proben wurden jeweils gleiche Horizonte der verschiedenen Probenahmestellen gruppiert aufgetragen. In der Darstellung werden absolute, keine normierten Umsätze betrachtet, da hier nicht die Abweichung vom mittleren Stoffumsatz, sondern die absoluten Umsatzraten miteinander verglichen werden sollen. In Abbildung 3.16 wurden die Kohlenstoffquellen zusätzlich klassifiziert.

Aminosäuren:
Ein sehr guter Umsatz ist in allen Proben bei allen Aminosäuren zu erkennen. Besonders gut wird dabei L-Threonin verwertet. Da heterotrophe Bakterien, welche in großen Mengen im untersuchten Proben vorhanden waren, organisches Material zersetzen, ist diese Stoffwechselleistung zu erwarten gewesen. In den ersten Horizonten wurden die Aminosäuren durch die Proben H und F besser umgesetzt als durch die Probe S1. In den vierten Horizonten wurde gegensätzliches beobachtet. Durch den hohen Nährstoffeintrag in den obersten Horizonten der Vorsperren existiert dort möglicherweise ein breiteres Spektrum an Mikroorganismen. Daher sind größere Stoffumsätze zu erwarten gewesen. Bakterien, welche in der, im Gegensatz zu H4 und F4, relativ nährstoffarmen Umgebung von S4 existieren können, müssen, um zu überleben, möglichst viele Substrate verstoffwechseln können. Dieser Aspekt wird auch bei Vergleich der Horizonte hinsichtlich der Umsatzraten vieler anderer Substrate deutlich.

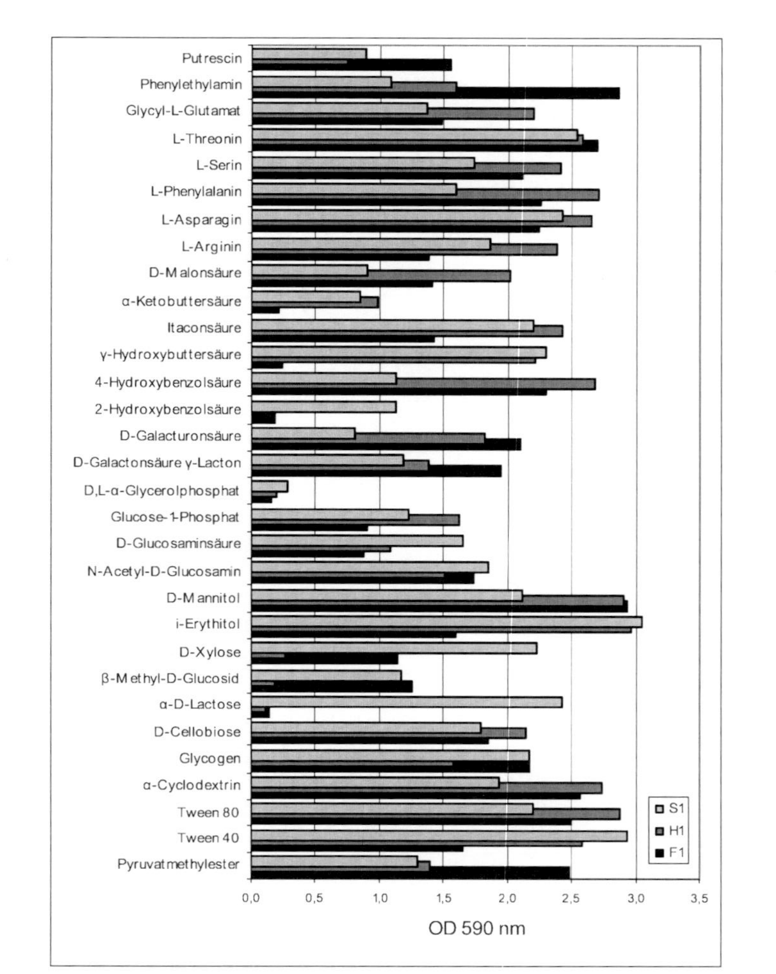

Abbildung 3.15: Biochemischer Umsatz der Proben F1, H1, S1 vom 29.08.2006

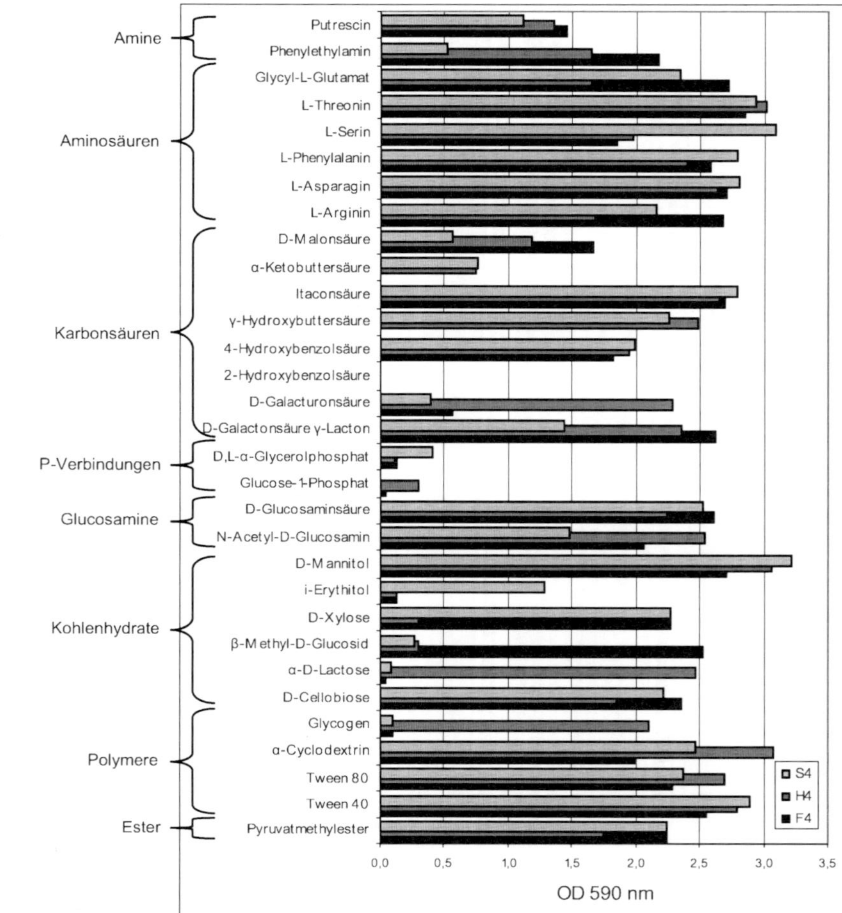

Abbildung 3.16: Biochemischer Umsatz der Proben F4, H4, S4 vom 29.08.2006

Amine:

Amine werden etwas schlechter als die Aminosäuren verwertet. Das biogene Amin Putrescin entsteht bei Fleischfäulnis. Der Großteil der Bakterien im Gewässer nutzt offensichtlich andere Kohlenstoffquellen, so daß der Umsatz dieses Amins nicht so gut erfolgt.

Glucosamine:

Glucosamine sind Derivate der Glucose, bei welchen die Hydroxygruppe am zweiten Kohlenstoffatom durch eine Aminogruppe substituiert wurde. Die Modifikation der Glucosamine mittels Acetyl- bzw. Karboxylgruppe bedingt Abbauraten, welche mit denen der Aminosäuren vergleichbar sind.

Karbonsäuren:

Die Karbonsäuren werden in den verschiedenen Proben unterschiedlich gut verwertet. So wird γ-Hydroxy-Buttersäure in den Proben von S und H recht gut verwertet, in den Proben von F hingegen im obersten Horizont nur gering und im vierten Horizont gar nicht. Die Umsatzleistungen für die α-Ketobuttersäure verhalten sich analog denen der γ-Hydroxy-Buttersäure, jedoch mit noch geringeren Umsätzen. Da reine Buttersäure als kurzkettige Fettsäure relativ gut abbaubar ist, liegt die Vermutung nahe, daß die Hydroxyl- bzw. Ketogruppe in den zwei untersuchten Buttersäure-Derivaten die schlechte Abbaubarkeit bedingt. Relativ gut abbaubar war Malonsäure, ein Zellgift, welches durch Hemmung der Succinatdehydrogenase den Citratzyklus zum Erliegen bringt. Einige Mikroorganismen mit alternativen Wegen der Gewinnung der Energieäquivalente, wie z.B. die Cyanobakterien, können Malonsäure umsetzen. Allerdings ist eine Verwertung dieses Substrates durch Cyanobakterien im vierten Horizont von F auszuschließen. Scheinbar nutzen andere Bakterien ebenfalls alternative Stoffwechselwege, so daß der Citratzyklus umgangen werden kann. Da viele Bakterien Exoenzyme ausscheiden, besteht auch die Möglichkeit, daß die Malonsäure bereits vor Aufnahme in die Zelle modifiziert wurde. Bei Vergleich der Umsatzraten von 4-Hydroxybenzolsäure und 2-Hydroxybenzolsäure fällt auf, daß die geringfügige Änderung in der Konformation des Moleküls dazu führt, daß der Stoff relativ gut bzw. fast gar nicht verwertet werden kann. So konnte 2-Hydroxybenzolsäure nur in F1 und S1 umgesetzt werden. Offensichtlich können nur hochspezialisierte Arten, welche vermutlich nicht in jedem Ansatz vorhanden waren, dieses Substrat verwerten.

Polymere:

Entsprechend der Gesetzmäßigkeit, daß sich komplexere Strukturen, vor allem zyklische Verbindungen, schlechter abbauen lassen als einfach aufgebaute Moleküle, war zu erwarten, daß in der Gruppe der Polymere nur geringe Stoffumsätze zu verzeichnen sind. Das traf jedoch nur auf den Glycogenabbau in S4 und F4 zu. In allen anderen Proben wurden die Polymere, inklusive dem Glycogen, gut bis sehr gut umgesetzt. Ein Erklärungsansatz ist die Anpassung der mikrobiellen Artenvielfalt an das Habitat, in welchem sich je nach Substratverfügbarkeit die Bakterien ansiedeln, die die verfügbaren Stoffe verwerten können.

Phosphorverbindungen:

Glucose-1-Phosphat wurde jeweils in den ersten Horizonten besser abgebaut als in den tieferen Schichten des Sedimentes. Ein Umsatz wäre in allen Proben zu erwarten gewesen, da dieses Substrat dem physiologisch auftretenden Glucose-6-Phosphat, welches unter anderem ein Intermediat in der Glycolyse ist, sehr ähnelt. Vermutlich besitzen nur einige Bakterien der oberen Horizonte das Enzym Phosphoglucomutase, welches Glucose-1-Phosphat in Glucose-6-Phosphat überführt (LÖFFLER 2003). D,L-α-Gycerolphosphat, welches als phosphorylierter dreiwertiger Alkohol, entsprechend den Gesetzmäßigkeiten bezüglich des Abbauverhaltens in Abhängigkeit von der Kettenlänge bzw. substituierten funktionellen Gruppen, relativ leicht verwertbar sein sollte (BENNDORF 2005 unveröffentlicht), wurde ebenfalls nur in sehr geringen Maße abgebaut.

Kohlenhydrate:

Diese Gruppe zeigt hinsichtlich der Verwertbarkeit der Kohlenstoffquellen große Unterschiede. So werden D-Mannitol sowie die D-Cellobiose, welche bei Abbau von Zellulose entsteht, in allen Proben sehr gut umgesetzt. Durch hohe Einträge organischen Materials, welches größtenteils Zellulose enthält, war auch die Anwesenheit von Mikroorganismen, welche Zellulose bzw. deren Spaltprodukte verwerten können, im untersuchten System zu erwarten. Fast nicht verwertet wurde dagegen in den Ansätzen beider Horizonte von H die Pentose D-Xylose, welche ein Produkt des Abbaus verholzten pflanzlichen Materials ist. In allen anderen Proben wurde D-Xylose sehr gut verstoffwechselt. Vermutlich ist dieser Zucker in H kaum präsent, so daß entsprechend der Anpassung des Artbestandes der Mikroorganismen an ein System nur wenige Spezies vorhanden waren, die D-Xylose in geringen Mengen umsetzen konnten. Ähnlich könnten die in Vergleich der Probenahmestellen stark abweichenden Umsätze der α-D-Lactose erklärt werden.

Ester:

Hinsichtlich der Verwertung von Pyruvatmethylester ist festzustellen, daß das Substrat in allen Proben gut verwertet wurde. Die Verbindung ist biochemisch nicht zu schwer aufzuspalten. So entsteht nach Hydrolyse des Esters das leicht verwertbare, für jede Lebensform notwendige Molekül Pyruvat.

Zusammenfassend ist festzustellen, daß die Mikroorganismen im untersuchten Ökosystem eine beachtliche Vielfalt an Substraten umsetzen können. Dabei werden auch schwer abbaubare Substanzen wie α-Cyclodextrin verwertet.

Mit dieser Methode kann man Ökosysteme klassifizieren. Es lassen sich jedoch keine Aussagen über den Bestand an Miroorganismen treffen, da sich unterschiedliche Arten in vermeintlich gleichen ökologischen Nischen ansieden können. Somit könnten zwei Systeme, welche sich entsprechend der Stoffumsätze im BIOLOG-Testverfahren ähneln, einen grundlegend verschiedenen Artbestand an Mikroorganismen aufweisen.

3.6 *Wassermedium Kulturen*

3.6.1 Charakterisierung der Kulturen auf Wassermedium

Von den auf Wassermedium kultivierten Bakterien aus dem Pelagial wurde zunächst die Koloniemorphologie erfaßt. Diese Parameter sind im Tabellenanhang T 20 für E und T 22 für F aufgeführt. Die Probenbezeichnung läßt sich z.B. für EH09S folgendermaßen interpretieren: E steht für das Wassermedium mit Wasser der Probenahmestelle E als Basis. H bedeutet Kultivierung in heller Umgebung, 09 entspricht der fortlaufenden Nummer, und S weist darauf hin, daß die ausgespatelte Probe an der Probenahmestelle S entnommen wurde. Der Hinweis H in der Spalte Sonstiges in den Tabellen T20 und T22 steht für H-Antigene und weist auf schwärmende Bakterien hin.

3.6.1.1 Koloniemorphologie

Es wurden 18 Kulturen von F, 24 von E, 13 von S und 9 von der Probenahmestelle H ausgewählt. Diese sollten morphologisch, farblich bzw. im Schwärmverhalten unterschiedlich sein, um so eine Selektion unterschiedlicher Arten zu erreichen. Abbildung 3.17 zeigt die Verteilung und Variabilität der Kolonien bei Ausspateln von 1 ml Wasser aus dem Pelagial des Bereiches der Probenahmestelle E.

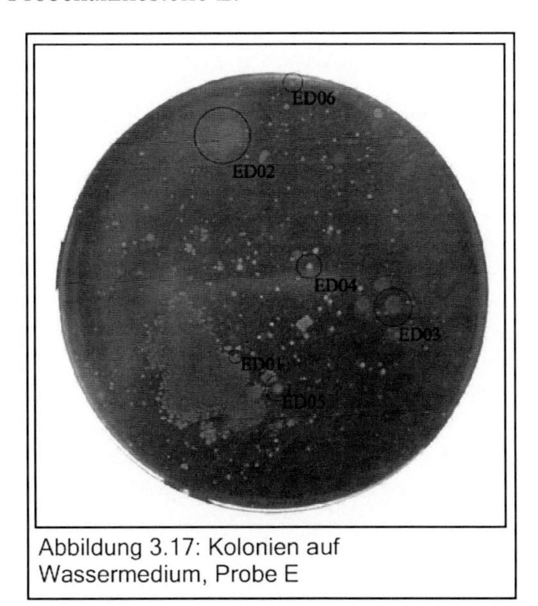

Abbildung 3.17: Kolonien auf Wassermedium, Probe E

Besonders auffällig nach der ersten Passage der Kolonien auf R2A Agar war, daß einige farblose Bakterien nach dem Überimpfen Pigmente bildeten. Waren auf dem Wasser-Agar noch 78 % der Kolonien farblos, waren es nach der ersten Passage auf R2A nur noch 59 %. Die Ergebnisse wurden durch direkten Vergleich der Originalpatte und der überimpften Platte sowie durch Fotodokumentation verifiziert.

Wie sich durch die Sequenzierung herausstellte, handelte es sich bei den Bakterien, bei welchen dieses Phänomen beobachtet wurde, hauptsächlich um Arten der Gattung *Flavobacterium*. Eine mögliche Erklärung für die Pigmentbildung ist die veränderte Verfügbarkeit der Nährstoffe im Vergleich der beiden Agares (s. Kap. 2.2.2). Daraus resultiert die Möglichkeit, daß das gelbe Pigment, welches namensgebend für diese phyletische Gruppe ist, von einigen Spezies der Gattung in ihrer natürlichen Umgebung gar nicht gebildet wird. Eine weitere Erklärung für das Fehlen des gelben Farbstoffes zu Beginn der Kultivierung könnte die mangelnde Sonneneinstrahlung darstellen. So ist die effektive Einstrahlung von Lichtenergie in den Sommermonaten höher als im Winter. Die tägliche Dauer der Bestrahlung ist im Winterhalbjahr geringer. Außerdem steht die Sonne im Winter tiefer, so daß der Winkel der Strahlung zur Wasseroberfläche geringer ist. Das bedingt, daß das Licht nicht so effektiv wie im Sommer in den Wasserkörper eindringen kann. Hinzu kommt die Tatsache, daß die Strahlung im Winter durch das Eis extrem abgeschwächt wird. Außerdem eliminiert die tauwasserbedingte Trübung des Wasserkörpers im Frühjahr einen Großteil der Sonnenstrahlung. Diese Aspekte führen dazu, daß eine Pigmentbildung zum Schutz der DNA vor strahlungsbedingter Mutagenese in den Gewässern der gemäßigten Breiten im Winterhalbjahr nicht notwendig ist. Der Nährstoffmangel in den Wintermonaten könnte dazu führen, daß die unter Energieverbrauch stattfindende Pigmentbildung so lange eingestellt wird, bis die Farbstoffe aufgrund hoher Strahlungsenergie im Frühjahr und Sommer wieder benötigt werden. In Hinblick auf die Effizienz, mit welcher mit den begrenzten Ressourcen in einem meso- bis oligotrophen Gewässer umgegangen werden muß, könnte die Fähigkeit, die Pigmentbildung zu unterdrücken, eine Anpassung der Flavobakterien an nährstoffarme Biozönosen darstellen. Ob eine Pigmentbildung auch bei Inkubation im Dunkeln erfolgt, wurde nicht untersucht.

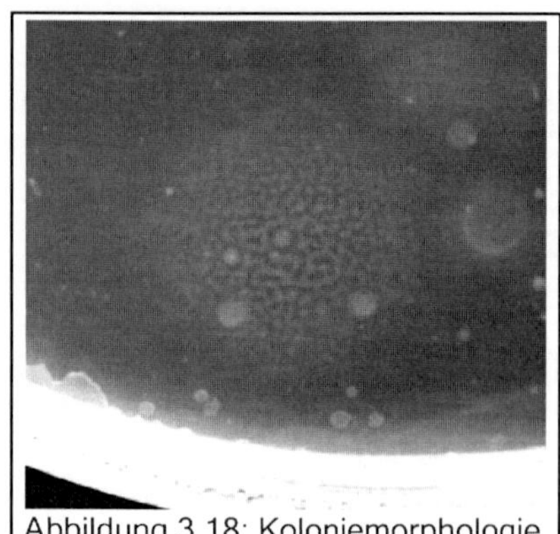

Abbildung 3.18: Koloniemorphologie *Flavobacterium hibernum*, Stamm EH15E vom April 2006

Hinsichtlich der Ausbreitung der Kolonien zeigten nur einige Arten ausgeprägtes Rasenwachstum. Viele schwärmende Spezies wuchsen in unregelmäßig begrenzten Kolonien, nichtschwärmende in meist sehr flacher, fest auf dem Agar aufliegender Formation. Eine Besonderheit stellte *Flavobacterium hibernum* dar. Die Kolonien dieser Spezies wuchsen in konzentrisch gemusterter Form (s. Abb. 3.18). Auch kaum sichtbare Kolonien, wie die in der rechten Bildseite der Abbildung 3.18, wurden vom Agar abgenommen und untersucht.

Da die meisten Bakterienspezies in der untersuchten Region passiv im Wasser verfrachtet werden, ist eine Begeißelung bei Arten, welche im durchströmten Pelagial leben, nicht notwendig. Für die Geißelbewegung wird ATP benötigt, welches bei Nährstofflimitation nicht uneingeschränkt zur Verfügung steht. Daher könnten Bakterien ohne Geißeln einen Vorteil hinsichtlich der natürlichen Selektion im Pelagial durchströmter Gewässer haben.

3.6.1.2 Gruppierung anhand von Restriktionsmustern

Um die Bakterienarten, welche auf dem Wassermedium angezüchtet wurden, zu klassifizieren, wurde deren 16S rRNA per PCR amplifiziert und mit den Restriktionsendonucleasen *Eco*RI, *Hha*I und *Rsa*I (s. Kap. 2.4.6) verdaut. Die entstandenen Fragmente wurden anschließend im Gelbild charakterisiert. Gleichen Bandenmustern wurde jeweils eine Restriktionsmuster-Nummer zugewiesen. Diese sind für alle untersuchten Arten im Tabellenanhang T21 und T23 aufgeführt.

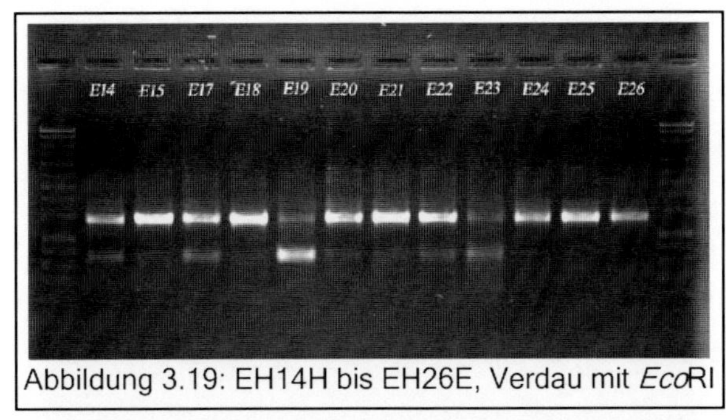

Abbildung 3.19: EH14H bis EH26E, Verdau mit *Eco*RI

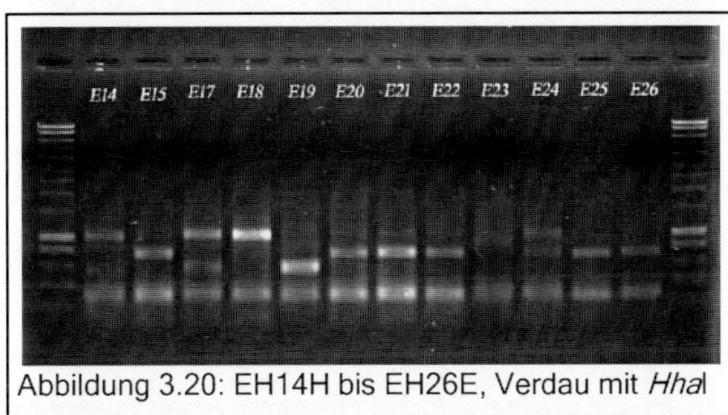

Abbildung 3.20: EH14H bis EH26E, Verdau mit *Hha*I

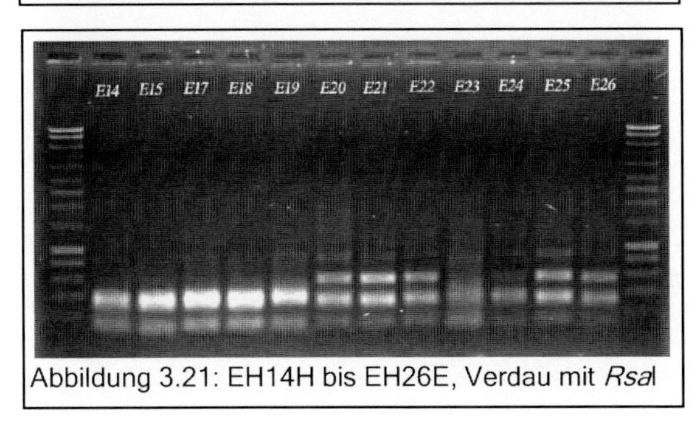

Abbildung 3.21: EH14H bis EH26E, Verdau mit *Rsa*I

Für die in den Abbildungen 3.19 bis 3.21 dargestellten Gelbandenmuster wurden z.B. folgende Restriktionsmuster-Nummern vergeben:

Nr. 04 = EH20E = EH21E = EH22E

Nr. 09 = EH14H = EH17E

Nr. 10 = EH25E = EH26E

Vergleicht man die den Bandenmustern zugehörigen Arten, stellt man fest, daß das Restriktionsmuster 09 für *Flavobacterium johnsoniae* (EH14H und EH17E) charakteristisch ist. Das Muster 04 scheint genusspezifisch für *Flavobacterium sp.* zu sein, da in diesem die Spezies *Flavobacterium psychrophilum* (EH20E), *Flavobacterium johnsoniae* (EH21E) und *Flavobacterium columnare* (EH22E) zu finden sind. Da *Flavobacterium johnsoniae* in beiden Restriktionsmustern zu finden ist, müßten sich demnach die Bandenmuster EH14H und EH21E ähneln bzw. identisch sein. Das ist jedoch nur bei Verdau mit *Eco*RI der Fall. Die Probe EH18E, deren Banden vor allen mit Verdau durch *Rsa*I extreme Unterschiede zu denen von EH21E zeigen, wurde ebenfalls mit hoher Wahrscheinlichkeit als *Flavobacterium johnsoniae* identifiziert. Somit lassen sich einer Spezies verschiedene Bandenmuster zuordnen. Auch auf Genusebene kann keine Klassifizierung mittels der genutzten Methode erreicht werden. So findet man in der Restriktionsmuster-Klasse 01 *Janthinobacterium sp.*, *Duganella sp.*, *Rhodobacter sp.* und *Rhodoferax sp.* (s. Tabellenanhang T21). Die genutzte Methode ist aufgrund der dargestellten Ergebnisse nicht zur Identifizierung bzw. Klassifizierung von Mikroorganismen hinsichtlich der hier angeführten Fragestellung geeignet. Die Wahl anderer Restriktionsendonucleasen könnte zu einem spezifischeren Ergebnis führen.

3.6.1.3 Sequenzierung

Bei der Sequenzierung und Datenbankrecherche wurden die im Tabellenanhang (T21 und T23) aufgeführten Spezies ermittelt. Auffällig ist die hohe Anzahl nachgewiesener Flavobakterien. Deren Anteil an den insgesamt bestimmten Arten betrug 55 %, gefolgt von *Janthinobacterium sp.* mit 17 %. Überraschend ist auch die Diversität der Arten der Gattung *Flavobacterium* in den untersuchten Proben. In Tabelle 3.11 sind alle 15 im Rahmen der Gewässeruntersuchung nachgewiesenen Flavobakterien-Arten erfaßt.

Tabelle 3.11: Übersicht über die nachgewiesenen Arten der Gattung *Flavobacterium* im Gewässerkomplex der Talsperre Saidenbach

F. columnare	*F. saccharophilum*	*F. degerlachei*
F. hibernum	*F. xanthum*	*F. lividum*
F. johnsoniae	*F. hercynium*	*F. frigidimaris*
F. pectinovorum	*F. limicola*	*F. xinjiangense*
F. psychrophilum	*F. segetis*	*F. omnivorum*

Da die Flavobakterien aufgrund ihrer starken Präsenz in der Vorsperre Forchheim sowie in der Talsperre Saidenbach offensichtlich einen entscheidenden Einfluß auf das Ökosystem des Gewässerkomplexes ausüben, soll diese Gattung im Folgenden genauer betrachtet werden.

Die Gattung *Flavobacterium* gehört dem Phylum Bacteroidetes an. Alle Bakterien dieser Gattung sind aerob lebende, gramnegative Stäbchen, welche hauptsächlich Glucose als Energie- und Kohlenstoffquelle nutzen. Neben ihren natürlichen aquatischen Lebensräumen des Süß- und Meerwassers wurden Flavobakterien auch in Nahrungsmitteln nachgewiesen. Dies ist jedoch aus hygienischer Sicht wenig von Bedeutung, da innerhalb der Gattung *Flavobacterium* nur ein recht selten vorkommender, gering humanpathogener Vertreter, das *Flavobacterium meningosepticum*, existiert, welcher Meningitis bei Kleinkindern und Säuglingen bedingen kann (MADIGAN 2006). Flavobakterien sind psychrophile Bakterien. Viele neue Spezies dieser Gattung wurden in Regionen um die Antarktis entdeckt, treten jedoch auch in den Gewässern der gemäßigten Breiten auf. Als Beispiele seien *Flavobacterium gillisiae* (MC CAMMON 2000), *Flavobacterium frigidarium* (HUMPHRY 2001) sowie die in der Talsperre Saidenbach ebenfalls nachgewiesenen Spezies *Flavobacterium hibernum* (MC CAMMON 1998) und *Flavobacterium xanthum* (MC CAMMON 2000) erwähnt. Die kaltwasseradaptierte Lebensweise wird unter anderem mittels temperaturabhängiger Regulation der Fettsäurezusammensetzung der Membran mit dem Ziel einer optimalen Membranfluidität realisiert. Außerdem werden bei geringen Temperaturen vermehrt extrazelluläre Proteasen gebildet und ausgeschieden, um organische Stoffe bzw. Bakterienzellen zu zersetzen. So ist zum Beispiel *Flavobacterium limicola* in der Lage, abgestorbene *E. coli* zu lysieren (TAMAKI 2003). Die hohen Stoffwechselraten bei geringen Temperaturen haben einen entscheidenden Einfluß auf die primäre Mineralisation komplexer organischer Stoffe während des Winterhalbjahres. Eine starke Vermehrung von Flavobakterien ist aufgrund dieser Anpassung nach dem Eintrag organischen Materials in das noch kalte Wasser im Frühjahr zu beobachten (HÖFLE 1992, LLOBET-BROSSA 1998, RAVENSCHLAG 2001). Die hohe Anzahl kultivierter Flavobakterien aus den Proben vom April 2006 war daher zu erwarten.

Die meisten Flavobakterien sind in der Lage, sich durch Gleiten fortzubewegen. Eine Besonderheit weist das im untersuchten Gewässerkomplex ebenfalls nachgewiesene *Flavobacterium johnsoniae* auf. Dieses Bakterium scheidet zum Gleiten keinen Schleim aus, sondern bewegt sich mittels motorischer Proteine, welche in der Cytoplasmamembran verankert sind, fort (MADIGAN 2006). Diese Form der Bewegung hat in aquatischen Lebensräumen den Vorteil, daß die motorischen Proteine im Gegensatz zum Schleim, welcher von anderen Bakterien zum Gleiten ausgeschieden wird, nicht mit dem Wasser in Lösung gehen können. Es sind aber neben beweglichen Flavobakterien auch unbewegliche Spezies wie das ebenfalls im Rahmen der Gewässeruntersuchung der Talsperre Saidenbach kultivierte *Flavobacterium limicola* (TAMAKI 2003) bekannt. Dieses Bakterium wurde in der Vorsperre Forchheim nachgewiesen. Da an dieser Stelle der Nährstoffeintrag relativ groß ist und diese Nährstoffe durch die Strömung im Gewässer gut verteilt werden, ist eine aktive Bewegung der Bakterien unter Energieaufwand wenig sinnvoll. Daher können aus energetischer Sicht Bakterien, welche sich nicht aktiv bewegen, einen selektiven Vorteil in durchströmten Gewässern haben.

Neben den Flavobakterien wurden auch einige Janthinobakterien auf Wasseragar kultiviert. Diese beweglichen, aerob lebenden Stäbchen wachsen bei Temperaturen zwischen 4 °C und 30 °C und einem pH-Wert von 7 bis 8. Der Name *Janthinobacterium* weist auf die violette Farbe der Kolonien (lat.: janthinus = violett), welche durch das Pigment Violacein hervorgerufen wird, hin (Garrity 2005). Aus den Proben der Talsperre Saidenbach und der Vorsperre Forchheim konnten ein violetter Stamm (ED06E) sowie drei unpigmentierte Stämme von *Janthinobacterium lividum* (z.B. EH04S) kultiviert werden. Eine unpigmentierte Varietät von *Janthinobacterium lividum* wurde von GARRITY (2005) beschrieben. Überraschend war die Beobachtung, daß alle im Dunklen kultivierten Stämme das Pigment Violacein bildeten, die bei Tageslicht inkubierten dagegen nicht (s. Tabellen T20 und T22 Tabellenanhang). Daher läßt sich vermuten, daß Licht als induzierender Faktor für die Pigmentbildung von Bedeutung sein könnte.
Aus der Gattung *Janthinobacterium* wurde aus den untersuchten Proben mehrfach auch *Janthinobacterium agaricidamnosum* kultiviert, welches bei *Agaricus bisporus*, dem Kultur-Champignon, eine Krankheit des Mycels, die sogenannte Weichwurzelkrankheit, hervorruft (GARRITY 2005). *Janthinobacterium agaricidamnosum* scheint daher ein bodenassoziiertes Bakterium der Nadelwälder, welche den Gewässerkomplex umgeben, zu sein. Ein Eintrag der Spezies in die Talsperre mit dem Schmelzwasser ist daher sehr wahrscheinlich.
Zwei der insgesamt 64 Kulturen wurden als Pseudomonaden identifiziert. Die Bestimmung auf Artebene war bei Kultur FD03F jedoch nicht möglich, da die Sequenzen der 16S rRNA von *Pseudomonas trivialis, Pseudomonas chlororaphis, Pseudomonas veronii* und *Pseudomonas fluorescens* so ähnlich sind, daß diese Spezies mit gleicher Wahrscheinlichkeit bei der Datenbankrecherche per NCBI ermittelt wurden. Pseudomonaden sind gramnegative Stäbchen, welche nicht im aufbereiteten Trinkwasser vorkommen sollten, da die häufig vorkommende Art *Pseudomonas aeruginosa* schwach humanpathogen ist und *Pseudomonas spp.* auch ein Indiz für fäkale Kontamination sein können.
Im Rahmen der Kultivierungsversuche ist es auch gelungen, eine Kolonie des gramnegativen, polar begeißelten, obligat aerob lebenden Bakterium *Xanthomonas translucens* (ED01E) anzuzüchten. Das Temperaturoptimum dieser Spezies liegt zwischen 25 °C und 30 C° (MURRAY 1984). Dieser unpigmentierte Stamm der ansonsten gelben Bakterien wurde im Dunklen kultiviert. *Xanthomonas translucens* tritt in 9 verschiedenen Pathovaren auf und bedingt Krankheiten an den einheimischen *Gramineae*, z.B. an den in Mitteleuropa sehr verbreiteten Gattungen *Bromus, Secale, Triticum, Dactylis, Festuca* und *Poa* (MURRAY 1984). Daher kann angenommen werden, daß das Bakterium mit infiziertem Pflanzenmaterial in das Gewässer eingetragen wurde.
Es wurden außerdem zwei Stämme von *Duganella zoogloeoides* (ED04E, EH07S) angezüchtet. Diese gramnegativen, beweglichen Bakterien können einzeln suspendiert oder in Flocken vorkommen. Die Aggregation hat in klaren Gewässern jedoch den Nachteil des erhöhten Fraßdruckes. Die Bakterien ernähren sich heterotroph und sind in der Lage, eine Vielzahl diverser Kohlenhydrate zu verwerten (GARRITY 2005).

Ein weiteres kultiviertes Bakterium konnte mit hoher Wahrscheinlichkeit als *Caulobacter henricii* (FH09F) identifiziert werden. Diese vibroidförmigen Organismen sind polar begeißelt und können Prostheken ausbilden. Sie wurden bisher vorwiegend aus oligotrophen Gewässern isoliert, in welchen sie aufgrund ihrer heterotrophen Lebensweise sowie einer Wachstumstemperatur, welche zwischen 10 °C und 35 °C ihr Optimum erreicht, einen großen Anteil am Biomasseumsatz aufweisen (GARRITY 2005). Von *Caulobacter henricii* sind gelb pigmentierte und farblose Stämme bekannt. Im Rahmen der Untersuchungen wurde die farblose Varietät angezüchtet.
Mit einem Score von 341 und einem e-value von 5e-91 wurde eine kultivierte Art mittels Datenbankanalyse der Spezies *Rhodoferax fermentans* (ED03E) zugeordnet. Da *Rhodoferax fermentans* ein polar begeißeltes Frischwasserbakterium ist, welches pfirsichbraunes Pigment bildet (GARRITY 2005), was in den Untersuchungen des kultivierten Bakteriums jedoch nicht bestätigt werden konnte, ist anzunehmen, daß auch aufgrund der oben angegebenen Irrtumswahrscheinlichkeit die Spezies falsch bestimmt wurde.

Trotz mehrmaligem Überimpfen einzelner Bakterienkolonien und Trennung unterschiedlicher Stämme entsprechend ihrer Koloniemorphologie konnte von einigen Stämmen keine Reinkultur erreicht werden (s. Abbildung 3.22). Es ist anzunehmen, daß diese Arten physiologisch mittels bakterieneigener Exsudate in einem Biofilm zusammenheften. Eine solche Symbiose wäre zum Beispiel zwischen den photoautotrophen Cyanobakterien und heterotrophen Bakterien denkbar.

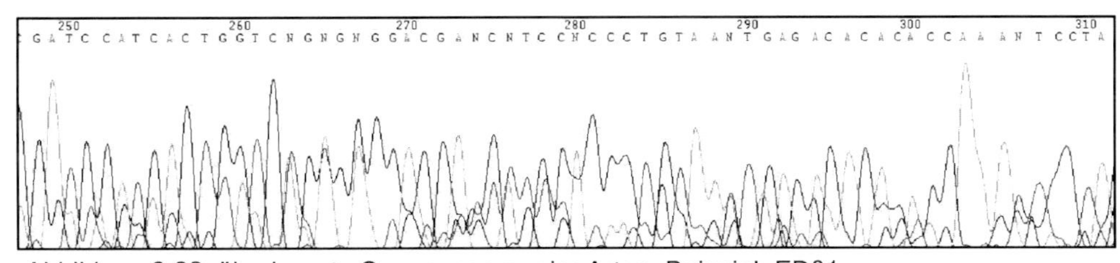

Abbildung 3.22: überlagerte Sequenzen zweier Arten, Beispiel: ED01

Bei der Untersuchung von Stamm FD06F war zu beobachten, daß die dem Bakterium zunächst zugeordnete Sequenz nicht mit der beobachteten Koloniemorphologie übereinstimmt. So wurde mit einem Score von 611 und einem e-value von 6E-172 bestimmt, daß es sich bei dem Bakterium um *Pseudomonas fluorescens* handelt. Da diese Art nicht in dunkelvioletten Kolonien wächst, ist davon auszugehen, daß *Pseudomonas fluorescens* mit dem nicht zu bestimmenden Bakterium assoziiert vorkommt. Dieses wiederum bedingt keine uberlagerten Gensequenzen, wie in Abbildung 3.22, da die Spezies vermutlich die sonst recht universellen Primerbindungsstellen der genutzten Primer TPU1 und TPU2 nicht aufweist. Des weiteren besteht die Möglichkeit, daß der kultivierte Stamm von *Pseudomonas fluorescens* eine Varietät darstellt, welche z.B. durch Aufnahme eines Genes in der Lage ist, violettes Pigment zu bilden.

3.6.2 Charakterisierung einer neuen Spezies

3.6.2.1 Molekularbiologische Untersuchung

Einige Kulturen wurden trotz hohem Score und geringem e-value mit Wahrscheinlichkeiten von weniger als 97 % den entsprechenden Datenbankeinträgen von NCBI zugeordnet oder weisen physiologisch große Unterschiede zu den zugeordneten Arten auf, daß anzunehmen ist, daß es sich dabei um neu kultivierte Spezies handelt. Da dem Artbegriff im Folgenden eine besondere Bedeutung zukommt, soll dessen aktuelle Definition nach ROSSELLÓ- MORA und AMANN (2001) vorangestellt werden:

> „Eine Art ist eine Kategorie, welche (vorzugsweise) genetisch durch eine Gruppe kohärenter Isolate beschrieben wird. Diese Stämme weisen große Gemeinsamkeiten in (vielen) unabhängigen Eigenschaften auf, was unter standardisierten Bedingungen geprüft wird."

In älteren Publikationen wurde der Artbegriff über eine festgelegte Sequenzhomologie der 16S rRNA definiert. So wurde von WAYNE (1987) eine Ähnlichkeit der 16s rRNA gleicher Arten von > 70 % angenommen. Tatsächlich läßt sich die Zuordnung der Spezies nach dem aktuellen Artbegriff (s. oben) nicht allein durch eine definierte Sequenzhomologie festlegen. Das wird zum Beispiel dadurch deutlich, daß zwei definitiv unterschiedliche Arten, das humanpathogene, Buruli ulcer induzierende *Mycobacterium ulcerans* und das fischpathogene *Mycobacterium marinum*, eine Übereinstimmung der 16S rRNA-Sequenzen von mehr als 99,8 % aufweisen (STINEAR 2000). Ebenso war bei den eigenen Untersuchungen die Zuordnung der Sequenz der Probe FD03F zu einer bestimmten Art aufgrund der hohen Sequenzähnlichkeit mehrerer Pseudomonas-Spezies untereinander nicht möglich.
Aufgrund dieser Tatsachen wurde der Artbegriff erweitert. So fließen neben einem Richtwert bezüglich der Sequenzhomologie von 97 % (JANDA 2002) auch Parameter wie die phänotypische Erscheinung, die Beschreibung von Stoffwechselleistungen mittels Haushaltsgenen oder das Basenverhältnis in mol % G + C in die Betrachtung, ob es sich bei einer Art um eine neue Spezies handelt, ein (STACKEBRANDT 2002).
Wendet man die aktuelle Definition des Artbegriffes auf die in der Untersuchung der Talsperre Saidenbach kultivierten Bakterien an, ist festzustellen, daß 28 der 64 Kulturen Sequenzhomologien von <97 % zu Sequenzen aus der Datenbank aufweisen. Genauer charakterisiert wurde der Stamm ED16E, dessen Sequenz mittels der Datenbank NCBI mit einem Score von 1229 und einem e-value von 0,0 *Rhodoferax antarcticus* zuzuordnen war. Die Übereinstimmung der 752 verglichenen Basen betrug 96 %. Der Basenvergleich erfolgte anhand der kompletten 16S rRNA-Sequenz des Stammes ED16E. Auf Grundlage der Ergebnisse von NCBI Blast wurde das Dendrogramm in Abbildung 3.23 erstellt, welches die taxonomische Einordnung von ED16E visualisiert. Die nächsten phylogenetisch verwandten Spezies zu Stamm ED16E sind entsprechend Abbildung 3.23 *Rhodoferax antarcticus* und *Aquaspirillum delicatum*.

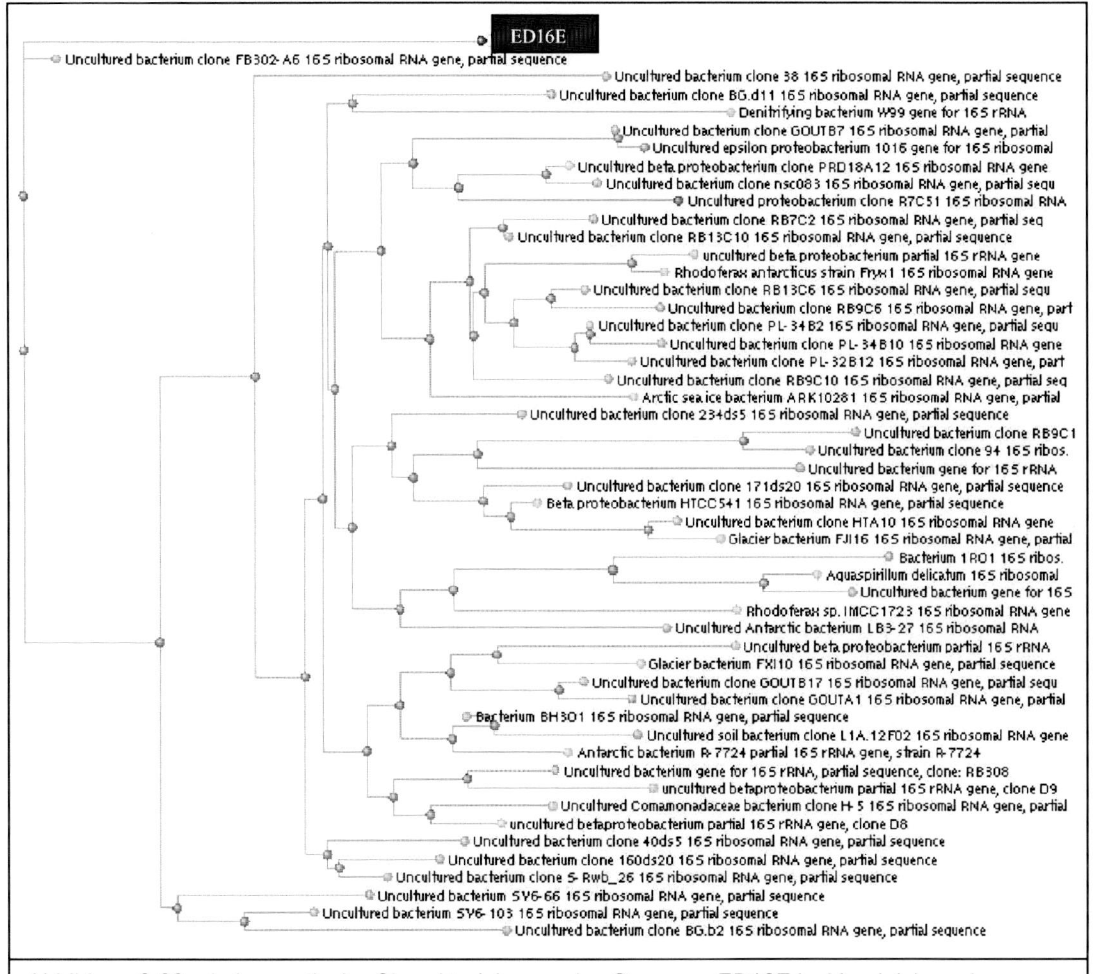

Abbildung 3.23: phylogenetische Charakterisierung des Stammes ED16E im Vergleich zu den nächsten 49 wahrscheinlichsten Einträgen der Datenbank NCBI Blast 2006, Basis 16S rRNA

Entsprechend der 16S rRNA-Analyse mit RDP Classifier (RDP 2006) wurde im Konfidenzintervall von 95 % folgende taxonomische Einordnung des Stammes ED16E getroffen:

Domain: Bacteria

Phylum: *Proteobacteria*

Class: *Betaproteobacteria*

Order: *Burkholderiales*

Family: *Comamonadaceae*

unclassified *Comamonadaceae*

Um den Stamm ED16E von seinen phylogenetisch nächsten Verwandten abzugrenzen, wurden physiologische Untersuchungen der Stoffwechselleistungen durchgeführt.

3.6.2.2 Physiologische Parameter

Die biochemische Stoffwechselleistung zweier Isolate von ED16E mit den Bezeichnungen ED16I und ED16IV wurde auf diversen Agarmedien und bei unterschiedlichen Temperaturen im Doppelansatz bestimmt. Die dabei ermittelten Ergebnisse sind in Tabelle 3.13 dargestellt.

Tabelle 3.13: Wachstumsparameter sowie biochemische Charakterisierung ED16I und ED16IV

	ED16I		ED16IV	
Parameter	Platte 1	Platte 2	Platte 1	Platte 2
4°C	++	++	++	++
20°C	++	++	++	++
30°C	++	++	++	++
36°C	-	-	-	-
Schwärmagar	(+)		(+)	
Kligler-Agar	-		-	
Citratagar	-		-	
Leifson-Agar	-	-	-	-
Aesculin-Agar	-	-	-	-
Nähragar	-	-	-	-
Ei-Lactose-Agar	(+)	(+)	(+)	(+)
R2A-Agar	++	++	++	++
Galle- Chryso.-Agar	-	-	-	-
Blutagar / Hämolyse	β	β	β	β
Aeromonaden-Agar	-	-	-	-
Sabouraud-Agar	-	-	-	-
Campylobacter-Agar	(+)	(+)	(+)	(+)
Winkle-Agar	+	+	+	+

Die optimale Wachstumstemperatur der Kultur ED16E wurde auf R2A-Agar untersucht. Dabei wurde festgestellt, daß es sich bei ED16E um ein psychrophiles Bakterium handelt. Im Schwärmagar konnte keine Beweglichkeit der Bakterien nachgewiesen werden. Ein geringes beobachtetes Abweichen des Kulturwachstums vom Impfstich wurde als Hineinwachsen in den Agar und nicht als Schwärmen interpretiert. Auf KLIGLER- und Citratagar sowie in den zugehörigen Impfstichen war kein Wachstum und demzufolge kein biochemischer Stoffumsatz nachweisbar. Ebenso zeigte ED16E kein Wachstum auf LEIFSON-Agar, Aesculin-Agar, Galle- Chrysoidin-Agar, Aeromonaden-Agar und SABOURAUD-Agar. Ein extrem schwaches Wachstum wurde auf Ei-Lactose-Agar und Campylobacter-Agar beobachtet. Gut wuchsen die Kolonien dagegen auf WINKLE-Agar und auf Blutagar, auf welchem sie β-Hämolyse zeigten (s. Abb. 3.24). Das glasig grüne Aussehen der Kolonien auf WINKLE-Agar ist typisch für Bakterien der Salmonella-Shigella-Gruppe. Bei *Comamonas spp.* wurde dieses spezifische Koloniewachstum auf WINKLE-Agar nicht beschrieben.

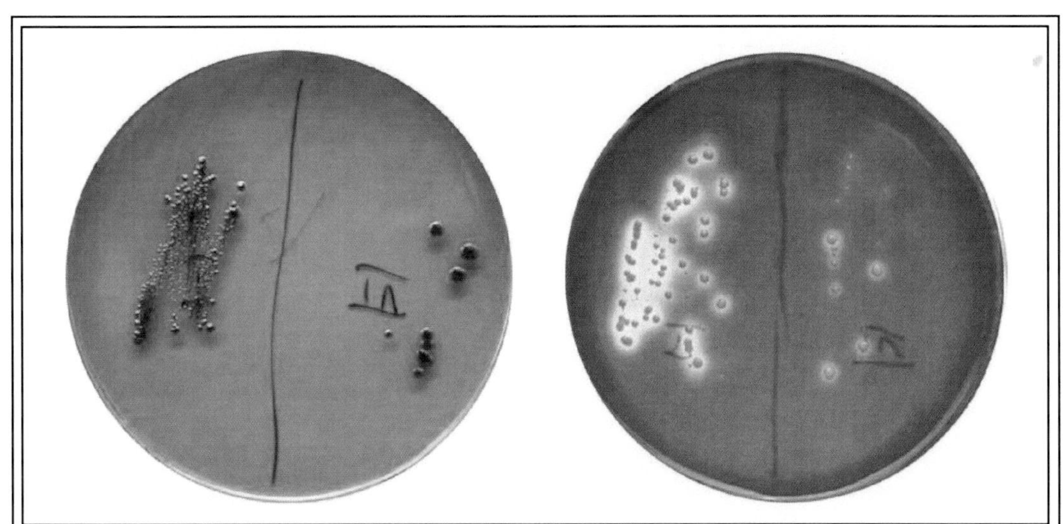

Abbildung 3.24: Koloniemorphologie auf WINKLE-Agar (links) und β-Hämolyse auf Blutagar (rechts)

3.6.2.3 BIOLOG

Bei der Auswertung der parallel angesetzten Meßreihen der Stämme ED16I und ED16IV konnten große Unterschiede hinsichtlich der Verwertung der Substrate festgestellt werden. So betrug der AWCD des Stammes ED16I nach 460 Stunden Inkubation bei 20 °C im Dunklen 0,22. Der AWCD des Stammes ED16IV wurde dagegen bei gleichen Wachstumsbedingungen mit 1,70 bestimmt. Es ist davon auszugehen, daß aufgrund der langen Inkubationsdauer bakterielle Kontaminationen einen Einfluß auf das Ergebnis des Stammes ED16IV hatten. Um diese Fehlerquelle zu kompensieren, wurden in der Betrachtung, welche Substrate umgesetzt werden können, nur diese berücksichtigt, die von beiden Stämmen verwertet wurden und mindestens eine OD von 0,5 aufwiesen (s. Tabellenanhang T24).

Unter Beachtung dieser Bedingungen konnte festgestellt werden, daß ED16E folgende Substrate umsetzen kann:
D-Mannose, Pyruvat-Methylester, D-Arabitol, L-Glutarsäure, D-Saccharinsäure, L-Aspartat, Probionsäure, L-Alanylglycin, D-Gluconsäure, D,L-Milchsäure, D-Sorbitol, Citronensäure und Succinat

Von beiden Stämmen nicht verwertet wurden dagegen:
Uronsäure, Inosin, D-Psicose, α-Ketobuttersäure, L-Leucin, Phenylethylamin, Putrescin, Sucrose, Adonitol und D,L-α-Glycerolphosphat

3.6.2.4 Durchlichtmikroskopie

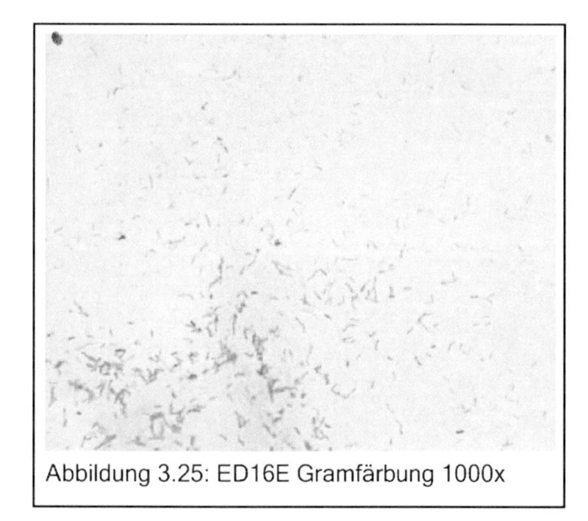
Abbildung 3.25: ED16E Gramfärbung 1000x

Mittels Gramfärbung und anschließender Durchlichtmikroskopie wurde festgestellt, daß es sich bei den Bakterien des Stammes ED16E um gramnegative Stäbchen mit einer Länge von 1 µm bis 1,8 µm handelt. Die Breite der Organismen konnte aufgrund der Grenzen des optischen Auflösungsvermögens des Mikroskops nicht bestimmt werden. Alle Untersuchungen wurden bei 1000-facher Vergrößerung durchgeführt (s. Abb. 3.25).

3.6.2.5 Rasterelektronenmikroskopie

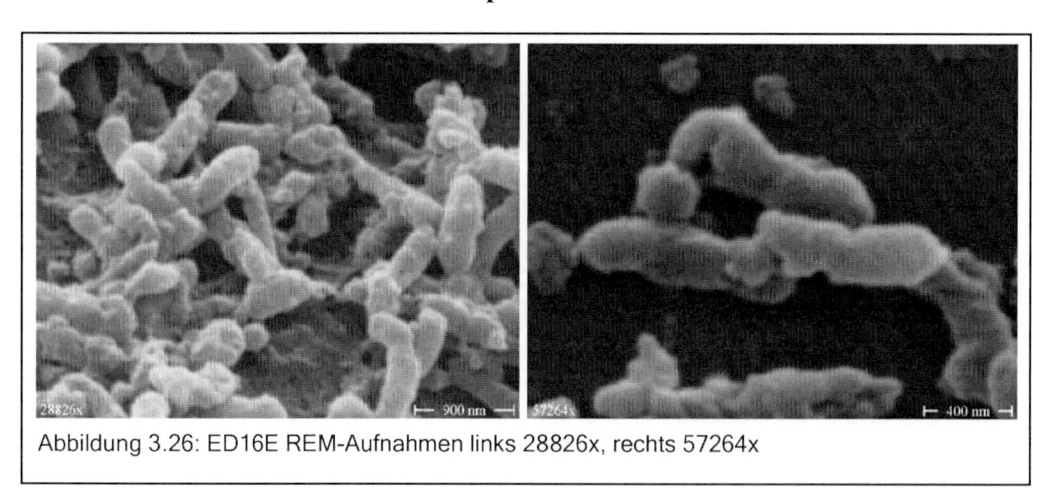
Abbildung 3.26: ED16E REM-Aufnahmen links 28826x, rechts 57264x

Am Rasterelektronenmikroskop wurde das Bakterium nochmals vermessen, wobei eine Länge von 1 µm bis 1,3 µm und eine Breite von 0,2 µm bis 0,4 µm festgestellt wurde. Außerdem war gut zu erkennen, daß das Bakterium keine Geißeln besitzt (Abb. 3.26). Diese könnten allerdings aufgrund starker mechanischer Beanspruchung, welche während der Präparation der Proben für das REM auftreten, fehlen.

3.6.3 Abgrenzung der neuen Spezies von bekannten Arten

Hinsichtlich der genetischen Parameter sind sich der Stamm ED16E und *Rhodoferax antarcticus* bzw. *Aquaspirillum delicatum* ähnlich. Die Arten weisen im gegenseitigen Vergleich eine Sequenzhomologie der 16S rRNA von jeweils 96 % auf. Anhand der physiologischen Parameter, welche in den folgenden Betrachtungen dem Bergeys Manual® of Systematic Bacteriology (GARRITY 2005) entnommen wurden, sind die Spezies jedoch eindeutig zu differenzieren (s. Tab. 3.14). So bildet *Rhodoferax antarcticus* ausnahmslos ein braunes Pigment, welches bei ED16E weder bei Kultivierung bei Sonnenlicht noch bei Inkubation im Dunklen auf verschiedenen Medien nachgewiesen werden konnte.
Des weiteren ist *Rhodoferax antarcticus* polar begeißelt und geringfügig größer als die Bakterien des Stammes ED16E. Die zwei Spezies unterscheiden sich außerdem im Wachstumsverhalten auf Nähragar. Dieser Versuch wurde zur Verifizierung des Ergebnisses mehrfach durchgeführt. ED16E zeigt kein Wachstum auf Nähragar. Außerdem liegt die festgestellte Maximaltemperatur für das Wachstum von ED16E 5 °C höher als die von *Rhodoferax antarcticus*.

Tabelle 3.14: Physiologischer Parameter ED16E, *Comamonas sp.*, *Rhodobacter antarcticus*, *Aquaspirillum delicatum* (Daten aus: Bergeys Manual® of Systematic Bacteriology GARRITY 2005)

Parameter		ED16E	Gattung *Comamonas*	*Rhodoferax antarcticus*	*Aquaspirillum delicatum*
Genetische Parameter 1209 bp	Übereinstimmung	1209/1209	entfällt	727/752	721/750
		100%	entfällt	96%	96%
	Gaps	0	entfällt	8/752	6/750
		0%	entfällt	1%	0%
	Score	entfällt	entfällt	1229	1209
	e-value	entfällt	entfällt	0,0	0,0
	GC- Gehalt	nicht bestimmt	60 - 69 Mol%	61,5 Mol%	63 Mol%
Zell-morphologie	Form	Kurzstäbchen	Stäbchen	Stäbchen	vibroid
	Länge	1 - 1,8 µm	1,1 - 4,4 µm	2 - 3 µm	k.A.
	Durchmesser	0,2 - 0,4 µm	0,3 - 0,8 µm	0,7 µm	0,3 - 0,4 µm
	Geißeln	negativ	1 - 5 (bi)polar	1 polar	1 - 2 polar
	Gramverhalten	negativ	negativ	negativ	negativ
Kolonie-morphologie	Form	rund / konvex	rund / konvex	k.A.	rund, konvex
	Pigmentbildung	negativ	negativ	rotbraun	weiß
Physiolog. Parameter	Wachstumstemp.	4- 30 °C	30°C	0 - 25 °C	9 - 40 °C
	Wachstum 36°C	negativ	positiv	negativ	positiv
	Wachstum NA	negativ	positiv	positiv	negativ
	Trophieform	heterotroph	heterotroph	fak. photoheterotroph	heterotroph

Anhand der physiologischen Parameter läßt sich ED16E von *Aquaspirillum delicatum* unterscheiden. So konnte bei ED16E kein Wachstum bei Temperaturen über 30 °C festgestellt werden. *Aquaspirillum delicatum* zeigt dagegen Teilungsaktivitäten bis 40 °C.

Auch die Zellmorphologie der zwei Spezies ist abweichend. ED16E ist ein eindeutig stäbchenförmiges, höchstwahrscheinlich unbegeißeltes Bakterium, während das begeißelte *Aquaspirillum delicatum* eine vibroide Form aufweist.

Interessant ist die Abgrenzung zu der Gattung *Comamonas*, welcher das Bakterium anhand der 16S rRNA mit der Datenbank RDP Classifier (RDP 2006) zugeordnet wurde. Anhand der mittels BIOLOG erhobenen Daten wäre eine Zuordnung des Stammes ED16E zur Gattung *Comamonas* zunächst denkbar, da alle Spezies dieser Gattung ebenso wie das Bakterium ED16E im großen Umfang organische Säuren, jedoch kaum Zucker verwerten. Auch die Zell- und Koloniemorphologie stimmen bis auf den Aspekt der mangelnden Begeißelung bei ED16E überein. Anhand physiologischer Parameter ist ED16E jedoch nicht der Gattung *Comamonas* zuzuordnen. So haben *Comamonas spp.* eine optimale Wachstumstemperatur von 30 °C, zeigen jedoch auch bei 37°C noch Teilungsaktivität, was bei ED16E nicht zu beobachten war. Auch in Hinblick auf das Wachstum auf Nähragar unterscheidet sich ED16E von den Spezies der Gattung *Comamonas*. Außerdem weisen die Spezies der Gattung *Comamonas* mehr als 50 % Putrescin als primäres Polyamin auf. Wenn dieses Amin eine solch große Rolle im Stoffwechsel dieser Gattung spielt, sollte eine Verwertung des Substrates stattfinden. Dies war jedoch mittels BIOLOG nicht zu beobachten, so daß auch dies ein Indiz dafür ist, daß ED16E nicht der Gattung *Comamonas* angehört.

Zusammenfassend ist festzustellen, daß ED16E aufgrund seiner molekularbiologischen und physiologischen Unterschiede zu den nächsten verwandten Spezies als neue Art angesehen werden kann.

3.7 Mycobakterien

3.7.1 Mycobakterien PCR

Mittels der Primerkombination TPU1-MB1 bzw. TPU1-R264 wurde das Sediment ausgewählter Proben auf das Vorkommen von 16S rRNA von Mycobakterien untersucht.

3.7.1.1 Vergleich verschiedener DNA-Extraktionsmethoden

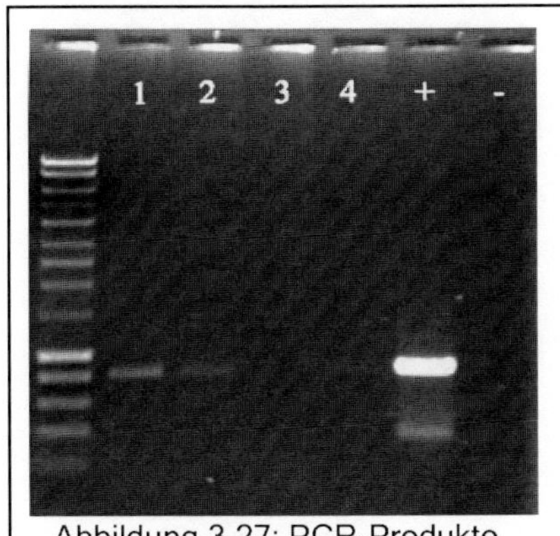

Abbildung 3.27: PCR-Produkte
1) E3 Fast Prep
2) E3 Beat Beater
3) H3 Fast Prep
4) H3 Beat Beater

Da Mycobakterien eine recht widerstandsfähige Zellwand besitzen, wurde zunächst untersucht, welches die optimale Methode zum Zellaufschluß ist. Verglichen wurden dabei die mechanischen Methoden des Beat Beater-Aufschlusses sowie die der Fast Prep-DNA-Extraktion. Außerdem wurden die Agenzien Lysozym und Proteinase K hinsichtlich der Wirksamkeit geprüft, die DNA-Ausbeute durch chemischen Zellaufschluß zu erhöhen. Abbildung 3.27 zeigt einen Vergleich der mechanischen Methoden des Zellaufschlusses.

Da die DNA der Proben E3 offensichtlich mit der Fast Prep-Methode effektiver extrahiert wurde und bei den Proben H3 nur ein geringer Unterschied im Vergleich der Methoden festzustellen ist, wurde für alle weiteren Untersuchungen die DNA mittels Fast Prep aus den im Sediment befindlichen Organismen isoliert. Ein Effekt hinsichtlich eines besseren Zellaufschlusses der Mycobakterien unter Verwendung von Proteinase K bzw. Lysozym konnte nicht beobachtet werden.

3.7.1.2 Primervergleich

Bei den Primern R264 und MB1 handelt es sich um mycobakterienspezifische Reverseprimer, welche in Kombination mit TPU1 annähernd gleich große Fragmente amplifizieren. Mittels RDP Probe Match-Datenbankanalyse (RDP 2006) wurde festgestellt, daß der Primer MB1 812 der 1752 in der Datenbank gelisteten *Mycobacteriaceae* erfaßt, während mit R264 nur 708 Arten nachweisbar sind. Der Primer MB1 erfaßt also 104 *Mycobacteriaceae* mehr als R264. Außerdem kommt es bei MB1 zu nur 9 möglichen Fehlhybridisierungen innerhalb der 21370 *Actinobacteria*.

Bei Nutzung von R264 sind es mit 19 möglichen falsch detektierbaren Spezies mehr als doppelt so viele. Aufgrund dieser Ergebnisse wurden alle Untersuchungen ausschließlich mit dem eigens entwickelten Primer MB1 durchgeführt.

3.7.1.3 Mycobakterien im Sediment – Nachweis mittels PCR

Abbildung 3.28 zeigt exemplarisch für alle durchgeführten Untersuchungen hinsichtlich des Vorkommens von Mycobakterien-16S rRNA im Sediment das Ergebnis der PCR mit den Proben E1 bis E5 vom April 2006. Es konnte in jedem Horizont der Proben E, F, S und H vom April und Mai 2006 sowie in E1 und E2 vom Februar 2006 16S rRNA von Mykobakterien nachgewiesen werden. Aufgrund der hohen Detektionsrate ist nicht davon auszugehen, daß alle Mycobakterien bzw. deren Nukleinsäuren im Gewässer allochthonen Ursprungs sind.

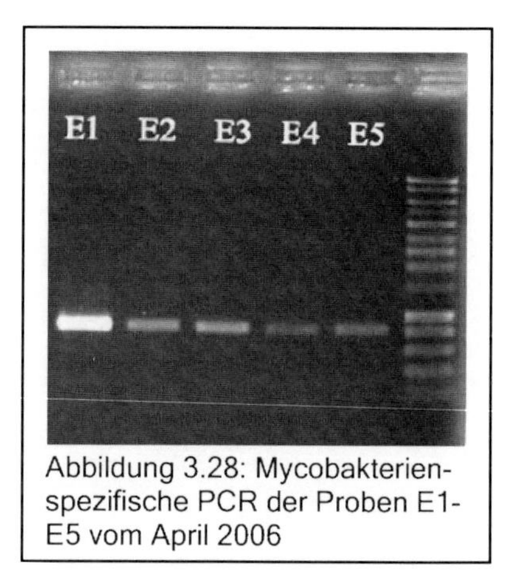

Abbildung 3.28: Mycobakterien-spezifische PCR der Proben E1-E5 vom April 2006

Zu beachten ist jedoch, daß ein Nachweis von 16S rRNA mittels PCR keinen Schluß darauf zuläßt, ob die der Nukleinsäure zuzuordnenden Spezies lebensfähig in der Probe vorlagen.

3.7.2 Mycobakterien RFLP und Sequenzierung

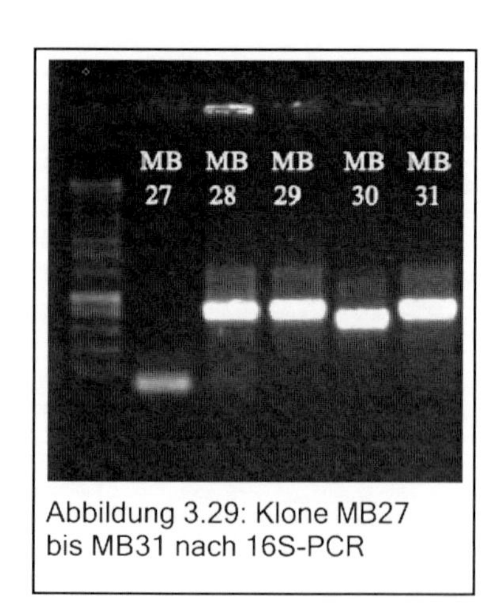

Abbildung 3.29: Klone MB27 bis MB31 nach 16S-PCR

Die Produkte der mycobakterienspezifischen PCR der Probe E1 vom April 2006 (s. Abb. 3.28) wurden, wie unter 2.4.5 beschrieben, kloniert. Bei der PCR der Plasmide mit den entsprechenden Inserts fiel auf, daß eine Sequenz kürzer ist als alle anderen, was sich im Gelbild darstellte (s. Abb.3.29). Die Sequenzierung ergab, daß es sich dabei vermutlich um *Nocardia farcinica* handelt. Innerhalb dieser Gattung weist der spezifische Primer MB1 keine Fehlhybridisierungen auf, so daß dieses PCR-Produkt die Folge von Mismatches bei der Primerbindung darstellen könnte.

Interessant ist jedoch der Aspekt, daß sich bei den durchgeführten Untersuchungen die 16S rRNA von *Nocardia* (MB30) von der der Mycobakterien (z.B. MB29) anhand der Lage der Banden im Gel differenzieren ließ (s. Abb.3.29). Daß dieses in der Probe E1 (s. Abb. 3.28) nicht zu erkennen ist, kann damit begründet werden, daß ein einziges kloniertes 16S rRNA-Fragment genügt, um die Bande von MB30 zu bedingen.

Die 16s rRNA der Klone wurde mittels RFLP klassifiziert, um festzustellen, ob der Verdau mit ausgewählten Enzymen spezifische Restriktionsmuster bedingt, anhand welcher sich die Spezies unterscheiden lassen. Dazu wurden die Sequenzen einiger Klone mit Angabe der zu prüfenden Restriktionsenzyme in die Suchmaske der Datenbank Watcut (2006) eingegeben. Das Restriktionsenzym *Rsa*I wurde anhand einer Datenbankanalyse ausgewählt, nach welcher diese Endonuclease bei Verdau diverser 16S rRNA-Sequenzen von Mycobakterien hohe Fragmentdiversität bewirkt (s. Abb. 3.30). *Hae*III wäre für diese Fragestellung ungeeignet gewesen, da dieses Enzym je zwei Fragmente mit einer Länge von ca. 20 bzw. ca. 75 Basen und eines mit ca. 320 Basen Länge produziert (s. Abb. 3.29). Die Produkte ähnlicher Größe würden sich im Gel nur schwer differenzieren lassen.

```
Results of restriction analysis:  MB01 (1030 bp)
Enzyme set: Myco01     Cut frequency: 1 - 5
Sequence covered from bp 0 to 1029
 MB sp K128W (Mycobacterium confluentis)
-----------------------------------------------
Enzyme    Cleavage sites               Cut frequency
-----------------------------------------------
BsaI      112                                      1

EcoRI     178                                      1

HaeIII    18, 350, 419, 504, 526                   5

HhaI      158, 383, 458                            3

RsaI      32, 199, 548                             3
```

Abbildung 3.30: Ergebnis der Datenbankrecherche bzgl. Restriktionsenzymen zum Verdau der 16S rRNA des Mykobakterien-Klones MB01 (Watcut 2006)

Die Ergebnisse des Verdaus mit *Rsa*I und die entsprechenden Gruppierungen gleicher Restriktionsmuster sind in Tabellenanhang T25 dargestellt. Dabei wurden die Klone fortlaufend in der Form MB01 usw. bezeichnet. Die Restriktionsmusternummern wurden in analoger Weise zu denen aus Kapitel 3.6.1.2 vergeben. Wie schon in den Untersuchungen der Wassermedium-Kulturen beobachtet, stellt die RFLP keine zuverlässige Methode zur ausreichenden Differenzierung von Arten dar. Auf die Ergebnisse des Verdaus der 16S rRNA von Mycobakterien mit *Rsa*I trifft ähnliches zu. So wiesen zum Beispiel *Mycobacterium confluentis, Mycobacterium manitobense* und *Mycobacterium smegmatis* gleiche Restriktionsmuster auf. Innerhalb der Klone der Spezies *Mycobacterium manitobense* wurden hingegen drei verschiedene Bandenmuster beobachtet (s. Tabellenanhang T25). Das könnte durch variable Bereiche der möglicherweise existierenden Varietäten dieser Art bedingt sein. Da die 16S rRNA-Sequenzen der Mycobakterien teilweise große Ähnlichkeiten aufweisen (PEDLEY 2004) und diese daran schlecht unterscheidbar sind, wurden in den Untersuchungen von GUERRERO (1995) die variableren IS-Regionen untersucht. Die Mycobacterien des MAC lassen sich demnach mittels RFLP in den Insertionssequenzen 1245 und 1311 unterscheiden.

Artenspektrum (nach Tabellenanhang T25):

Im Vergleich zu den Arbeiten von BLEUL (2004) wurde festgestellt, daß sich das jeweils nachgewiesene Artenspektrum hinsichtlich der untersuchten Gattung im Sediment der Talsperre Saidenbach geändert hat. So wurde 2004 der Großteil der 16S rRNA-Klone als *Mycobacterium* IWGMT 90093 bzw. *Mycobacterium wolinsky* identifiziert. In den eigenen Untersuchungen konnten 6 von 33 Klonen mit hoher Wahrscheinlichkeit der Spezies *Mycobacterium obuense* zugeordnet werden. Ähnlich häufig wurde die 16S rRNA von *Mycobacterium saskatchewanense*, welches nach TRBA 466 (2005) in die Risikoklasse 2 eingestuft ist, nachgewiesen. Ob dabei das Bakterium selbst oder nur dessen Nukleinsäure im Sediment vorhanden war, ist in diesem Fall weniger von Bedeutung. Wichtiger ist die Tatsache, daß dieses und weitere Bakterien der Risikoklasse 2 aufgrund des Nachweises von deren 16S rRNA im Einzugsgebiet der Talsperre Saidenbach vorkommen.

Das in den Untersuchungen relativ häufig nachgewiesene *Mycobacterium saskatchewanense* ist ein langsam wachsendes, gelbpigmentiertes, scotochromes Bakterium. Es wurde mehrfach aus dem Bronchialsekret von Patienten mit diversen pulmonalen Erkrankungen isoliert (TURENNE 2004). Das ebenfalls der Risikoklasse 2 zugeordnete *Mycobacterium interjectum* konnte mittels Klonierung mit hoher Wahrscheinlichkeit auch im Sediment von E1 nachgewiesen werden. Dieses Bakterium wird mit chronisch destruktiven Lungenkrankheiten (EMLER 1994) sowie mit cervicaler Lymphadenitis bei Kindern (LUMB 1997, DE BAERE 2001, RUSTSCHEFF 2000) in Verbindung gebracht. *Mycobacterium interjectum* wurde allerdings ebenso aus dem Sputum von AIDS-Patienten isoliert, bei welchen es keine klinische Signifikanz zu haben schien (TORTOLI 1996). Da es bisher nur ein Isolat von *Mycobacterium manitobense* gibt und die klinische Relevanz dieser Spezies nicht validiert ist, wurde keine Gefahrenstufe nach TRBA 466 (2005) festgelegt. Die 16S rRNA dieses Bakteriums wurde im Rahmen der Sedimentuntersuchungen der Talsperre Saidenbach in drei Klonen nachgewiesen. Das einzige klinische Isolat des scotochromen, schnellwachsenden *Mycobacterium manitobense* (TORTOLI 2004) wurde aus einem Schultergeschwür einer 39-jährigen Patientin kultiviert (TURENNE 2003).

Neben diesen humanpathogenen Spezies wurden auch einige Arten mit hoher Wahrscheinlichkeit nachgewiesen, welche bisher keine bekannte klinische Relevanz aufweisen und daher der Risikoklasse 1 zugeordnet sind. Dazu gehören zum Beispiel *Mycobacterium obuense, Mycobacterium triviale* oder *Mycobacterium agri* (KÜCHLER 1998). Obwohl die zwei Spezies *Mycobacterium confluentis* und *Mycobacterium holsaticum* aus dem Respirationstrakt von Patienten isoliert wurden (KIRSCHNER 1992, RICHTER 2002), werden diese aufgrund mangelnder Nachweise der Zusammenhänge zu den Erkrankungen als apatogen angesehen (TORTOLI 2004).

In Abbildung 3.31 ist der phylogenetische Zusammenhang der mittels Klonierung nachgewiesenen Mycobakterienspezies dargestellt.

Es ist bekannt, daß einige Mycobakterienspezies so ähnliche 16S rRNA-Sequenzen aufweisen, daß diese Arten daran nicht zu unterscheiden sind (STINEAR 2000). Bei den durchgeführten Untersuchungen konnten zum Beispiel auch die Spezies der Klone MB32 und MB33 nicht zugeordnet werden. So wurden bei der Datenbankrecherche (NCBI 2006) für MB32 11 bisher kultivierte Spezies mit der gleichen Wahrscheinlichkeit bestimmt. Der Score lag bei allen Treffern bei 755 und die Irrtumswahrscheinlichkeit bei 0,0. Analog dazu wurden bei MB33 5 mögliche Artzuordnungen mit gleicher Wahrscheinlichkeit ermittelt. In Abbildung 3.31 sind alle Spezies erfaßt, deren 16S rRNA-Sequenzen per Datenbankrecherche sicher zugeordnet werden konnten oder bei denen aufgrund hoher Sequenzhomologie maximal drei Treffer gleicher Zuordnungswahrscheinlichkeit ausgegeben wurden.

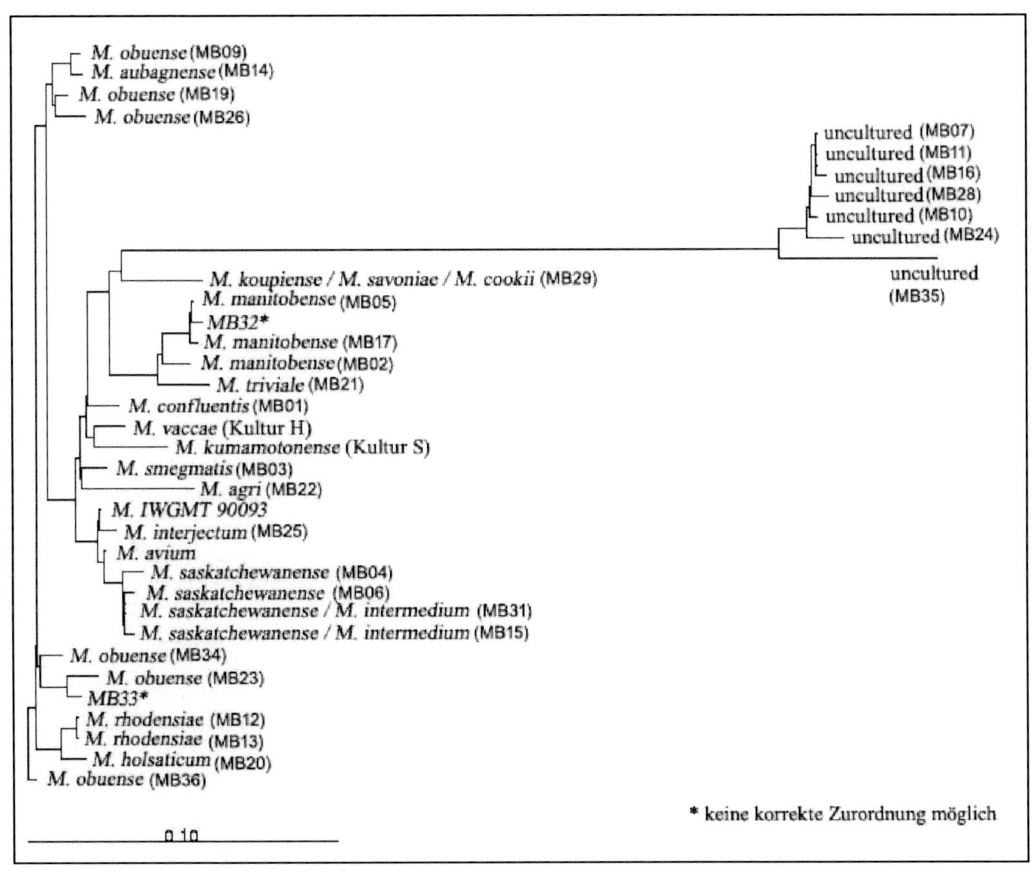

Abbildung 3.31: Phylogenetische Zusammenstellung der sequenzierten Mycobakterienklone und Kulturen, Basis 16S rRNA, Arb

Auffällig ist, daß alle unkultivierten Spezies, welche nachgewiesen wurden, in einem Cluster zusammengefaßt sind. Diese Organismen weisen eine so entfernte Verwandtschaft zur Gattung *Mycobacterium* auf, daß man davon ausgehen kann, daß es sich dabei um fälschlicherweise mit dem Primer MB1 erfaßte Spezies handeln könnte.

3.7.5 Mycobakterien-Kultur

Da der Nachweis der 16S rRNA von Mykobakterien mittels Klonierung kein Nachweis für die Anwesenheit lebensfähiger Bakterien ist, wurden selektive Kultivierungsversuche mit dem jeweils obersten Sedimenthorizont der Proben E, F, S und H vom Mai 2006 sowie E vom Juni 2006 durchgeführt.

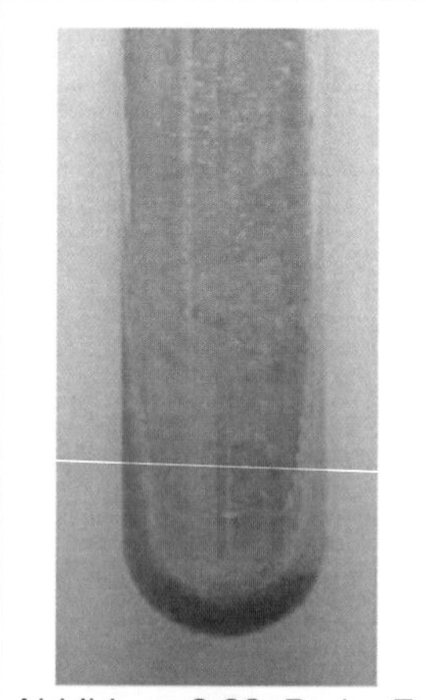

Abbildung 3.32: Probe E, vom Juni 2006, Mycobakterien-Kulturen

Da Glycerol das Wachstum von *Mycobacterium avium* fördert (Biotest 2006), dagegen das von *Mycobacterium bovis* und das einiger Tuberkelbakterien hemmt (SAA-TBC-TBCKULT-03), wurde je Probe ein glycerolhaltiger und ein glycerolfreier Agar eingesetzt. Mycobakterien konnten auf beiden Medien kultiviert, jedoch nur einige, auf dem Eigelb-Nährboden ohne Glycerol mit Pyruvat und PACT gewachsene Spezies, abschließend bestimmt werden (s. Tabellenanhang T26 und T27).

Die Zeit bis zum ersten Auftreten zumeist gelb gefärbter Bakterienkolonien (s. Abb. 3.32) variierte zwischen 3 Wochen und 7 Wochen.

Zur Differenzierung der kultivierten Bakterien wurden diese mittels Impföse auf einen Objektträger übertragen, hitzeinaktiviert und nach Acridinorange- bzw. ZIEHL-NEELSEN-Färbung mikroskopiert.

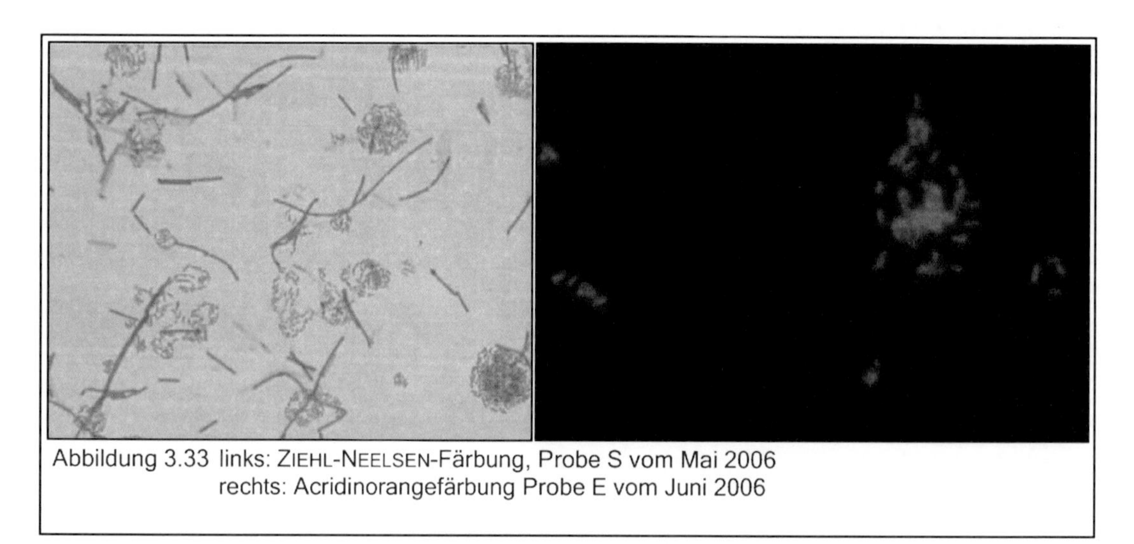

Abbildung 3.33 links: ZIEHL-NEELSEN-Färbung, Probe S vom Mai 2006
rechts: Acridinorangefärbung Probe E vom Juni 2006

In Abbildung 3.33 ist die für Mycobakterien typische fischschwarmartige Anordnung zu erkennen. Außerdem konnte aufgrund der zwei selektiven Färbemethoden nachgewiesen werden, daß es sich bei den Bakterien der Proben E, S und H vom Mai 2006 sowie der Probe E vom Juni 2006 um säurefeste Stäbchen handelt (s. Tabellenanhang T26 und T27).

Außerdem geht aus der Abbildung hervor, daß Begleitflora in Form filamentöser, vermutlich sporenbildender Bakterien vorhanden war. Da diese nicht säurefest sind, erscheinen sie in der ZIEHL-NEELSEN- Färbung blau.
Zur Bestimmung der Bakterien auf Artebene wurden die Kulturen zunächst in steriles, physiologisches NaCl überimpft und 20 min hitzeinaktiviert. Danach wurde die DNA extrahiert und je Probe eine PCR mit der Primerkombination TPU1-1387R zum Nachweis der Begleitflora und unabhängig davon eine PCR mit TPU1-MB1 zur Amplifikation der Mycobakterien 16S rRNA durchgeführt. In den Kulturen der Proben E1 und F1 vom Mai 2006 wurden säurefeste Stäbchen beobachtet, welche mittels PCR nicht nachweisbar waren. Da der genutzte Primer MB1 nicht alle bekannten Mycobakterienspezies erfaßt, ist zu vermuten, daß es sich bei den kultivierten Bakterien aus den Proben E1 und F1 vom Mai 2006 um solche Organismen handelt, welche die Primerbindungsstelle für MB1 nicht aufweisen.
Durch Sequenzierung der 16S-PCR-Produkte wurden die in Tabelle 3.15 zusammengestellten Spezies ermittelt.

Tabelle 3.15: Mittels Sequenzierung nachgewiesene Mycobakterienspezies und der Begleitflora der Mycobakterien-Kulturen vom Mai und Juni 2006, Proben S1, H1 und E1

Probe	Sequenzierung mit MB1	Sequenzierung mit TPU1
S1, Mai 2006	*M. kumamotonense*	*Clostridium filamentosum*
H1, Mai 2006	*M. vaccae*	keine Begleitflora
E1, Juni 2006	*M. kumamotonense, M. terrae, M. malmoense*	keine Begleitflora

Aus dem Sediment der Probe H1 vom Mai 2006 konnte mit hoher Wahrscheinlichkeit *Mycobacterium vaccae*, welches der Risikoklasse 2 nach TRBA 466 (2005) zugeordnet ist, kultiviert werden. Dieses Bakterium ist in der Lage, die 11 bedeutendsten grundwasserverunreinigenden Agenzien wie zum Beispiel Trichlorethylen zu metabolisieren sowie viele weitere zu degradieren (BURBACK 1993). Damit kann *Mycobacterium vaccae*, so es in einem Ökosystem vorkommt, einen großen Anteil an der Regeneration von verunreinigtem Wasser haben. Außerdem wurde die Verwendung inaktivierter *Mycobacterium vaccae*-Stämme zur Immunmodulation bei mehreren Krankheiten (HADLEY 2005, SANTOS-JUANES 2005) sowie zur Verwendung als Tuberkuloseimpfstoff geprüft (SKINNER 1997).
Aus der Probe S1 vom Mai 2006 konnte *Mycobacterium kumamotonense* angezüchtet werden. Dieses Bakterium gehört aufgrund phylogenetischer Übereinstimmungen zu dem *Mycobacterium terrae*-Komplex. Die enge Verwandtschaft innerhalb der Mycobakterien wird auch bei Betrachtung des Ergebnisses der Sequenzierung der Kultur aus der Probe E1 vom Juni 2006 deutlich. Bei der Datenbankrecherche NCBI (2006) wurden der Sequenz 3 gleichwertige Suchergebnisse mit einem Score von 835 und einem e-value von 0,0 zugeordnet. Demnach könnte es sich bei der Kultur gleichfalls um *Mycobacterium kumamotonense, Mycobacterium terrae* oder *Mycobacterium malmoense* handeln.

Da *Mycobacterium kumamotonense* erst im September 2006 durch MASAKI beschrieben wurde, ist es noch keiner Risikoklasse zugeordnet und die klinische Relevanz nicht abschließend geklärt. Es wurde erstmals aus dem Sputum zweier Patienten mit pulmonalen Infektionen isoliert (MASAKI 2006). Da in beiden dokumentierten Fällen Coinfektionen mit *Mycobacterium arupense* vorlagen, kann zunächst keine Aussage zur Pathogenität von *Mycobacterium kumamotonense* gemacht werden.
Mycobacterium terrae, welches mit 1/3 Wahrscheinlichkeit aus der Probe E1 von Juni 2006 kultiviert werden konnte, ist ein Umwelt- Mycobakterium mit geringer klinischer Relevanz. So wurden nur vereinzelt pulmonale Infektionen (KRISHER 1988) vor allem bei immunsupprimierten Patienten (PETERS 1991) durch *Mycobacterium terrae* bzw. ein Bakterium des *Mycobacterium terrae*-Komplexes ausgelöst. Da sich die Mikroorganismen des *Mycobacterium terrae*-Komplexes sehr schlecht auf 16S rRNA-Ebene differenzieren lassen und Mycobakterienspezies dieses Komplexes seit Veröffentlichung dieser Daten entdeckt wurden, besteht jedoch die Möglichkeit, daß es sich bei den als ursächlich für die Infektion beschriebenen Arten um nahe Verwandte von *Mycobacterium terrae* handelt. So konnte in Probe E1 von Juni 2006 trotz sehr guter Bestimmungsparameter für die Datenbankanalyse (s. oben) nicht zwischen *Mycobacterium terrae* und *Mycobacterium malmoense* differenziert werden. Letzteres Bakterium gehört der Risikoklasse 2 an, da es Pulmonalerkrankungen bedingen kann (SNEATH 1986). *Mycobacterium malmoense* ist nach dem MAC das zweithäufigste isolierte pathogene Mycobakterium in Europa (Pedley 2004). Daher ist die Wahrscheinlichkeit, daß es sich bei dem aus der Probe E1 vom Juni 2006 kultivierten Bakterium um *Mycobacterium malmoense* handelt, relativ groß.

Zusammenfassend ist festzustellen, daß diverse Mycobakterienspezies im Sediment der Talsperre Saidenbach nachgewiesen werden konnten. Unter den lebensfähigen, kultivierten Arten befinden sich auch klinisch relevante Bakterien der Risikolasse 2. Es müssen daher bei der Wasseraufarbeitung geeignete chemische und physikalische Methoden angewandt werden, um diese recht widerstandsfähigen Bakterien aus dem Trinkwasser zu eliminieren. Daß Mycobakterien relativ resistent gegenüber diversen Desinfektionsmitteln sind (s. Abb. 1.3), ist lange bekannt (TAYLOR 2000, LE CHEVALLIER 2001). Inwiefern die Spezies dieser Gattung im Trinkwassernetz des Versorgungsgebietes der Wasserwerke Zschopau und Einsiedel, welche das Rohwasser aus der Talsperre Saidenbach aufarbeiten, nachweisbar sind, bleibt noch zu klären.

Zusammenfassung

Im Rahmen von Forschungsarbeiten an der Talsperre Saidenbach wurden das Pelagial und das Sediment an einer Probenahmestelle vor der Staumauer, an zwei weiteren vor bzw. nach einer Unterwasser-Vorsperre sowie an einer Beprobungsstelle, welche sich in der Vorsperre Forchheim befindet, hinsichtlich der mikrobiellen Biozönose untersucht. Dabei wurden neben klassischen Methoden wie der Kultivierung auf Nährböden auch molekulare Detektionsverfahren wie die Catalyzed Reporter Deposition Fluoreszenz *in-situ* Hybridisierung (CARD FISH) bzw. die Sequenzierung der bakteriellen 16S rRNA genutzt.
Zum Nachweis fäkaler Verunreinigungen im Sediment bzw. Porenwasser wurde dieses auf das Vorkommen somatischer Coliphagen sowie F-spezifischer Bakteriophagen untersucht. Dabei war die höchste Abundanz somatischer Coliphagen im April und Mai 2006 zu verzeichnen. In den obersten Horizonten waren die meisten somatischen Coliphagen nachweisbar. F-spezifische Bakteriophagen konnten dagegen im Jahresverlauf 2006 im untersuchten Gewässerkomplex kaum nachgewiesen werden.
Um eine Vorauswahl der zu verwendenden Sonden für die CARD FISH treffen zu können, wurden die Sonden ALF1b und ALF968 bezüglich ihrer Hybridisierungseffizienz verglichen. Dabei wurde festgestellt, daß beide Sonden nur wenige Prozent der Spezies der Alpha-Proteobakterien erfassen. Bei der Untersuchung der Sedimenthorizonte wurden an der Staumauer die höchsten Werte für die relative Häufigkeit der Eubakterien, dagegen nur geringe Hybridisierungssraten bezüglich der Archaebakterien beobachtet. Vor der Unterwasser-Vorsperre sind beide Gruppen in einem nahezu ausgeglichenen Verhältnis nachgewiesen worden. Nur geringe Hybridisierungssignale wurden bei der HGC-Sonde für grampositive Bakterien sowie mit der Sonde für Gamma Proteobakterien beobachtet. Alpha Proteobakterien wurden in allen Proben beobachtet. Beta Proteobakterien und Cytophaga-Flavobakterien waren ebenfalls, mit Ausnahme einer Probe vom September 2005, in allen Probenahmestellen und Horizonten nachweisbar.
Bei der Klonierung waren 96 % aller Sequenzen keiner Spezies zuzuordnen, da es sich dabei um unkultivierte Bakterien handelte. Unter den bestimmten Arten befanden sich *Agrobacterium sanguineum*, der Wurzelknöllchensymbiont *Bradyrhizobium japonicum*, *Acidithiobacillus ferrooxidans* und *Staphylococcus intermedius*.
Im Vergleich der CARD FISH zur 16S rRNA-Klonierung wurde beobachtet, daß die relativen Häufigkeiten der durch die CARD FISH-Sonden determinierten Gruppen bei beiden Methoden ähnliche Ergebnisse aufwiesen.
Mittels BIOLOG wurde die Umsatzleistung für Kohlenstoffverbindungen der im Sediment lebenden Mikroorganismen charakterisiert. Es wurde festgestellt, daß auch zyklische Verbindungen gut abgebaut werden. Dagegen wurden einige Kohlenhydrate und phosphorylierte Verbindungen nur sehr schlecht verstoffwechselt.

Aus dem Wasser des Pelagials wurden Bakterien kultiviert und mittels Sequenzierung bestimmt. Eine Unterscheidung der Arten mittels Restriktionsfragmentlängenpolymorphismus (RFLP) unter Nutzung der Enzyme *Eco*RI, *Hha*I und *Rsa*I war dabei nicht möglich. Es konnten allein aus den Proben vom April 2006 15 verschiedene Flavobakterien-Spezies, *Janthinobacterium lividum, Janthinobacterium agaricidamnosum, Xanthomonas translucens*, sowie *Duganella zoogloeoides* kultiviert werden. Einige Arten konnten den Datenbankeinträgen von NCBI Blast nicht zugeordnet werden. Von diesen potentiell neu kultivierten Spezies wurde exemplarisch ein Stamm genauer charakterisiert und von seinen nächsten Verwandten mittels genetischer und biochemischer Untersuchungen differenziert.
Mittels mycobakterienspezifischer Klonierung wurde bewiesen, daß sich mit hoher Wahrscheinlichkeit in der Talsperre Saidenbach neben der 16S rRNA von den als Umweltmycobakterien bezeichneten *Mycobacterium confluentis, Mycobacterium obuense, Mycobacterium rhodensiae* oder *Mycobacterium agri* auch die 16S rRNA von humanpathogenen Arten befand. Es wurden unter anderem mit hoher Bestimmungswahrscheinlichkeit die der Risikolasse 2 zugeordneten Spezies *Mycobacterium saskatchewanense* und *Mycobacterium interjectum* nachgewiesen.
Bei Kultivierungsversuchen mit Selektivnährmedien zur Anzucht von Mycobakterien konnten ebenfalls Spezies unterschiedlicher Pathogenität wie zum Beispiel *Mycobacterium vaccae* bzw. *Mycobacterium kumamotonense* im Sediment der Talsperre Saidenbach nachgewiesen werden.

Tabellenanhang

Tabelle T1a: Physikalische Parameter 2006; E, F, S, H im Freiwasser direkt über dem Sediment

		Tiefe [m]	O2 [mg/l]	O2 [%]	pH	Leitfähigkeit [µS/cm]	Temperatur [°C]
April 2006	F	6,0	9,24	76,6	7,15	218	6,3
	S	16,0	9,53	76,8	6,75	215	4,2
	H	11,0	9,21	76,0	7,00	264	4,6
Mai 2006	E	40,0	8,38	68,6	6,73	220	3,8
	F	5,0	10,19	95,7	7,30	211	10,7
	S	18,0	9,33	76,8	6,81	215	4,3
	H	10,0	8,18	67,2	7,52	215	5,9
Juni 2006	E	40,0	6,86	54,3	6,79	219	3,9
	F	6,5	1,40	12,8	6,50	217	9,0
Juli 2006	E	40,0	3,91	31,8	7,10	243	4,0
	F	6,0	0,10	0,9	7,56	222	10,0
	S	16,0	5,68	47,2	7,65	226	5,9
	H	10,0	0,03	0,1	6,91	227	6,9
August 2006	F	5,0	0,09	1,0	6,85	260	12,7
	S	14,0	-	-	-	243	8,3
	H	9,0	0,04	0,5	6,77	256	7,8

Tabelle T1b: Chemische Parameter September 2005; E, F, S, H im Freiwasser und im Sediment

	Org.Subst. (% TM)	DOC ppm	NH4-N (mg/l)	NO2-N (mg/l)	NO3-N (mg/l)	T-PO4 mg/g TS	o-PO4-P (mg/l)
ÜW	-	5,08	0,179	0,00	5,30	-	0,0000
E1	23,09	13,98	1,755	0,00	0,50	2,1700	0,0135
E2	18,77	15,72	1,925	0,00	0,00	2,2175	0,0340
E3	15,92	11,83	2,695	0,00	0,00	2,2800	0,0445
E4	13,97	20,21	3,540	0,00	0,00	1,6575	0,2750
E5	15,50	-	-	-	-	-	-
ÜW	-	5,27	2,680	0,00	0,41	-	0,0395
F1	23,85	18,64	5,390	0,00	0,00	2,0200	0,0465
F2	20,29	20,24	7,070	0,00	0,00	1,9650	0,1355
F3	17,22	19,32	7,950	0,00	0,00	1,7875	0,2500
F4	17,07	11,44	9,780	0,00	0,00	1,7525	0,2780
F5	13,78	-	-	-	-	-	-
ÜW	-	4,14	2,740	0,00	0,77	-	0,1395
H1	23,60	14,70	6,780	0,00	0,00	2,2650	0,0740
H2	21,43	20,84	8,800	0,00	0,00	2,2925	0,4480
H3	16,95	24,18	11,000	0,00	0,00	2,0075	0,3260
H4	15,66	25,72	14,100	0,00	0,00	1,8875	0,2145
H5	14,76	-	-	-	-	-	-
ÜW	-	4,47	0,128	0,00	4,20	-	0,0000
S1	9,63	13,80	1,175	0,00	0,00	1,2700	0,0000
S2	8,95	16,63	1,590	0,00	0,00	1,3550	0,0095
S3	8,18	17,88	2,055	0,00	0,00	1,3800	0,1175
S4	7,64	14,59	2,145	0,00	0,00	1,5200	0,2170
S5	7,70	-	-	-	-	-	-

Tabelle T2: Gesamtübersicht Phagen 24.04.2006

Probe	somatische Coliphagen (MSA)							
	Sedimentextrakt (kleine Platten)					Porenwasser (große Platten)		
	Menge [ml]	1. Platte	2. Platte	Mittelwert	Phagen / g	Menge [ml]	1. Platte	Phagen / ml
E1	1,0	9	-	9	9,0	5,0	0	0,0
E2	1,0	5	-	5	5,0	5,0	1	0,2
E3	1,0	1	-	1	1,0	5,0	0	0,0
F1	1,0	6	-	6	6,0	5,0	0	0,0
F2	1,0	1	-	1	1,0	5,0	0	0,0
F3	1,0	1	-	1	1,0	5,0	0	0,0
H1	1,0	11	-	11	11,0	5,0	0	0,0
H2	1,0	2	-	2	2,0	5,0	0	0,0
H3	1,0	2	-	2	2,0	5,0	0	0,0
S1	1,0	3	-	3	3,0	5,0	1	0,2
S2	1,0	1	-	1	1,0	5,0	0	0,0
S3	1,0	0	-	0	0,0	5,0	0	0,0

Probe	F-spezifische RNA- Bakteriophagen (TYGA)				
	Sedimentextrakt (kleine Platten)				
	Menge [ml]	ohne RNAse	mit RNAse	mit RNAse	Mittelwert
E1	1,0	3	0	0	0,0
E2	1,0	0	0	0	0,0
E3	1,0	0	0	-	0,0
F1	1,0	0	-	-	-
F2	1,0	0	1	0	0,5
F3	1,0	1	-	-	-
H1	1,0	8	0	0	0,0
H2	1,0	0	0	-	0,0
H3	1,0	1	0	-	0,0
S1	1,0	1	0	0	0,0
S2	1,0	0	-	-	-
S3	1,0	0	0	-	0,0

Tabelle T3: Gesamtübersicht Phagen 22.05.2006

	somatische Coliphagen (MSA)							
	Sedimentextrakt (kleine Platten)					Porenwasser (große Platten)		
Probe	Menge [ml]	1. Platte	2. Platte	Mittelwert	Phagen / g	Menge [ml]	1. Platte	Phagen / ml
E1	1,0	31	26	29	28,5	5,0	0	0,0
E2	1,0	7	6	7	6,5	5,0	0	0,0
E3	1,0	2	0	1	1,0	5,0	0	0,0
F1	1,0	18	10	14	14,0	5,0	0	0,0
F2	1,0	3	4	4	3,5	5,0	0	0,0
F3	1,0	6	1	4	3,5	5,0	1	0,2
H1	1,0	9	14	12	11,5	5,0	0	0,0
H2	1,0	2	0	1	1,0	5,0	0	0,0
H3	1,0	2	5	4	3,5	5,0	0	0,0
S1	1,0	4	1	3	2,5	5,0	0	0,0
S2	1,0	4	2	3	3,0	5,0	0	0,0
S3	1,0	2	2	2	2,0	5,0	0	0,0

	F-spezifische RNA- Bakteriophagen (TYGA)				
	Sedimentextrakt (kleine Platten)				
Probe	Menge [ml]	ohne RNAse	mit RNAse	mit RNAse	Mittelwert
E1	1,0	0	0	-	0,0
E2	1,0	0	0	0	0,0
E3	1,0	0	0	0	0,0
F1	1,0	0	0	0	0,0
F2	1,0	0	1	0	0,5
F3	1,0	0	0	0	0,0
H1	1,0	0	0	0	0,0
H2	1,0	0	0	0	0,0
H3	1,0	0	2	0	1,0
S1	1,0	0	0	0	0,0
S2	1,0	0	0	0	0,0
S3	1,0	0	0	0	0,0

Tabelle T4: Gesamtübersicht Phagen 19.06.2006

Probe	somatische Coliphagen (MSA)							
	Sedimentextrakt (kleine Platten)					Porenwasser (große Platten)		
	Menge [ml]	1. Platte	2. Platte	Mittelwert	Phagen / g	Menge [ml]	1. Platte	Phagen / ml
E1	1,0	1	5	3	3,0	5,0	0	0,0
E2	1,0	0	1	1	0,5	5,0	0	0,0
E3	1,0	0	4	2	2,0	5,0	1	0,2
F1	1,0	8	4	6	6,0	5,0	0	0,0
F2	1,0	5	2	4	3,5	5,0	0	0,0
F3	1,0	0	0	0	0,0	5,0	0	0,0

Probe	F-spezifische RNA- Bakteriophagen (TYGA)				
	Sedimentextrakt (kleine Platten)				
	Menge [ml]	ohne RNAse	mit RNAse	mit RNAse	Mittelwert
E1	1,0	1	4	0	2,0
E2	0,8	4	2	3	2,5
E3	1,0	0	0	0	0,0
F1	1,0	0	0	0	0,0
F2	1,0	0	0	0	0,0
F3	1,0	0	0	0	0,0

Tabelle T5: Gesamtübersicht Phagen 24.07.2006

Probe	somatische Coliphagen (MSA)							
	Sedimentextrakt (kleine Platten)					Porenwasser (große Platten)		
	Menge [ml]	1. Platte	2. Platte	Mittelwert	Phagen / g	Menge [ml]	1. Platte	Phagen / ml
E1	1,0	1	4	3	3,0	5,0	0	0,0
E2	1,0	1	1	1	1,0	5,0	0	0,0
E3	1,0	0	0	0	0,0	5,0	0	0,0
F1	1,0	0	0	0	0,0	5,0	0	0,0
F2	1,0	0	0	0	0,0	5,0	0	0,0
F3	1,0	1	1	1	1,0	5,0	0	0,0
H1	1,0	1	0	1	1,0	5,0	0	0,0
H2	1,0	1	1	1	1,0	5,0	0	0,0
H3	1,0	0	0	0	0,0	5,0	0	0,0
S1	1,0	1	1	1	1,0	5,0	0	0,0
S2	1,0	0	1	1	1,0	5,0	0	0,0
S3	1,0	1	0	1	1,0	5,0	0	0,0

Probe	F-spezifische RNA- Bakteriophagen (TYGA)				
	Sedimentextrakt (kleine Platten)				
	Menge [ml]	ohne RNAse	ohne RNAse	mit RNAse	Mittelwert
E1	1,0	0	0	0	0,0
E2	1,0	0	0	0	0,0
E3	1,0	0	0	0	0,0
F1	0,2	0	-	-	-
F2	1,0	0	0	0	0,0
F3	1,0	0	0	0	0,0
H1	1,0	0	0	0	0,0
H2	1,0	0	0	0	0,0
H3	1,0	1	0	1	0,5
S1	1,0	0	0	0	0,0
S2	1,0	0	0	0	0,0
S3	0,4	0	0	0	0,0

Tabelle T6: Gesamtübersicht Phagen 29.08.2006

Probe	somatische Coliphagen (MSA)							
	Sedimentextrakt (kleine Platten)					Porenwasser (große Platten)		
	Menge [ml]	1. Platte	2. Platte	Mittelwert	Phagen / g	Menge [ml]	1. Platte	Phagen / ml
F1	1,0	2	0	1	1,0	5,0	0	0
F2	1,0	1	3	2	2,0	5,0	0	0
F3	1,0	1	2	2	1,5	5,0	0	0
H1	1,0	0	0	0	0,0	5,0	0	0
H2	1,0	1	1	1	1,0	5,0	0	0
H3	1,0	0	0	0	0,0	5,0	0	0
S1	1,0	0	1	1	0,5	5,0	0	0
S2	1,0	1	1	1	1,0	5,0	0	0
S3	1,0	0	0	0	0,0	5,0	0	0

Probe	F-spezifische RNA- Bakteriophagen (TYGA)				
	Sedimentextrakt (kleine Platten)				
	Menge [ml]	ohne RNAse	mit RNAse	mit RNAse	Mittelwert
F1	1,0	0	0	0	0
F2	1,0	0	0	0	0
F3	1,0	0	0	0	0
H1	1,0	0	0	0	0
H2	1,0	0	0	0	0
H3	1,0	0	0	0	0
S1	1,0	0	0	0	0
S2	1,0	0	0	0	0
S3	1,0	0	0	0	0

Tabelle T7: Gesamtübersicht Phagen 16.10.2006

Probe	somatische Coliphagen (MSA)							
	Sedimentextrakt (kleine Platten)					Porenwasser (große Platten)		
	Menge [ml]	1. Platte	2. Platte	Mittelwert	Phagen / g	Menge [ml]	1. Platte	Phagen / ml
E1	1,0	1	0	1	0,5	5,0	0	0
E2	1,0	0	0	0	0,0	5,0	0	0
E3	1,0	2	2	2	2,0	5,0	0	0
F1	1,0	1	2	2	1,5	5,0	0	0
F2	1,0	1	4	3	2,5	5,0	0	0
F3	1,0	1	1	1	1,0	5,0	0	0
H1	1,0	0	0	0	0,0	5,0	0	0
H2	1,0	0	0	0	0,0	5,0	0	0
H3	1,0	1	1	1	1,0	5,0	0	0
S1	1,0	2	0	1	1,0	5,0	0	0
S2	1,0	0	0	0	0,0	5,0	0	0
S3	1,0	0	0	0	0,0	5,0	0	0

Probe	F-spezifische RNA- Bakteriophagen (TYGA)				
	Sedimentextrakt (kleine Platten)				
	Menge [ml]	ohne RNAse	mit RNAse	mit RNAse	Mittelwert
E1	1,0	0	0	0	0
E2	1,0	0	0	0	0
E3	1,0	0	0	0	0
F1	1,0	0	0	0	0
F2	1,0	0	0	0	0
F3	1,0	0	0	0	0
H1	1,0	0	0	0	0
H2	1,0	0	0	0	0
H3	1,0	0	0	0	0
S1	1,0	0	0	0	0
S2	1,0	0	0	0	0
S3	1,0	0	0	0	0

Tabelle T8: Sondensignale EUB (links) und NON EUB (rechts) CARD-FISH 10 Zählungen 5 Horizonte E (oben) und F (unten) (MW-NON Korrigiert)

Probe		Signal	1	2	3	4	5	6	7	8	9	10	MW	STW
EUB	E1	FITC	67	124	62	48	74	69	84	127	89	112		
		Propiodid	75	129	78	52	78	72	86	118	94	118	93,9%	7,0%
		FITC / Pro	89,3%	96,1%	79,5%	92,3%	94,9%	95,8%	97,7%	107,6%	94,7%	94,9%		
	E2	FITC	174	120	109	148	137	125	109	65	82	72		
		Propiodid	183	128	112	156	143	132	118	74	94	78	90,7%	3,3%
		FITC / Pro	95,1%	93,8%	97,3%	94,9%	95,8%	94,7%	92,4%	87,8%	87,2%	92,3%		
	E3	FITC	34	49	52	33	38	45	48	42	55	51		
		Propiodid	48	74	81	41	49	72	68	63	71	75	66,5%	6,2%
		FITC / Pro	70,8%	66,2%	64,2%	80,5%	77,6%	62,5%	70,6%	66,7%	77,5%	68,0%		
	E4	FITC	12	17	41	19	24	31	27	24	26	30		
		Propiodid	26	25	53	33	43	50	52	48	49	45	58,5%	9,6%
		FITC / Pro	46,2%	68,0%	77,4%	57,6%	55,8%	62,0%	51,9%	50,0%	53,1%	66,7%		
	E5	FITC	18	8	12	9	11	15	12	16	12	15		
		Propiodid	26	30	15	15	21	28	25	27	21	26	56,2%	13,8%
		FITC / Pro	69,2%	26,7%	80,0%	60,0%	52,4%	53,6%	48,0%	59,3%	57,1%	57,7%		

Probe		Signal	1	2	3	4	5	6	7	8	9	10	MW	STW
NON EUB	E1	FITC	1	0	0	0	2	0	1	0	0	0		
		Propiodid	134	101	94	90	112	78	82	65	68	64	0,4%	0,7%
		FITC / Pro	0,7%	0,0%	0,0%	0,0%	1,8%	0,0%	1,2%	0,0%	0,0%	0,0%		
	E2	FITC	1	1	3	2	0	0	1	0	1	0		
		Propiodid	23	63	42	48	19	23	28	35	26	18	2,5%	2,5%
		FITC / Pro	4,3%	1,6%	7,1%	4,2%	0,0%	0,0%	3,6%	0,0%	3,8%	0,0%		
	E3	FITC	3	1	3	1	0	1	0	1	2	1		
		Propiodid	38	41	35	27	38	32	21	24	34	30	3,9%	2,9%
		FITC / Pro	7,9%	2,4%	8,6%	3,7%	0,0%	3,1%	0,0%	4,2%	5,9%	3,3%		
	E4	FITC	0	0	0	0	0	1	0	0	0	0		
		Propiodid	24	22	25	28	20	31	28	26	21	25	0,3%	1,0%
		FITC / Pro	0,0%	0,0%	0,0%	0,0%	0,0%	3,2%	0,0%	0,0%	0,0%	0,0%		
	E5	FITC	0	0	0	1	0	0	0	0	0	0		
		Propiodid	68	65	58	62	55	61	66	58	61	39	0,2%	0,5%
		FITC / Pro	0,0%	0,0%	0,0%	1,6%	0,0%	0,0%	0,0%	0,0%	0,0%	0,0%		

Probe		Signal	1	2	3	4	5	6	7	8	9	10	MW	STW
EUB	F1	FITC	10	19	13	25	19	27	14	19	25	15		
		Propiodid	22	24	20	30	29	26	28	27	32	22	69,9%	16,7%
		FITC / Pro	45,5%	79,2%	65,0%	83,3%	65,5%	103,8%	50,0%	70,4%	78,1%	68,2%		
	F2	FITC	32	21	25	27	23	22	29	32	35	27		
		Propiodid	37	32	31	32	40	34	37	35	38	42	75,9%	12,5%
		FITC / Pro	86,5%	65,6%	80,6%	84,4%	57,5%	64,7%	78,4%	91,4%	92,1%	64,3%		
	F3	FITC	39	28	17	18	14	20	16	33	37	31		
		Propiodid	58	29	21	26	24	28	23	40	48	37	75,7%	10,8%
		FITC / Pro	67,2%	96,6%	81,0%	69,2%	58,3%	71,4%	69,6%	82,5%	77,1%	83,8%		
	F4	FITC	10	10	22	23	12	19	22	20	25	15		
		Propiodid	15	16	26	30	20	24	28	25	32	20	74,1%	8,2%
		FITC / Pro	66,7%	62,5%	84,6%	76,7%	60,0%	79,2%	78,6%	80,0%	78,1%	75,0%		
	F5	FITC	21	22	14	15	19	17	21	21	18	22		
		Propiodid	32	28	17	19	26	22	26	30	25	27	76,0%	5,6%
		FITC / Pro	65,6%	78,6%	82,4%	78,9%	73,1%	77,3%	80,8%	70,0%	72,0%	81,5%		

Probe		Signal	1	2	3	4	5	6	7	8	9	10	MW	STW
NON EUB	F1	FITC	0	0	0	0	1	0	0	0	0	1		
		Propiodid	20	17	19	22	19	21	23	25	21	22	1,0%	2,1%
		FITC / Pro	0,0%	0,0%	0,0%	0,0%	5,3%	0,0%	0,0%	0,0%	0,0%	4,5%		
	F2	FITC	0	1	0	0	0	0	0	0	0	1		
		Propiodid	36	32	28	25	31	34	25	21	23	31	0,6%	1,3%
		FITC / Pro	0,0%	3,1%	0,0%	0,0%	0,0%	0,0%	0,0%	0,0%	0,0%	3,2%		
	F3	FITC	0	0	0	0	0	0	0	0	0	0		
		Propiodid	31	28	25	32	35	31	27	25	33	38	0,0%	0,0%
		FITC / Pro	0,0%	0,0%	0,0%	0,0%	0,0%	0,0%	0,0%	0,0%	0,0%	0,0%		
	F4	FITC	0	0	0	0	0	0	0	0	0	0		
		Propiodid	19	22	25	22	20	23	21	17	24	20	0,0%	0,0%
		FITC / Pro	0,0%	0,0%	0,0%	0,0%	0,0%	0,0%	0,0%	0,0%	0,0%	0,0%		
	F5	FITC	0	0	0	0	0	0	0	0	0	0		
		Propiodid	24	22	31	25	20	24	27	21	26	20	0,0%	0,0%
		FITC / Pro	0,0%	0,0%	0,0%	0,0%	0,0%	0,0%	0,0%	0,0%	0,0%	0,0%		

Tabelle T9: Sondensignale HGC (links) und ARCH (rechts) CARD-FISH 10 Zählungen 5 Horizonte E (oben) und F (unten) (MW-NON Korrigiert)

Probe		Signal	1	2	3	4	5	6	7	8	9	10	MW	STW
HGC	E1	FITC	5	0	4	1	0	1	1	1	0	0	2,6%	3,8%
		Propiodid	43	34	102	21	27	16	71	62	17	38		
		FITC / Pro	11,6%	0,0%	3,9%	4,8%	0,0%	6,3%	1,4%	1,6%	0,0%	0,0%		
	E2	FITC	1	0	0	1	0	0	1	0	2	0	0,0%	1,5%
		Propiodid	56	47	30	28	77	38	65	18	59	24		
		FITC / Pro	1,8%	0,0%	0,0%	3,6%	0,0%	0,0%	1,5%	0,0%	3,4%	0,0%		
	E3	FITC	0	1	0	1	1	0	0	0	0	0	0,0%	1,5%
		Propiodid	19	22	28	46	62	38	15	25	33	19		
		FITC / Pro	0,0%	4,5%	0,0%	2,2%	1,6%	0,0%	0,0%	0,0%	0,0%	0,0%		
	E4	FITC	0	0	0	0	1	1	0	1	0	0	0,6%	1,6%
		Propiodid	23	34	18	42	30	25	28	43	58	50		
		FITC / Pro	0,0%	0,0%	0,0%	0,0%	3,3%	4,0%	0,0%	2,3%	0,0%	0,0%		
	E5	FITC	0	0	0	0	0	0	1	0	0	0	0,3%	1,4%
		Propiodid	41	23	16	33	42	37	22	44	19	35		
		FITC / Pro	0,0%	0,0%	0,0%	0,0%	0,0%	0,0%	4,5%	0,0%	0,0%	0,0%		

Probe		Signal	1	2	3	4	5	6	7	8	9	10	MW	STW
Arch	E1	FITC	3	0	4	0	3	0	1	5	8	4	5,5%	5,3%
		Propiodid	66	70	72	26	22	25	43	42	69	46		
		FITC / Pro	4,5%	0,0%	5,6%	0,0%	13,6%	0,0%	2,3%	11,9%	11,6%	8,7%		
	E2	FITC	0	3	1	8	3	5	4	2	0	2	2,6%	3,6%
		Propiodid	32	47	53	94	49	52	45	34	44	53		
		FITC / Pro	0,0%	6,4%	1,9%	8,5%	6,1%	9,6%	8,9%	5,9%	0,0%	3,8%		
	E3	FITC	0	2	1	2	0	0	2	0	9	2	1,2%	7,9%
		Propiodid	35	110	28	39	30	39	21	38	35	37		
		FITC / Pro	0,0%	1,8%	3,6%	5,1%	0,0%	0,0%	9,5%	0,0%	25,7%	5,4%		
	E4	FITC	3	11	0	3	0	2	1	1	2	6	6,7%	9,3%
		Propiodid	29	35	30	32	24	78	28	31	65	91		
		FITC / Pro	10,3%	31,4%	0,0%	9,4%	0,0%	2,6%	3,6%	3,2%	3,1%	6,6%		
	E5	FITC	0	5	0	0	1	3	2	3	4	4	6,8%	8,1%
		Propiodid	20	18	22	34	22	49	29	46	49	40		
		FITC / Pro	0,0%	27,8%	0,0%	0,0%	4,5%	6,1%	6,9%	6,5%	8,2%	10,0%		

Probe		Signal	1	2	3	4	5	6	7	8	9	10	MW	STW
HGC	F1	FITC	0	0	0	1	0	1	0	0	0	0	0,0%	2,0%
		Propiodid	24	20	22	19	22	24	23	20	21	25		
		FITC / Pro	0,0%	0,0%	0,0%	5,3%	0,0%	4,2%	0,0%	0,0%	0,0%	0,0%		
	F2	FITC	0	0	1	0	1	0	1	0	0	1	0,8%	1,9%
		Propiodid	33	28	32	35	24	35	38	30	25	22		
		FITC / Pro	0,0%	0,0%	3,1%	0,0%	4,2%	0,0%	2,6%	0,0%	0,0%	4,5%		
	F3	FITC	0	0	0	0	0	0	0	1	0	0	0,3%	0,9%
		Propiodid	36	40	37	31	43	40	38	35	28	31		
		FITC / Pro	0,0%	0,0%	0,0%	0,0%	0,0%	0,0%	0,0%	2,9%	0,0%	0,0%		
	F4	FITC	0	0	1	0	0	0	0	0	0	0	0,5%	1,5%
		Propiodid	23	28	21	25	22	20	28	24	26	23		
		FITC / Pro	0,0%	0,0%	4,8%	0,0%	0,0%	0,0%	0,0%	0,0%	0,0%	0,0%		
	F5	FITC	0	0	0	0	0	0	0	0	0	0	0,0%	0,0%
		Propiodid	18	25	21	20	24	21	25	22	26	19		
		FITC / Pro	0,0%	0,0%	0,0%	0,0%	0,0%	0,0%	0,0%	0,0%	0,0%	0,0%		

Probe		Signal	1	2	3	4	5	6	7	8	9	10	MW	STW
Arch	F1	FITC	9	10	7	7	9	11	10	8	7	5	33,4%	10,1%
		Propiodid	27	17	21	34	22	34	28	25	24	18		
		FITC / Pro	33,3%	58,8%	33,3%	20,6%	40,9%	32,4%	35,7%	32,0%	29,2%	27,8%		
	F2	FITC	6	4	2	3	1	4	5	3	2	4	10,9%	3,4%
		Propiodid	43	27	24	22	21	30	34	28	24	31		
		FITC / Pro	14,0%	14,8%	8,3%	13,6%	4,8%	13,3%	14,7%	10,7%	8,3%	12,9%		
	F3	FITC	4	4	9	5	7	3	3	4	2	3	12,5%	4,4%
		Propiodid	24	31	41	44	47	38	35	32	26	28		
		FITC / Pro	16,7%	12,9%	22,0%	11,4%	14,9%	7,9%	8,6%	12,5%	7,7%	10,7%		
	F4	FITC	3	4	1	4	3	3	2	3	3	2	12,0%	3,0%
		Propiodid	23	28	14	34	17	24	22	28	22	20		
		FITC / Pro	13,0%	14,3%	7,1%	11,8%	17,6%	12,5%	9,1%	10,7%	13,6%	10,0%		
	F5	FITC	6	4	0	0	3	0	0	1	0	1	7,0%	9,5%
		Propiodid	24	22	19	26	17	20	22	24	20	21		
		FITC / Pro	25,0%	18,2%	0,0%	0,0%	17,6%	0,0%	0,0%	4,2%	0,0%	4,8%		

Tabelle T10: Sondensignale ALF1b (links) und ALF968 (rechts) CARD-FISH 10 Zählungen 5 Horizonte E (oben) und F (unten) (MW-NON Korrigiert)

Probe		Signal	1	2	3	4	5	6	7	8	9	10	MW	STW
ALF1b	E1	FITC	6	8	5	4	9	6	6	7	7	5	15,8%	3,0%
		Propiodid	37	61	28	25	39	39	45	38	52	34		
		FITC / Pro	16,2%	13,1%	17,9%	16,0%	23,1%	15,4%	13,3%	18,4%	13,5%	14,7%		
	E2	FITC	2	11	10	7	9	6	8	7	3	7	8,1%	1,5%
		Propiodid	23	97	86	82	75	56	63	71	34	59		
		FITC / Pro	8,7%	11,3%	11,6%	8,5%	12,0%	10,7%	12,7%	9,9%	8,8%	11,9%		
	E3	FITC	5	16	8	14	7	6	8	11	10	11	16,7%	6,0%
		Propiodid	21	49	64	62	54	32	44	57	50	43		
		FITC / Pro	23,8%	32,7%	12,5%	22,6%	13,0%	18,8%	18,2%	19,3%	20,0%	25,6%		
	E4	FITC	2	4	0	4	2	2	3	0	2	2	6,3%	4,6%
		Propiodid	41	32	24	30	35	38	27	22	28	31		
		FITC / Pro	4,9%	12,5%	0,0%	13,3%	5,7%	5,3%	11,1%	0,0%	7,1%	6,5%		
	E5	FITC	2	2	1	0	0	3	0	1	1	2	3,8%	3,5%
		Propiodid	46	30	20	29	27	29	21	33	37	28		
		FITC / Pro	4,3%	6,7%	5,0%	0,0%	0,0%	10,3%	0,0%	3,0%	2,7%	7,1%		

Probe		Signal	1	2	3	4	5	6	7	8	9	10	MW	STW
ALF968	E1	FITC	9	3	5	6	2	4	2	6	3	4	13,4%	5,1%
		Propiodid	39	30	27	32	20	28	31	40	29	34		
		FITC / Pro	23,1%	10,0%	18,5%	18,8%	10,0%	14,3%	6,5%	15,0%	10,3%	11,8%		
	E2	FITC	6	6	0	7	5	2	6	8	7	5	11,4%	6,9%
		Propiodid	44	38	26	47	41	37	34	39	30	32		
		FITC / Pro	13,6%	15,8%	0,0%	14,9%	12,2%	5,4%	17,6%	20,5%	23,3%	15,6%		
	E3	FITC	1	1	3	2	1	2	0	2	1	3	2,5%	4,4%
		Propiodid	28	28	19	31	24	21	27	29	25	31		
		FITC / Pro	3,6%	3,6%	15,8%	6,5%	4,2%	9,5%	0,0%	6,9%	4,0%	9,7%		
	E4	FITC	0	2	2	2	3	2	2	1	1	2	5,7%	2,7%
		Propiodid	31	24	32	39	35	27	31	28	20	22		
		FITC / Pro	0,0%	8,3%	6,3%	5,1%	8,6%	7,4%	6,5%	3,6%	5,0%	9,1%		
	E5	FITC	3	3	0	0	0	2	1	1	2	2	5,2%	5,0%
		Propiodid	20	28	21	19	29	34	31	22	25	33		
		FITC / Pro	15,0%	10,7%	0,0%	0,0%	0,0%	5,9%	3,2%	4,5%	8,0%	6,1%		

Probe		Signal	1	2	3	4	5	6	7	8	9	10	MW	STW
ALF1b	F1	FITC	3	4	5	1	1	2	2	1	1	6	6,4%	5,1%
		Propiodid	34	37	36	31	33	38	34	36	30	35		
		FITC / Pro	8,8%	10,8%	13,9%	3,2%	3,0%	5,3%	5,9%	2,8%	3,3%	17,1%		
	F2	FITC	2	5	6	7	6	7	6	5	7	2	7,7%	3,4%
		Propiodid	68	72	49	66	61	73	76	64	55	69		
		FITC / Pro	2,9%	6,9%	12,2%	10,6%	9,8%	9,6%	7,9%	7,8%	12,7%	2,9%		
	F3	FITC	1	1	1	0	0	1	1	0	0	1	1,8%	1,7%
		Propiodid	39	26	24	47	38	41	47	53	28	31		
		FITC / Pro	2,6%	3,8%	4,2%	0,0%	0,0%	2,4%	2,1%	0,0%	0,0%	3,2%		
	F4	FITC	5	7	3	3	1	2	1	0	2	4	6,9%	4,8%
		Propiodid	46	44	29	46	38	41	34	33	39	43		
		FITC / Pro	10,9%	15,9%	10,3%	6,5%	2,6%	4,9%	2,9%	0,0%	5,1%	9,3%		
	F5	FITC	5	4	4	0	3	2	2	4	2	4	6,4%	3,1%
		Propiodid	47	41	60	38	45	40	48	53	42	45		
		FITC / Pro	10,6%	9,8%	6,7%	0,0%	6,7%	5,0%	4,2%	7,5%	4,8%	8,9%		

Probe		Signal	1	2	3	4	5	6	7	8	9	10	MW	STW
ALF968	F1	FITC	5	2	1	4	1	6	1	0	2	4	7,3%	5,9%
		Propiodid	34	24	28	37	26	31	27	21	30	35		
		FITC / Pro	14,7%	8,3%	3,6%	10,8%	3,8%	19,4%	3,7%	0,0%	6,7%	11,4%		
	F2	FITC	8	1	2	2	4	2	2	1	3	2	6,9%	3,2%
		Propiodid	55	18	35	31	38	33	24	27	32	39		
		FITC / Pro	14,5%	5,6%	5,7%	6,5%	10,5%	6,1%	8,3%	3,7%	9,4%	5,1%		
	F3	FITC	2	3	5	11	1	3	3	5	3	4	11,3%	4,9%
		Propiodid	21	26	27	58	27	34	39	35	40	31		
		FITC / Pro	9,5%	11,5%	18,5%	19,0%	3,7%	8,8%	7,7%	14,3%	7,5%	12,9%		
	F4	FITC	2	0	1	0	2	2	0	1	1	1	3,4%	3,2%
		Propiodid	19	26	34	30	39	44	27	22	26	37		
		FITC / Pro	10,5%	0,0%	2,9%	0,0%	5,1%	4,5%	0,0%	4,5%	3,8%	2,7%		
	F5	FITC	7	2	0	1	1	0	2	1	2	0	4,7%	4,3%
		Propiodid	56	28	38	24	27	35	39	22	20	36		
		FITC / Pro	12,5%	7,1%	0,0%	4,2%	3,7%	0,0%	5,1%	4,5%	10,0%	0,0%		

Tabelle T11: Sondensignale Beta (links) und Gamma (rechts) CARD-FISH 10 Zählungen 5 Horizonte E (oben) und F (unten) (MW-NON Korrigiert)

Probe		Signal	1	2	3	4	5	6	7	8	9	10	MW	STW
Beta	E1	FITC	5	4	4	5	14	5	6	4	1	1	11,1%	7,0%
		Propiodid	60	43	19	20	88	56	69	38	25	29		
		FITC / Pro	8,3%	9,3%	21,1%	25,0%	15,9%	8,9%	8,7%	10,5%	4,0%	3,4%		
	E2	FITC	12	10	7	2	4	6	0	2	2	5	5,6%	5,0%
		Propiodid	93	79	67	48	46	38	42	49	54	62		
		FITC / Pro	12,9%	12,7%	10,4%	4,2%	8,7%	15,8%	0,0%	4,1%	3,7%	8,1%		
	E3	FITC	2	1	0	0	1	1	0	1	0	1	0,0%	1,8%
		Propiodid	36	32	37	32	77	65	48	35	42	63		
		FITC / Pro	5,6%	3,1%	0,0%	0,0%	1,3%	1,5%	0,0%	2,9%	0,0%	1,6%		
	E4	FITC	1	1	5	0	0	0	1	0	0	1	1,6%	2,7%
		Propiodid	30	37	60	42	23	34	43	25	30	35		
		FITC / Pro	3,3%	2,7%	8,3%	0,0%	0,0%	0,0%	2,3%	0,0%	0,0%	2,9%		
	E5	FITC	5	2	0	4	0	1	2	1	0	0	1,9%	2,3%
		Propiodid	81	72	53	72	29	69	73	64	21	25		
		FITC / Pro	6,2%	2,8%	0,0%	5,6%	0,0%	1,4%	2,7%	1,6%	0,0%	0,0%		

Probe		Signal	1	2	3	4	5	6	7	8	9	10	MW	STW
Gamma	E1	FITC	5	0	1	1	1	1	0	0	2	1	3,2%	4,1%
		Propiodid	38	20	25	57	42	32	23	32	28	24		
		FITC / Pro	13,2%	0,0%	4,0%	1,8%	2,4%	3,1%	0,0%	0,0%	7,1%	4,2%		
	E2	FITC	1	0	0	0	0	0	1	0	0	0	0,0%	1,0%
		Propiodid	34	39	75	74	28	24	54	32	28	42		
		FITC / Pro	2,9%	0,0%	0,0%	0,0%	0,0%	0,0%	1,9%	0,0%	0,0%	0,0%		
	E3	FITC	2	0	2	0	1	0	0	0	0	0	0,0%	2,2%
		Propiodid	39	29	38	42	102	62	58	45	34	73		
		FITC / Pro	5,1%	0,0%	5,3%	0,0%	1,0%	0,0%	0,0%	0,0%	0,0%	0,0%		
	E4	FITC	0	0	0	0	1	0	0	0	0	0	0,0%	0,6%
		Propiodid	89	74	52	63	57	59	38	24	45	32		
		FITC / Pro	0,0%	0,0%	0,0%	0,0%	1,8%	0,0%	0,0%	0,0%	0,0%	0,0%		
	E5	FITC	0	0	0	0	0	0	1	0	0	0	0,0%	0,5%
		Propiodid	72	81	57	42	18	65	59	28	31	29		
		FITC / Pro	0,0%	0,0%	0,0%	0,0%	0,0%	0,0%	1,7%	0,0%	0,0%	0,0%		

Probe		Signal	1	2	3	4	5	6	7	8	9	10	MW	STW
Beta	F1	FITC	5	9	4	3	1	2	5	3	3	2	3,3%	2,1%
		Propiodid	80	103	85	87	78	84	92	81	76	71		
		FITC / Pro	6,3%	8,7%	4,7%	3,4%	1,3%	2,4%	5,4%	3,7%	3,9%	2,8%		
	F2	FITC	8	15	9	7	8	8	6	8	7	9	4,5%	1,4%
		Propiodid	187	174	159	148	162	170	158	165	171	154		
		FITC / Pro	4,3%	8,6%	5,7%	4,7%	4,9%	4,7%	3,8%	4,8%	4,1%	5,8%		
	F3	FITC	13	5	3	3	4	4	3	6	4	4	5,1%	2,8%
		Propiodid	102	109	79	94	89	82	91	105	96	88		
		FITC / Pro	12,7%	4,6%	3,8%	3,2%	4,5%	4,9%	3,3%	5,7%	4,2%	4,5%		
	F4	FITC	4	6	2	3	3	4	4	5	4	2	4,4%	1,6%
		Propiodid	95	77	84	92	81	87	79	86	90	85		
		FITC / Pro	4,2%	7,8%	2,4%	3,3%	3,7%	4,6%	5,1%	5,8%	4,4%	2,4%		
	F5	FITC	1	0	6	2	0	1	1	0	1	0	1,2%	1,8%
		Propiodid	83	87	102	98	85	92	96	80	86	90		
		FITC / Pro	1,2%	0,0%	5,9%	2,0%	0,0%	1,1%	1,0%	0,0%	1,2%	0,0%		

Probe		Signal	1	2	3	4	5	6	7	8	9	10	MW	STW
Gamma	F1	FITC	0	1	0	0	0	0	0	1	0	0	0,0%	1,2%
		Propiodid	37	36	42	31	38	36	30	32	35	33		
		FITC / Pro	0,0%	2,8%	0,0%	0,0%	0,0%	0,0%	0,0%	3,1%	0,0%	0,0%		
	F2	FITC	0	0	0	0	0	1	0	0	0	0	0,0%	0,7%
		Propiodid	53	56	48	55	42	46	52	56	53	47		
		FITC / Pro	0,0%	0,0%	0,0%	0,0%	0,0%	2,2%	0,0%	0,0%	0,0%	0,0%		
	F3	FITC	0	0	0	0	0	0	0	0	0	0	0,0%	0,0%
		Propiodid	42	45	48	40	39	43	47	38	44	40		
		FITC / Pro	0,0%	0,0%	0,0%	0,0%	0,0%	0,0%	0,0%	0,0%	0,0%	0,0%		
	F4	FITC	1	0	1	0	0	0	1	0	0	0	0,6%	0,9%
		Propiodid	60	55	52	58	55	61	51	53	49	57		
		FITC / Pro	1,7%	0,0%	1,9%	0,0%	0,0%	0,0%	2,0%	0,0%	0,0%	0,0%		
	F5	FITC	0	0	0	1	0	0	0	0	0	0	0,2%	0,5%
		Propiodid	75	46	63	58	52	48	61	58	50	64		
		FITC / Pro	0,0%	0,0%	0,0%	1,7%	0,0%	0,0%	0,0%	0,0%	0,0%	0,0%		

Tabelle T12: Zusammenfassung Ergebnisse der Hybridisierungssignale CARD FISH

Probe		EUB	NON	HCG	Arch	ALF968	Beta	Gamma	CF
E0	Sep 05	47,04%	1,20%	0,00%	9,31%	19,48%	3,02%	0,00%	8,76%
	Aug 06	44,69%	0,43%	0,38%	26,39%	18,48%	11,22%	2,21%	15,03%
E1	Sep 05	94,66%	0,45%	2,57%	5,37%	13,74%	10,51%	3,29%	10,50%
	Feb 06	56,29%	0,43%	1,41%	12,59%	8,46%	3,05%	0,00%	7,89%
E2	Sep 05	90,91%	2,77%	0,00%	2,80%	11,36%	5,88%	0,00%	0,00%
	Feb 06	53,68%	0,00%	0,38%	12,34%	7,06%	1,87%	0,62%	5,75%
E3	Sep 05	65,56%	4,06%	0,00%	0,31%	2,02%	0,00%	0,00%	0,00%
	Feb 06	46,16%	0,36%	0,73%	18,34%	9,25%	0,36%	1,25%	3,50%
E4	Sep 05	58,80%	0,40%	0,45%	6,15%	5,48%	2,11%	0,00%	2,98%
	Feb 06	39,75%	0,40%	0,93%	11,72%	8,19%	3,16%	0,00%	3,99%
E5	Sep 05	54,53%	0,17%	0,15%	6,52%	5,17%	2,51%	0,04%	1,17%
	Feb 06	42,98%	0,58%	0,00%	3,74%	6,26%	2,30%	0,00%	1,57%
F1	Sep 05	70,58%	0,96%	0,00%	32,24%	7,92%	3,46%	0,00%	11,36%
	Aug 06	33,36%	0,33%	1,45%	55,15%	9,76%	1,96%	0,45%	15,03%
F2	Sep 05	75,56%	0,70%	0,63%	11,27%	7,43%	4,46%	0,00%	6,54%
	Aug 06	54,85%	0,41%	0,60%	39,95%	8,47%	1,89%	0,00%	8,46%
F3	Sep 05	75,75%	0,00%	0,28%	12,72%	11,83%	5,24%	0,00%	2,16%
	Aug 06	53,14%	0,00%	1,25%	26,72%	9,51%	1,83%	0,71%	5,71%
F4	Sep 05	75,42%	0,00%	0,42%	12,07%	3,29%	4,32%	0,54%	4,38%
	Aug 06	58,61%	0,31%	2,59%	42,28%	2,31%	0,22%	0,29%	6,29%
F5	Sep 05	75,40%	0,00%	0,00%	6,98%	4,92%	1,33%	0,17%	6,02%
	Aug 06	47,72%	0,00%	2,39%	26,47%	3,74%	1,75%	0,00%	2,66%
S1	Sep 05	20,99%	0,77%	0,00%	7,89%	11,85%	4,13%	0,00%	6,89%
	Aug 06	56,17%	0,54%	0,10%	31,18%	11,92%	7,08%	0,09%	1,98%
S2	Sep 05	28,87%	0,23%	0,14%	22,53%	11,55%	7,28%	0,27%	3,05%
	Aug 06	36,81%	0,29%	0,30%	40,69%	11,06%	2,81%	0,21%	2,61%
S3	Sep 05	9,04%	0,45%	0,00%	7,79%	2,92%	4,85%	0,23%	0,35%
	Aug 06	40,86%	0,00%	0,75%	35,37%	13,23%	3,14%	0,29%	1,63%
S4	Sep 05	7,99%	0,42%	0,00%	17,34%	5,94%	0,00%	0,24%	0,33%
	Aug 06	44,11%	0,00%	0,29%	22,76%	1,66%	2,23%	0,36%	2,65%
S5	Sep 05	13,33%	0,00%	0,47%	4,93%	9,61%	3,29%	0,27%	0,26%
	Aug 06	45,77%	0,33%	0,86%	14,24%	5,40%	0,00%	0,03%	2,66%
H1	Sep 05	46,05%	0,38%	3,77%	37,17%	14,13%	6,39%	0,16%	8,71%
	Aug 06	48,34%	0,00%	3,87%	37,18%	8,47%	2,56%	0,54%	12,42%
H2	Sep 05	42,62%	0,57%	0,72%	24,64%	8,45%	1,33%	0,00%	9,07%
	Aug 06	38,69%	0,22%	3,25%	32,07%	10,51%	3,65%	0,31%	7,34%
H3	Sep 05	46,61%	0,37%	0,04%	41,07%	6,02%	5,59%	0,27%	7,64%
	Aug 06	30,65%	0,00%	0,85%	41,30%	6,62%	2,34%	0,00%	7,33%
H4	Sep 05	35,00%	0,61%	0,35%	44,84%	1,96%	5,06%	0,64%	6,01%
	Aug 06	35,87%	0,25%	0,92%	37,01%	5,38%	2,12%	0,17%	6,56%
H5	Sep 05	2,67%	0,75%	0,22%	28,66%	1,09%	2,88%	0,09%	3,73%
	Aug 06	23,39%	0,40%	0,19%	32,81%	6,54%	2,82%	0,00%	2,12%

Tabelle T13: Ergebnis Klonierung August 2006, E0, Klone 02 bis 181, Klassenzuordnung nach Taxonomicon 2006

Probe	Art höchste Wahrscheinlichkeit	Score	e Value	nächste beschr. Gattung / Art	Rang	Score	e Value	Klasse
A06E0 02	uncultured organism	127	3,E-26	*Sphingomonas sp.*	5	119	7,E-24	α- *Proteobacteria*
A06E0 03	uncultured *Bacteroidetes* bacterium	121	1,E-24	*Flexibacter flexilis*	9	69,9	4,E-09	*Sphingobacteria*
A06E0 04	uncultured freshwater bacterium	773	0,E+00	uncultured *Sphingobacteria* bacterium	20	337	2,E-89	*Sphingobacteria*
A06E0 11	uncultured *Flavobacteriales* bacterium	874	0,E+00	*Flavobacterium sp.*	6	722	0,E+00	*Flavobacteria*
A06E0 13	uncultured bacterium clone	216	3,E-53	uncultured *Gallionella sp.*	6	208	7,E-51	β- *Proteobacteria*
A06E0 14	uncultured soil bacterium	688	0,E+00	*Zoogloea ramigera*	9	581	7,E-163	β- *Proteobacteria*
A06E0 18	uncultured soil bacterium	581	5,E-163	uncultured *Zoogloea sp.*	2	494	1,E-136	β- *Proteobacteria*
A06E0 19	*Rhodoferax sp.*	644	0,E+00	Beta Proteobacterium	10	605	4,E-170	β- *Proteobacteria*
A06E0 21	uncultured bacterium	250	2,E-63	*Pseudomonas boreopolis*	19	226	3,E-56	γ - *Proteobacteria*
A06E0 24	plastid uncultured *Cyanobacterium*	371	1,E-99	uncultured *Cyanobacterium*	8	295	5,E-77	*Cyanobacteria*
A06E0 27	uncultured bacterium	365	6,E-98	*Lysobacter brunescens*	14	299	3,E-78	γ - *Proteobacteria*
A06E0 33	uncultured freshwater bacterium	942	0,E+00	*Verrucomicrobium spinosum*	12	416	3,E-113	*Verrucomicrobiae*
A06E0 34	uncultured bacterium	254	2,E-64	uncultured *Planctomycete*	5	79,8	5,E-12	*Planctomycetacia*
A06E0 37	uncultured freshwater bacterium	817	0,E+00	*Verrucomicrobium spinosum*	10	416	2,E-113	*Verrucomicrobiae*
A06E0 43	uncultured *Cyanobacterium*	844	0,E+00	uncultured *Cyanobacterium*	1	844	0,E+00	*Cyanobacteria*
A06E0 44	uncultured soil bacterium	71,9	1,E-09	uncultured Delta Proteobacterium	11	50,1	0.005	δ- *Proteobacteria*
A06E0 50	uncultured Gamma Proteobacterium	551	5,E-154	uncultured *Rheinheimera sp.*	3	511	5,E-142	γ - *Proteobacteria*
A06E0 53	Beta Proteobacterium	365	7,E-98	uncultured *Comamonadaceae* bacterium	2	357	2,E-95	β- *Proteobacteria*
A06E0 60	uncultured bacterium	817	0,E+00	uncultured gamma Proteobacterium	2	793	0,E+00	γ - *Proteobacteria*
A06E0 68	uncultured bacterium	573	2,E-160	*Flavobacterium sp.*	4	525	4,E-146	*Flavobacteria*
A06E0 75	uncultured Alpha Proteobacterium	42,1	1,E+00	uncultured Alpha Proteobacterium	1	42,1	1,E+00	α- *Proteobacteria*
A06E0 103	*Undibacterium pigrum*	583	2,E-163	*Undibacterium pigrum*	1	583	2,E-163	β- *Proteobacteria*
A06E0 112	*Acidithiobacillus ferrooxidans*	40,1	3,E+00	*Acidithiobacillus ferrooxidans*	1	40,1	3,E+00	γ - *Proteobacteria*
A06E0 161	unidentified bacterium	117	2,E-23	uncultured *Cyanobacterium*	11	91,7	1,E-15	*Cyanobacteria*
A06E0 163	unidentified bacterium	307	1,E-80	uncultured *Cyanobacterium*	8	283	2,E-73	*Cyanobacteria*
A06E0 166	uncultured bacterium	65,9	7,E-08	uncultured Alpha Proteobacterium	11	54	3,E-04	α- *Proteobacteria*
A06E0 172	uncultured bacterium clone	664	0,E+00	uncultured Alpha Proteobacterium	11	624	5,E-176	α- *Proteobacteria*
A06E0 174	uncultured bacterium	387	2,E-104	uncultured *Cytophaga*	55	180	2,E-42	*Sphingobacteria*
A06E0 181	uncultured bacterium	636	1,E-179	uncultured alpha Proteobacterium	4	595	4,E-167	α- *Proteobacteria*

Tabelle T14a: Ergebnis Klonierung September 2005, E0, Klone 01 bis 36, Klassenzuordnung nach Taxonomicon 2006

Probe	Art höchste Wahrscheinlichkeit	Score	e Value	nächste beschr. Gattung / Art	Rang	Score	e Value	Klasse
S05E0 01	uncultured bacterium gene for 16S	987	0,E+00	*Synechococcus PCC7920*	3	987	0,E+00	*Cyanobacteria*
S05E0 03	uncultured bacterium clone HTC6	1021	0,E+00	*Caulobacter sp.*	51	480	2,E-133	*α- Proteobacteria*
S05E0 04	Beta Proteobacterium MWH-S2W11	769	0,E+00	*Variovorax sp. 44/31*	3	769	0,E+00	*β- Proteobacteria*
S05E0 05	uncultured soil bacterium clone	706	0,E+00	uncultured *Verrucomicrobia*	2	563	2,E-158	*Verrucomicrobiae*
S05E0 06	uncultured bacterium gene for 16S	934	0,E+00	*Synechococcus PCC7920*	3	934	0,E+00	*Cyanobacteria*
S05E0 07	uncultured bacterium gene for 16S	702	0,E+00	uncultured *Xanthomonas sp.*	10	656	0,E+00	*γ - Proteobacteria*
S05E0 09	uncultured bacterium gene for 16S	726	0,E+00	uncultured *Cyanobacterium*	5	686	0,E+00	*Cyanobacteria*
S05E0 10	uncultured bacterium clone SG2-54	1057	0,E+00	uncultured *Cyanobacterium*	7	914	0,E+00	*Cyanobacteria*
S05E0 11	uncultured Gamma Proteobacterium	785	0,E+00	*Pseudomonas fluorescens*	130	583	2,E-164	*γ - Proteobacteria*
S05E0 12	uncultured soil bacterium clone	735	0,E+00	uncultured *Verrucomicrobia*	3	603	2,E-170	*Verrucomicrobiae*
S05E0 13	uncultured bacterium clone HTG6	940	0,E+00	uncultured *Actinobacterium*	6	646	0,E+00	*Actinobacteria*
S05E0 14	uncultured *Verrucomicrobia* bact.	862	0,E+00	uncultured *Verrucomicrobia*	1	862	0,E+00	*Verrucomicrobiae*
S05E0 15	uncultured bacterium clone 5F65	359	2,E-96	*Novosphigobium sp. Geo 25*	2	359	2e-96	*α- Proteobacteria*
S05E0 16	uncultured soil bacterium clone	406	1E-110	uncultured *Verrucomicrobia*	2	278	7E-72	*Verrucomicrobiae*
S05E0 17	uncultured bacterium clone 250ds	615	4,E-174	*Blastochloris sulfoviridis*	73	315	6,E-84	*α- Proteobacteria*
S05E0 18	uncultured bacterium gene for 16S	993	0,E+00	*Synechococcus PCC7920*	3	993	0,E+00	*Cyanobacteria*
S05E0 20	uncultured bacterium partial 16S	678	0,E+00	*Magnetospirillum sp.*	17	561	7,E-158	*α- Proteobacteria*
S05E0 21	uncultured bacterium gene for 16S	609	2,E-171	uncultured *Cyanobacterium*	7	577	8,E-162	*Cyanobacteria*
S05E0 22	uncultured soil bacterium clone	658	0,E+00	uncultured *Verrucomicrobia*	2	505	3,E-140	*Verrucomicrobiae*
S05E0 23	unknown organism, partial 16S	670	0,E+00	uncultured *Planctomycete*	3	662	0,E+00	*Planctomycetacia*
S05E0 24	uncultured bacterium clone WIM13	513	1,E-143	*Brevundimonas HPC350*	5	513	1,E-143	*α- Proteobacteria*
S05E0 26	uncultured freshwater bacterium	983	0,E+00	uncultured *Cytophaga*	11	543	1,E-152	*Sphingobacteria*
S05E0 27	uncultured *Planctomycete* partial 16S	995	0,E+00	uncultured *Planctomycete* partial 16S	1	995	0,E+00	*Planctomycetacia*
S05E0 28	Alpha Proteobacterium A0839	862	0,E+00	uncultured *Caulobacter* 5C2	12	515	3,E-144	*α- Proteobacteria*
S05E0 29	*Agrobacterium sanguineum*	327	7,E-87	*Agrobacterium sanguineum*	1	327	7,E-87	*α- Proteobacteria*
S05E0 30	uncultured Alpha Proteobacterium	1053	0,E+00	*Paracraurococcus ruber*	8	860	0,E+00	*α- Proteobacteria*
S05E0 31	uncultured soil bacterium	613	2,E-173	uncultured *Verrucomicrobia*	3	462	5,E-128	*Verrucomicrobiae*
S05E0 32	uncultured *Planctomycete*	712	0,E+00	uncultured *Planctomycete*	1	712	0,E+00	*Planctomycetacia*
S05E0 33	uncultured bacterium clone	444	6,E-122	uncultured *Cyanobacterium*	7	412	2,E-112	*Cyanobacteria*
S05E0 34	uncultured *Maricaulis* sp.	498	7,E-139	uncultured *Maricaulis sp.*	1	498	7,E-139	*α- Proteobacteria*

Tabelle T14b: Ergebnis Klonierung September 2005, E0, Klone 37 bis 58, Klassenzuordnung nach Taxonomicon 2006

Probe	Art höchste Wahrscheinlichkeit	Score	e Value	nächste beschr. Gattung / Art	Rang	Score	e Value	Phylum / Klasse
S05E0 37	uncultured *Gemmatimonadetes*	809	0,E+00	*Gemmatimonas aurantiaca*	3	688	0,E+00	*Gemmatimonadetes*
S05E0 38	uncultured bacterium gene for 16S	618	3,E-174	uncultured *Cyanobacterium*	7	587	9,E-165	*Cyanobacteria*
S05E0 41	uncultured Eubacterium clone F13	811	0,E+00	uncultured *Sphingobacteriaceae*	51	375	2,E-102	*Sphingobacteria*
S05E0 43	uncultured soil bacterium	609	3e -171	uncultured *Verucomicrobia*	4	553	2e -154	*Verrucomicrobiae*
S05E0 44	uncultured soil bacterium	484	1e -133	uncultured *Verucomicrobia*	2	436	3e -119	*Verrucomicrobiae*
S05E0 46	*Brevundimonas spec.*	640	0,E+00	*Brevundimonas diminuta*	11	640	0,E+00	*α- Proteobacteria*
S05E0 47	uncultured soil bacterium	184	9e -44	*Rhodovarius lipocyclicus*	3	176	2e -41	*α- Proteobacteria*
S05E0 49	uncultured crater lake bacterium	242	5e -61	*Alteromonadales sp.*	9	216	3e -53	*γ - Proteobacteria*
S05E0 50	uncultured bacterium	854	0,E+00	*Hyphomicrobium sp.*	52	418	7e -114	*α- Proteobacteria*
S05E0 51	uncultured bacterium	258	1e -65	*Desulfofaba gelida*	35	218	1e -53	*δ- Proteobacteria*
S05E0 52	uncultured bacterium	400	1e -108	*Synechococcus sp.*	13	385	7e -104	*Cyanobacteria*
S05E0 53	uncultured bacterium	190	2e -45	*Geobacteraceae*	7	178	8e -42	*δ- Proteobacteria*
S05E0 54	uncultured soil bacterium	505	3e -140	uncultured *Verrucomicrobia*	2	482	4e -133	*Verrucomicrobiae*
S05E0 55	uncultured bacterium	670	0,E+00	*Synechococcus spec.*	12	630	7e -178	*Cyanobacteria*
S05E0 56	uncultured *Planctomycetes*	232	3e -58	uncultured *Planctomycete*	1	232	3e -58	*Planctomycetacia*
S05E0 57	uncultured *Planctomycetes*	488	8e -135	uncultured *Planctomycete*	1	488	8e -135	*Planctomycetacia*
S05E0 58	uncultured bacterium	448	5e -123	*Synechococcus spec.*	14	432	3e -118	*Cyanobacteria*

Tabelle T15a: Ergebnis Klonierung September 2005, E1, Klone 01 bis 13, Klassenzuordnung nach Taxonomicon 2006

Probe	Art höchste Wahrscheinlichkeit	Score	e Value	nächste beschr. Gattung / Art	Rang	Score	e Value	Klasse
S05E1 01	uncultured freshwater bacterium	910	0,E+00	uncultured *Verrucomicrobiales*	9	767	0,E+00	*Verrucomicrobiae*
S05E1 02	uncultured *Verrucomicrobia*	912	0,E+00	uncultured *Verrucomicrobia*	1	912	0,E+00	*Verrucomicrobiae*
S05E1 03	uncultured bacterium clone HTC12	795	0,E+00	uncultured *Planctomycete*	13	432	3,E-119	*Planctomycetacia*
S05E1 04	uncultured *Planctomycetales*	664	0,E+00	uncultured *Planctomycetales*	1	664	0,E+00	*Planctomycetacia*
S05E1 05	uncultured bacterium clone 254ds	914	0,E+00	*Magnetic coccus*	7	345	7,E-93	*α- Proteobacteria*
S05E1 06	uncultured bacterium clone pLW-82	777	0,E+00	uncultured *Chloroflexi*	31	551	7,E-155	*Chloroflexi*
S05E1 07	uncultured Beta Proteobacterium	186	6,E-46	uncultured *Oxalobacteraceae*	26	186	6,E-46	*β- Proteobacteria*
S05E1 08	unclassified organism (*Acidobacterium*)	525	3,E-147	unclassified *Acidobacterium*	1	525	3,E-147	*Acidobacteria*
S05E1 09	uncultured Eubacterium	658	0,E+00	uncultured *Chloroflexus sp.*	2	634	5,E-180	*Chloroflexi*
S05E1 10	uncultured bacterium DSSD34	726	0,E+00	uncultured *Planctomycete*	4	624	5,E-177	*Planctomycetacia*
S05E1 11	unidentified Eubacterium	642	0,E+00	uncultured *Acidobacterium*	12	615	4,E-174	*Acidobacteria*
S05E1 12	unidentified Eubacterium	551	5,E-154	uncultured *Acidobacterium*	8	523	1,E-145	*Acidobacteria*
S05E1 13	uncultured Gamma Proteobacterium	1122	0,E+00	*Lysobacter brunescens*	32	833	0,E+00	*γ - Proteobacteria*

Tabelle T15b: Ergebnis Klonierung September 2005, E1, Klone 14 bis 49, Klassenzuordnung nach Taxonomicon 2006

Probe	Art höchste Wahrscheinlichkeit	Score	e Value	nächste beschr. Gattung / Art	Rang	Score	e Value	Klasse
S05E1 14	uncultured Crater Lake bacterium	1001	0,E+00	uncultured *Cyanobacterium*	12	979	0,E+00	*Cyanobacteria*
S05E1 15	*Magnetospirillum sp. CF19*	1100	0,E+00	*Magnetospirillum sp. CF19*	1	1100	0,E+00	*α- Proteobacteria*
S05E1 16	*Magnetospirillum sp. CF19*	208	5E-51	*Magnetospirillum sp. CF19*	1	208	5,E-51	*α- Proteobacteria*
S05E1 17	unidentified bacterium	561	5E-157	uncultured *Cyanobacterium*	6	476	2E-131	*Cyanobacteria*
S05E1 18	uncultured soil bacterium clone	618	3,E-175	uncultured *Chlorobi* bacterium	9	392	3,E-107	*Chlorobia*
S05E1 19	uncultured Cyanobacterium clone	228	4,E-57	uncultured *Cyanobacterium*	1	228	4,E-57	*Cyanobacteria*
S05E1 20	uncultured bacterium SY6-54	486	2E-134	uncultured Beta Proteobacterium	3	478	5E-132	*β- Proteobacteria*
S05E1 21	uncultured bacterium gene	585	3,E-165	uncultured *Afipia sp.*	30	521	4,E-146	*α- Proteobacteria*
S05E1 22	Gemmata-like str. JW10	884	0,E+00	uncultured *Planctomycete*	2	507	7,E-142	*Planctomycetacia*
S05E1 24	uncultured Gamma Proteobacterium	502	4,E-139	uncultured Gamma Proteobacterium	1	502	4E-139	*γ - Proteobacteria*
S05E1 27	*Magnetospirillum sp. CF19*	878	0,E+00	*Magnetospirillum sp. CF19*	1	878	0,E+00	*α- Proteobacteria*
S05E1 28	uncultured bacterium clone K4_4	474	5,E-132	*Thiococcus sp.*	12	359	2,E-97	*γ - Proteobacteria*
S05E1 29	unclassified organism (*Acidobacterium*)	432	4,E-119	unclassified *Acidobacterium*	1	432	4,E-119	*Acidobacteria*
S05E1 30	unidentified bacterium	569	3,E-160	uncultured *Verrucomicrobia*	8	505	3,E-141	*Verrucomicrobiae*
S05E1 31	*Magnetospirillum sp. CF19*	327	8E-87	*Magnetospirillum sp. CF19*	1	327	8E-87	*α- Proteobacteria*
S05E1 32	uncultured bacterium clone	640	0,E+00	uncultured *Chloroflexus sp.*	11	593	2E-166	*Chloroflexi*
S05E1 33	uncultured bacterium	876	0,E+00	*Rhodobacter sp.*	9	753	0,E+00	*α- Proteobacteria*
S05E1 34	uncultured bacterium gene for 16S	722	0,E+00	*Stigmatella aurantiaca*	6	626	1,E-177	*δ- Proteobacteria*
S05E1 35	Beta Proteobacterium HTCC303	878	0,E+00	*Aquabacterium sp.*	8	854	0,E+00	*β- Proteobacteria*
S05E1 36	uncultured *Verrucomicrobia*	375	5E-101	uncultured *Verrucomicrobia*	1	375	5E-101	*Verrucomicrobiae*
S05E1 37	uncultured *Planctomycetales*	315	5E-83	uncultured *Planctomycetales*	1	315	5E-83	*Planctomycetacia*
S05E1 38	uncultured *Cyanobacterium*	946	0,E+00	*Synechococcus sp.*	2	946	0,E+00	*Cyanobacteria*
S05E1 39	uncultured *Verrucomicrobia*	482	4,E-133	uncultured *Verrucomicrobia*	1	482	4E-133	*Verrucomicrobiae*
S05E1 41	uncultured Alpha Proteobacterium	879	2,E-163	uncultured *Acidisphaera sp.*	11	547	6,E-154	*α- Proteobacteria*
S05E1 42	uncultured bacterium SY6-44	955	0,E+00	*Methylobacter sp.*	5	952	0,E+00	*γ - Proteobacteria*
S05E1 43	uncultured bacterium	696	0,E+00	uncultured *Planctomycete*	8	420	2,E-114	*Planctomycetacia*
S05E1 45	uncultured *Bacteroidetes*	492	5,E-136	uncultured *Cytophaga spec.*	14	383	3,E-103	*Sphingobacteria*
S05E1 46	uncultured bacterium	872	0,E+00	uncultured *Planctomycete*	4	617	1,E-173	*Planctomycetacia*
S05E1 48	uncultured Beta Proteobacterium	753	0,E+00	uncultured *Rhodocyclaceae*	59	615	6,E-173	*β- Proteobacteria*
S05E1 49	uncultured *Bacteroidetes*	589	3,E-136	uncultured *Cytophaga sp.*	81	474	1,E-130	*Sphingobacteria*

Tabelle T15c: Ergebnis Klonierung September 2005, E1, Klone 50 bis 56, Klassenzuordnung nach Taxonomicon 2006

Probe	Art höchste Wahrscheinlichkeit	Score	e Value	nächste beschr. Gattung / Art	Rang	Score	e Value	Klasse
S05E1 50	uncultured bacterium	646	0,E+00	uncultured Planctomycete	3	222	8,E-55	*Planctomycetacia*
S05E1 51	uncultured Beta Proteobacterium	48,1	8,E-03	*Burkholderia glathei*	5	46,1	3,E-02	*β- Proteobacteria*
S05E1 52	uncultured bacterium	266	4,E-68	uncultured *Verrucomicrobia*	11	242	6,E-61	*Verrucomicrobiae*
S05E1 53	uncultured bacterium	607	1,E-170	uncultured *Planctomycete*	3	222	8,E-55	*Planctomycetacia*
S05E1 54	uncultured bacterium	670	0,E+00	uncultured *Rhodomicrobium sp.*	4	630	8,E-178	*α- Proteobacteria*
S05E1 55	uncultured Alpha Proteobacterium	959	0,E+00	*Brevundimonas spec.*	3	480	3,E-132	*α- Proteobacteria*
S05E1 56	unidentified bacterium	724	0,E+00	uncultured *Cyanobacterium*	9	674	0,E+00	*Cyanobacteria*

Tabelle T16a: Ergebnis Klonierung Februar 2006, E1, Klone 01 bis 25, Klassenzuordnung nach Taxonomicon 2006

Probe	Art höchste Wahrscheinlichkeit	Score	e Value	nächste beschr. Gattung / Art	Rang	Score	e Value	Klasse
F06E1 01	uncultured bacterium clone	726	0,E+00	uncultured *Actinobacterium* clone	2	676	0,E+00	*Actinobacteria*
F06E1 02	uncultured bacterium clone	605	5,E-170	uncultured *Nitrospira sp.* clone	5	589	3,E-165	*Nitrospira*
F06E1 03	Bacterium Ellin428 16S ribosomal RNA	644	0,E+00	uncultured *Verrucomicrobia*	4	642	0,E+00	*Verrucomicrobiae*
F06E1 04	uncultured *Holophaga sp.*	609	3,E-171	*Geothrix fermentans*	4	564	6,E-157	*Acidobacteria*
F06E1 05	uncultured bacterium	327	2,E-86	*Sphaerochaeta sp.*	8	285	6,E-74	*Spirochaeta*
F06E1 06	uncultured bacterium partial 16S	767	0,E+00	uncultured *Methylophilus sp.*	27	704	0,E+00	*β- Proteobacteria*
F06E1 07	uncultured bacterium partial 16S	444	1,E-121	uncultured *Planctomycetales*	9	412	4,E-112	*Planctomycetacia*
F06E1 08	uncultured bacterium partial 16S	504	1,E-139	*Desulfobacterium indolicum*	8	291	8,E-76	*δ- Proteobacteria*
F06E1 09	*Nitrospira sp.*	718	0,E+00	*Nitrospira cf. moscoviensis*	19	636	1,E-179	*Nitrospira*
F06E1 11	uncultured bacterium partial 16S	839	0,E+00	uncultured *Cyanobacterium*	15	777	0,E+00	*Cyanobacteria*
F06E1 12	unidentified bacterium	593	2,E-166	uncultured *Geothrix sp.*	7	515	3,E-143	*Acidobacteria*
F06E1 13	unidentified bacterium	676	0,E+00	uncultured *Cyanobacterium*	7	553	2,E-154	*Cyanobacteria*
F06E1 14	uncultured bacterium	640	0,E+00	*Prosthecobacter vanneervenii*	5	618	3,E-174	*Verrucomicrobiae*
F06E1 15	uncultured bacterium	157	3,E-35	uncultured Delta Proteobacterium	9	143	4,E-31	*δ- Proteobacteria*
F06E1 16	uncultured bacterium	630	9,E-178	*Pedobacter sp.*	31	293	2,E-76	*Sphingobacteria*
F06E1 17	uncultured bacterium	670	0,E+00	uncultured *Chloroflexus sp.* clone	6	652	0,E+00	*Chloroflexi*
F06E1 18	uncultured *Cytophagales* bacterium	404	6,E-110	*Flavobacterium sp.*	5	365	5,E-98	*Flavobacteria*
F06E1 19	unidentified bacterium	680	0,E+00	uncultured *Cyanobacterium*	5	581	6,E-163	*Cyanobacteria*
F06E1 21	uncultured *Bacteroidetes* bacterium	339	4,E-90	*Ginsenisolibacter pocheensis*	25	161	2,E-36	*Sphingobacteria*
F06E1 22	uncultured bacterium	605	5,E-170	*Methylobacter sp.*	3	557	1,E-155	*γ - Proteobacteria*
F06E1 23	unidentified bacterium	385	6,E-104	uncultured *Cyanobacterium*	5	321	7,E-85	*Cyanobacteria*
F06E1 24	uncultured bacterium clone	44,1	2,E-01	*Clostridium sp.*	2	42,1	8,E-01	*Clostridia*
F06E1 25	unidentified bacterium	805	0,E+00	uncultured *Cyanobacterium*	9	666	0,E+00	*Cyanobacteria*

Tabelle T16b: Ergebnis Klonierung Februar 2006, E1, Klone 26 bis 60, Klassenzuordnung nach Taxonomicon 2006

Probe	Art höchste Wahrscheinlichkeit	Score	e Value	nächste beschr. Gattung / Art	Rang	Score	e Value	Klasse
F06E1 26	uncultured bacterium	573	2,E-160	*Desulfobacterium indolicum*	15	466	4,E-128	*δ- Proteobacteria*
F06E1 27	uncultured bacterium clone	204	1,E-49	*Flavobacterium psychrophilum*	34	129	5,E-27	*Flavobacteria*
F06E1 29	uncultured bacterium clone	611	8,E-172	*Lysobacter brunescens*	12	547	1,E-152	*γ - Proteobacteria*
F06E1 31	uncultured bacterium	323	2,E-85	*Flavobacterium sp.*	5	307	1,E-80	*Flavobacteria*
F06E1 32	uncultured Proteobacterium	557	1,E-155	*Myxococcales bacterium*	2	517	9,E-144	*δ- Proteobacteria*
F06E1 33	uncultured bacterium clone	482	5,E-133	*Methylomonas rubra*	9	387	2,E-104	*γ - Proteobacteria*
F06E1 34	unidentified bacterium	741	0,E+00	uncultured *Geothrix sp.*	8	603	2,E-169	*Acidobacteria*
F06E1 35	uncultured bacterium clone	48,1	2,E-02	unidentified *Verrucomicrobium*	8	46,1	0.070	*Verrucomicrobiae*
F06E1 37	uncultured bacterium clone	561	6,E-157	uncultured *Planctomycetales*	8	505	3,E-140	*Planctomycetacia*
F06E1 38	uncultured bacterium	168	5,E-39	*Spirochaeta xylanolyticus*	7	129	4,E-27	*Spirochaeta*
F06E1 39	unidentified bacterium	896	0,E+00	uncultured *Cyanobacterium* clone	5	757	0,E+00	*Cyanobacteria*
F06E1 41	*Methanospirillum hungatei*	38,2	1,E+01	*Methanospirillum hungatei*	1	38,2	1,E+01	*Methanococci*
F06E1 42	uncultured *Gemmatimonadetes* bacteriu	672	0,E+00	uncultured *Chloroflexi* bacterium	18	456	3,E-125	*Chloroflexi*
F06E1 44	uncultured Crater Lake bacterium	640	0,E+00	uncultured *Planctomycete*	8	349	4,E-93	*Planctomycetacia*
F06E1 45	uncultured bacterium clone	781	0,E+00	uncultured *Holophaga sp.*	4	757	0,E+00	*Acidobacteria*
F06E1 46	unidentified bacterium	674	0,E+00	uncultured *Cyanobacterium*	6	555	4,E-155	*Cyanobacteria*
F06E1 47	*Bradyrhizobium japonicum*	40,1	5,E+00	*Bradyrhizobium japonicum*	1	40,1	5,E+00	*α- Proteobacteria*
F06E1 48	uncultured Proteobacterium	137	1,E-29	uncultured Delta Proteobacterium	13	67,9	1,E-08	*δ- Proteobacteria*
F06E1 49	uncultured bacterium	369	5,E-99	*Burkholderia sp.*	13	345	8,E-92	*β- Proteobacteria*
F06E1 50	uncultured bacterium	1053	0,E+00	uncultured *Cyanobacterium*	10	950	0,E+00	*Cyanobacteria*
F06E1 51	uncultured bacterium	985	0,E+00	uncultured Gamma Proteobacterium	4	888	0,E+00	*γ - Proteobacteria*
F06E1 52	uncultured freshwater bacterium	944	0,E+00	*Rhodobacter massiliensis*	3	880	0,E+00	*α- Proteobacteria*
F06E1 53	uncultured bacterium	928	0,E+00	uncultured Beta Proteobacterium	5	741	0,E+00	*β- Proteobacteria*
F06E1 54	uncultured *Planctomycete*	642	0,E+00	uncultured *Planctomyces sp.*	9	434	1,E-118	*Planctomycetacia*
F06E1 56	uncultured *Planctomycete*	480	2,E-132	uncultured *Planctomycete*	1	480	2,E-132	*Planctomycetacia*
F06E1 59	uncultured Gamma Proteobacterium	632	2,E-178	*Crenothrix polyspora*	2	618	3,E-174	*γ - Proteobacteria*
F06E1 60	uncultured *Cyanobacterium*	244	2,E-61	uncultured *Cyanobacterium*	2	236	4,E-59	*Cyanobacteria*

Tabelle T17a: Ergebnis Klonierung August 2006, F1, Klone 01 bis 33, Klassenzuordnung nach Taxonomicon 2006

Probe	Art höchste Wahrscheinlichkeit	Score	e Value	nächste beschr. Gattung / Art	Rang	Score	e Value	Phylum / Klasse
A06F1 01	uncultured *Microbacteriaceae* bacterium	547	7,E-153	uncultured *Actinomycete*	4	391	9,E-106	*Actinobacteria*
A06F1 02	uncultured Proteobacterium	757	0,E+00	uncultured Alpha Proteobacterium	3	726	0,E+00	*α- Proteobacteria*
A06F1 03	uncultured bacterium	565	5,E-158	uncultured *Cyanobacterium*	5	519	3,E-144	*Cyanobacteria*
A06F1 04	uncultured bacterium	624	5,E-176	Gamma Proteobacterium Y-134	4	531	5,E-148	*γ - Proteobacteria*
A06F1 05	unidentified bacterium	737	0,E+00	uncultured *Acidobacteria* bacterium	4	634	6,E-179	*Acidobacteria*
A06F1 06	uncultured soil bacterium	289	3,E-75	uncultured *Actinobacterium*	4	287	1,E-74	*Actinobacteria*
A06F1 07	uncultured bacterium	700	0,E+00	uncultured Alpha Proteobacterium	4	642	0,E+00	*α- Proteobacteria*
A06F1 08	uncultured bacterium	404	1,E-109	uncultured *Cyanobacterium*	6	287	2,E-74	*Cyanobacteria*
A06F1 09	uncultured Proteobacterium	745	0,E+00	uncultured Delta Proteobacterium	6	591	8,E-166	*δ- Proteobacteria*
A06F1 10	uncultured bacterium	769	0,E+00	uncultured *Sphingobacteria* bacterium	44	325	8,E-86	*Sphingobacteria*
A06F1 11	uncultured Proteobacterium	694	0,E+00	uncultured Gamma Proteobacterium	6	440	2,E-120	*γ - Proteobacteria*
A06F1 12	uncultured freshwater bacterium	396	2,E-107	*Gemmatimonas aurantiaca*	5	317	1,E-83	*Gemmatimonadetes*
A06F1 13	uncultured bacterium	315	7,E-83	uncultured *Planctomycete*	8	264	2,E-67	*Planctomycetacia*
A06F1 15	uncultured *Cyanobacterium*	844	0,E+00	uncultured *Cyanobacterium*	1	844	0,E+00	*Cyanobacteria*
A06F1 17	uncultured *Prochlorococcus sp.*	579	3,E-162	uncultured *Synechococcus sp.*	5	571	7,E-160	*Cyanobacteria*
A06F1 18	uncultured *Chloroflexi* bacterium	757	0,E+00	uncultured *Chloroflexi* bacterium	6	628	4,E-177	*Chloroflexi*
A06F1 19	*Staphylococcus intermedius*	40,1	4,E+00	*Staphylococcus intermedius*	1	40,1	4,E+00	*Bacilli*
A06F1 20	*Haloarcula marismortui*	40,1	5,E+00	*Haloarcula marismortui*	1	40,1	5,E+00	*Halobacteria*
A06F1 21	uncultured eubacterium	414	8,E-113	uncultured Gamma Proteobacterium	4	392	3,E-106	*γ - Proteobacteria*
A06F1 22	uncultured bacterium	737	0,E+00	uncultured *Actinobacterium*	8	684	0,E+00	*Actinobacteria*
A06F1 24	uncultured *Arthrobacter sp.*	262	8,E-67	uncultured *Arthrobacter sp .*	1	262	8,E-67	*Actinobacteria*
A06F1 25	uncultured *Cyanobacterium*	46,1	0,E+00	uncultured *Cyanobacterium*	2	44,1	2,E-01	*Cyanobacteria*
A06F1 26	uncultured bacterium	811	0,E+00	uncultured *Actinobacterium*	11	289	5,E-75	*Actinobacteria*
A06F1 27	uncultured bacterium	837	0,E+00	uncultured Beta Proteobacterium	7	781	0,E+00	*β- Proteobacteria*
A06F1 28	uncultured bacterium	323	4,E-85	uncultured *Acidobacteriales* bacterium	4	309	5,E-81	*Acidobacteria*
A06F1 29	uncultured *Cyanobacterium*	1126	0,E+00	uncultured bacterium	2	1118	0,E+00	*Cyanobacteria*
A06F1 30	uncultured *Cyanobacterium*	948	0,E+00	uncultured *Cyanobacterium*	2	942	0,E+00	*Cyanobacteria*
A06F1 31	uncultured bacterium partial 16s	846	0,E+00	uncultured *Chloroflexi*	7	545	5,E-152	*Chloroflexi*
A06F1 32	uncultured bacterium SY 3-22	640	0,E+00	uncultured *Actinobacterium* clone	3	640	0,E+00	*Actinobacteria*
A06F1 33	uncultured bacterium partial 16s	704	0,E+00	uncultured *Planctomycete* clone	3	420	2,E-114	*Planctomycetacia*

Tabelle T17b: Ergebnis Klonierung August 2006, F1, Klone 36 bis 58, Klassenzuordnung nach Taxonomicon 2006

Probe	Art höchste Wahrscheinlichkeit	Score	e Value	nächste beschr. Gattung / Art	Rang	Score	e Value	Klasse
A06F1 36	uncultured bacterium clone S-BQ2	926	0,E+00	uncultured Alpha Proteobacterium	11	882	0,E+00	α- *Proteobacteria*
A06F1 37	uncultured bacterium clone SIMO-21	383	4,E-103	uncultured *Planctomycetales*	2	353	4,E-942	*Planctomycetacia*
A06F1 38	*Cyanobium sp.*	993	0,E+00	Cyanobium sp.	1	993	0,E+00	*Chroobacteria*
A06F1 40	uncultured bacterium partial 16s	890	0,E+00	unidentified *Cytophagales*	33	622	3,E-175	*Sphingobacteria*
A06F1 42	uncultured bacterium clone ES3	712	0,E+00	uncultured *Chloroflexi*	2	622	2,E-175	*Chloroflexi*
A06F1 43	uncultured bacterium clone HT2F11	712	0,E+00	uncultured *Planctomycete* clone	9	293	2,E-76	*Planctomycetacia*
A06F1 44	*Agrobacterium sanguineum*	995	0,E+00	*Agrobacterium sanguineum*	1	995	0,E+00	α- *Proteobacteria*
A06F1 45	uncultured bacterium clone CS17	585	5,E-164	uncultured *Chloroflexi*	16	535	4,E-149	*Chloroflexi*
A06F1 46	uncultured bacterium SHA-24	729	0,E+00	uncultured *Chloroflexi*	20	652	0,E+00	*Chloroflexi*
A06F1 47	uncultured *Verrucomicrobia*	444	8,E-122	uncultured *Verrucomicrobia*	1	444	8,E-122	*Verrucomicrobiae*
A06F1 48	uncultured bacterium clone 661243	85,7	3,E-14	unidentified *Cytophagales*	10	77,8	8,E-12	*Sphingobacteria*
A06F1 49	uncultured Proteobacterium clone	567	2,E-158	uncultured Delta Proteobacterium	6	470	3,E-129	δ- *Proteobacteria*
A06F1 50	uncultured bacterium partial 16s	936	0,E+00	uncultured Alpha Proteobacterium	5	858	0,E+00	α- *Proteobacteria*
A06F1 52	uncultured bacterium	389	7,E-105	uncultured Delta Proteobacterium	2	262	1,E-66	δ- *Proteobacteria*
A06F1 53	*Synechococcus sp.*	753	0,E+00	uncultured *Prochlorococcus sp.*	2	745	0,E+00	*Cyanobacteria*
A06F1 54	uncultured bacterium	755	0,E+00	*Syntrophus gentianae*	11	500	2,E-138	δ- *Proteobacteria*
A06F1 57	uncultured *Cyanobacterium*	609	3,E-171	uncultured bacterium	2	609	3,E-171	*Cyanobacteria*
A06F1 58	uncultured bacterium	339	3,E-90	uncultured *Chlorobi* bacterium	9	141	2,E-30	*Chlorobia*

Tabelle T18: ausgewählte Werte der BIOLOG-Messung [OD], F1, H1, S1 vom August 2006

	F1				H1				S1			
24h	1	2	3	4	5	6	7	8	9	10	11	12
A	0,00	0,00	0,01	0,00	0,00	0,00	0,00	0,00	0,00	0,00	0,00	0,01
B	0,00	0,00	0,01	0,01	0,00	0,00	0,00	0,00	0,00	0,00	0,00	0,00
C	0,00	0,03	0,00	0,00	0,00	0,00	0,00	0,00	0,00	0,00	0,00	0,00
D	0,03	0,01	0,00	0,00	0,01	0,00	0,00	0,00	0,01	0,00	0,00	0,00
E	0,00	0,00	0,00	0,00	0,00	0,00	0,01	0,00	0,00	0,01	0,02	0,00
F	0,00	0,01	0,00	0,01	0,01	0,00	0,00	0,00	0,00	0,01	0,00	0,00
G	0,00	0,00	0,00	0,02	0,00	0,00	0,00	0,00	0,00	0,00	0,00	0,00
H	0,01	0,00	0,00	0,00	0,00	0,00	0,00	0,03	0,01	0,00	0,00	0,00

	F1				H1				S1			
120h	1	2	3	4	5	6	7	8	9	10	11	12
A	0,02	1,34	1,04	1,60	0,02	0,04	1,39	1,15	0,02	1,26	1,17	2,02
B	2,64	0,53	2,44	2,39	0,78	0,01	1,90	2,87	1,08	2,28	0,91	2,43
C	1,56	0,52	0,00	0,65	1,78	0,22	0,00	0,54	2,12	1,78	0,14	0,66
D	2,06	2,56	2,45	2,36	2,00	0,30	2,70	2,65	1,51	2,43	1,37	1,93
E	0,72	1,80	0,08	0,00	0,55	0,62	0,84	0,17	0,74	1,94	0,46	0,47
F	2,30	0,98	1,62	0,12	0,43	1,25	0,22	0,68	1,59	1,78	1,06	0,83
G	2,02	0,58	0,02	2,29	0,21	1,80	0,00	2,11	1,98	0,11	0,03	1,41
H	0,16	0,16	1,41	1,88	0,15	0,20	0,83	0,86	0,41	0,23	1,05	1,11

	F1				H1				S1			
194h	1	2	3	4	5	6	7	8	9	10	11	12
A	0,03	1,35	1,46	1,55	0,03	0,09	1,40	2,10	0,05	1,29	1,12	1,99
B	2,56	1,32	2,19	2,31	1,45	0,04	1,87	2,94	1,48	2,35	0,90	2,32
C	1,65	1,42	0,05	2,18	2,12	0,90	0,00	1,73	2,43	2,67	0,75	1,75
D	2,67	2,87	2,34	2,33	2,51	2,22	2,73	2,68	2,01	2,51	1,36	1,78
E	1,23	1,77	0,20	1,06	1,72	1,56	2,27	2,77	2,06	1,98	2,29	2,52
F	2,26	0,91	1,59	0,37	1,42	1,20	1,11	1,85	2,24	1,70	2,37	1,34
G	1,98	0,71	0,05	2,92	0,23	1,66	0,05	1,92	1,99	0,49	0,37	1,26
H	0,17	0,23	1,33	1,84	0,17	0,21	2,10	0,85	1,32	0,28	1,00	1,04

	F1				H1				S1			
314h	1	2	3	4	5	6	7	8	9	10	11	12
A	0,03	1,34	2,09	1,41	0,04	0,11	1,38	2,37	0,06	1,23	1,21	2,01
B	2,45	1,21	2,10	2,28	1,42	0,11	1,84	2,78	1,39	2,43	0,84	2,38
C	1,69	1,65	0,14	2,33	2,44	2,44	0,01	2,79	2,83	3,04	1,36	1,66
D	2,54	2,91	2,31	2,24	2,81	2,88	2,71	2,55	2,13	2,38	1,22	1,75
E	2,79	1,73	0,20	2,76	2,84	1,53	2,23	2,67	2,00	1,92	2,33	2,74
F	2,20	0,91	1,52	1,51	1,61	1,15	2,54	2,28	2,17	1,61	2,11	1,42
G	1,90	0,83	0,13	3,05	1,89	1,60	0,47	1,67	1,93	1,27	0,81	1,18
H	0,15	0,20	1,37	1,71	0,12	0,16	2,03	0,80	2,62	0,29	0,94	0,91

	F1				H1				S1			
460h	1	2	3	4	5	6	7	8	9	10	11	12
A	0,03	1,26	1,95	1,38	0,04	0,19	1,39	2,38	0,06	1,17	1,18	1,86
B	2,48	1,15	2,10	2,24	1,40	0,28	1,82	2,66	1,30	2,24	0,81	2,42
C	1,65	1,60	0,18	2,26	2,59	2,96	0,01	2,71	2,94	3,04	1,12	1,59
D	2,50	2,93	2,30	2,12	2,88	2,91	2,69	2,41	2,20	2,11	1,14	1,73
E	2,57	1,74	0,23	2,70	2,73	1,51	2,22	2,59	1,94	1,84	2,30	2,54
F	2,18	0,88	1,43	1,49	1,58	1,08	2,43	2,20	2,18	1,66	2,20	1,37
G	1,85	0,90	0,22	2,87	2,14	1,63	0,98	1,59	1,79	1,23	0,85	1,09
H	0,14	0,16	1,41	1,56	0,11	0,20	2,02	0,75	2,43	0,28	0,91	0,89

Tabelle T19: ausgewählte Werte der BIOLOG-Messung [OD], F4, H4, S1 vom August 2006

	F4				H4				S4			
24h	1	2	3	4	5	6	7	8	9	10	11	12
A	0,00	0,00	0,00	0,00	0,00	0,00	0,00	0,00	0,00	0,00	0,00	0,00
B	0,00	0,00	0,00	0,00	0,00	0,00	0,00	0,00	0,00	0,00	0,00	0,00
C	0,00	0,00	0,00	0,00	0,04	0,00	0,00	0,00	0,01	0,00	0,00	0,00
D	0,00	0,00	0,00	0,00	0,01	0,00	0,00	0,00	0,01	0,00	0,00	0,00
E	0,00	0,00	0,00	0,00	0,00	0,00	0,01	0,00	0,00	0,05	0,02	0,00
F	0,00	0,00	0,00	0,00	0,00	0,00	0,00	0,00	0,00	0,00	0,00	0,00
G	0,00	0,00	0,00	0,00	0,00	0,00	0,00	0,00	0,00	0,00	0,00	0,00
H	0,00	0,00	0,00	0,00	0,00	0,00	0,00	0,00	0,00	0,00	0,00	0,00
	F4				H4				S4			
120h	1	2	3	4	5	6	7	8	9	10	11	12
A	0,01	0,30	0,84	0,01	0,00	0,01	1,02	1,77	0,01	0,19	0,10	1,11
B	1,51	0,00	1,04	2,19	1,17	0,00	1,00	1,91	0,62	0,00	1,92	2,22
C	1,86	0,02	0,00	0,55	1,49	0,21	0,00	0,51	1,56	0,14	0,00	0,66
D	1,53	0,02	0,56	0,04	1,43	0,13	0,52	0,03	1,67	0,07	1,15	0,02
E	0,07	0,02	0,18	0,61	0,03	1,95	0,96	0,03	0,00	0,05	0,42	0,04
F	0,06	1,12	0,00	0,07	0,05	0,31	0,05	0,42	0,64	0,05	0,03	0,03
G	0,44	0,02	0,00	1,02	0,60	0,02	0,00	0,00	0,41	0,24	0,00	0,00
H	0,01	0,01	0,96	0,00	0,00	0,41	0,16	0,00	0,01	0,02	0,03	1,13
	F4				H4				S4			
194h	1	2	3	4	5	6	7	8	9	10	11	12
A	0,01	0,60	0,83	0,33	0,00	0,01	2,80	2,25	0,02	0,74	2,35	1,14
B	1,50	0,00	2,50	2,94	1,28	0,00	3,08	2,67	0,61	0,14	1,94	3,07
C	2,45	0,02	0,00	2,03	2,07	0,23	0,00	1,61	2,66	0,22	0,00	1,42
D	2,50	0,64	1,85	0,14	2,27	1,02	2,12	0,09	2,31	0,74	1,12	0,07
E	1,51	0,50	0,15	2,65	0,65	2,01	2,63	2,00	0,01	1,81	2,24	0,57
F	0,06	1,02	0,28	0,16	0,05	1,51	0,62	0,77	1,51	0,10	0,42	0,08
G	2,06	0,00	0,00	1,99	2,11	0,01	0,00	0,00	1,64	0,27	0,62	0,00
H	0,01	0,01	0,92	0,00	0,00	0,48	0,24	0,00	0,01	0,02	0,03	1,79
	F4				H4				S4			
314h	1	2	3	4	5	6	7	8	9	10	11	12
A	0,02	0,58	0,85	1,16	0,00	0,02	3,06	2,32	0,02	0,68	2,55	0,97
B	1,47	0,00	2,46	2,98	1,32	1,20	2,97	2,54	1,30	1,10	1,90	3,04
C	2,38	0,03	0,00	2,97	2,75	0,22	0,00	2,98	2,89	0,21	0,00	2,11
D	2,58	1,69	1,81	2,46	2,98	2,21	2,04	2,10	2,51	1,96	0,98	1,52
E	1,60	2,36	0,14	2,77	2,66	1,94	2,58	2,65	0,24	2,80	2,72	1,97
F	0,06	0,97	1,82	0,95	0,05	2,67	1,60	0,97	2,17	0,75	1,12	0,24
G	1,99	0,01	0,08	2,24	2,07	0,02	0,11	0,09	2,61	0,23	0,95	0,04
H	0,01	0,03	0,89	0,57	0,01	0,43	1,77	0,34	0,06	0,03	0,08	1,78
	F4				H4				S4			
460h	1	2	3	4	5	6	7	8	9	10	11	12
A	0,02	0,57	0,89	2,39	0,00	0,01	2,64	2,35	0,02	0,64	2,26	0,90
B	1,44	0,02	2,36	2,95	1,36	1,03	2,73	2,55	1,14	1,61	1,89	3,04
C	2,26	0,04	0,00	3,01	2,78	0,17	0,00	2,96	2,97	0,15	0,00	2,13
D	2,65	3,01	1,86	2,62	2,90	3,10	2,01	3,21	2,48	3,23	0,95	2,74
E	1,76	2,28	0,14	2,76	2,32	1,91	2,54	2,81	2,07	2,67	2,71	2,19
F	0,09	0,96	1,93	1,63	0,05	2,80	1,79	0,96	2,17	1,62	1,21	0,71
G	2,00	0,03	1,01	2,12	2,07	0,03	0,70	0,22	2,53	0,25	1,24	0,09
H	0,08	0,10	0,84	1,43	0,07	0,47	2,76	1,36	0,80	0,04	0,34	1,82

Tabelle T20: Kulturen auf Wassermedium, Koloniemorphologie, E, S, H

Nr.	Farbe			Morphologie			
	original	überimpft	Größe	Höhe, Profil	Form	Rand	Sonstiges
ED01E	farblos	weiß	0,5 mm	flach	rund	glatt	rauhe Oberfläche
ED02E	farblos	farblos	5 mm	flach	rund	auslaufend	kaum sichtbar
ED03E	farblos	farblos	4 mm	flach	rund	glatt	rauhe Oberfläche
ED04E	farblos	weiß	2 mm	knopfförmig	rund	glatt	
ED05E	farblos	gelb	2 mm	knopfförmig, Mitte eingefallen	rund	glatt	
ED06E	violett	violett	2 mm	flach	unregelmäßig	gebuchtet	kaum sichtbar
ED07S	farblos	farblos	1 mm	flach	rund	glatt	
ED08S	farblos	farblos	4 mm	flach	rund	auslaufend	kaum sichtbar
ED09S	farblos	farblos	2 mm	knopfförmig, Mitte eingefallen	rund	glatt	
ED10S	farblos	farblos	2 mm	knopfförmig, Mitte eingefallen	rund	glatt, weiß	
ED11H	farblos	gelb	3 mm	knopfförmig, Mitte eingefallen	rund	glatt	schwärmt (=H)
ED12H	farblos	gelb	4 mm	flach	fädig	glatt	
ED13H	farblos	farblos	4 mm	flach	unregelmäßig	gebuchtet	
ED14H	farblos	gelb	5 mm	flach	rund	glatt	H
ED15E	weiß	weiß	1 mm	knopfförmig	rund	glatt	
ED16E	farblos	farblos	4 mm	flach, Mitte dichter	rund	glatt	
ED17E	weiß	weiß	1 mm	knopfförmig	rund	glatt	
ED18E	gelb	gelb	1 mm	erhaben	rund	glatt	
ED19E	weiß	gelb	1 mm	knopfförmig	rund	glatt	H
ED20E	farblos	gelb	2 mm	flach	rund	glatt	H
ED21E	rosa	rosa	2 mm	Mitte erhaben	rund	glatt	
EH01S	farblos	farblos	2 mm	Rand hoch, Mitte eingefallen	rund	glatt	
EH02S	farblos	farblos	10 mm	flach	rund	glatt	
EH03S	farblos	farblos	1 mm	knopfförmig	rund	glatt	
EH04S	farblos	farblos	4 mm	flach	rund	auslaufend	neblige Struktur
EH05S	farblos	farblos	2 mm	Mitte eingefallen	rund	glatt	
EH06S	farblos	farblos	Rasen	flach	unregelmäßig	gebuchtet	
EH07S	farblos	farblos	4 mm	flach	unregelmäßig	gebuchtet	
EH08S	farblos	gelb	5 mm	flach	unregelmäßig	gebuchtet	H
EH09S	farblos	farblos	10 mm	flach	rund	gebuchtet	kaum sichtbar
EH10H	farblos	farblos	0,5x1 mm	flach	unregelmäßig	gebuchtet	
EH11H	farblos	farblos	Rasen	flach	unregelmäßig	gebuchtet	
EH12H	violett	weiß	10 mm	flach	rund	glatt	
EH13H	farblos	gelb	1 mm	Knopfförmig	rund	glatt	H
EH14H	farblos	gelb	5 mm	sehr flach	rund	glatt	kaum sichtbar; H
EH15E	farblos	farblos	20 mm	flach	stark verzweigt	glatt	
EH16E	farblos	farblos	3 mm	flach	rund	glatt	TPU1 neg
EH17E	farblos	farblos	2 mm	flach	rund	auslaufend	
EH18E	weiß	weiß	1 mm	Mitte erhaben, Knopfförmig	rund	glatt	
EH19E	farblos	farblos	3 mm	Mitte erh., Rand eingefallen	rund	glatt	
EH20E	farblos	farblos	12 mm	flach	unregelmäßig	glatt	
EH21E	farblos	farblos	0,8 mm	extrem flach	rund	glatt	
EH22E	farblos	farblos	3 mm	erhaben	rund	glatt	
EH24E	farblos	farblos	2 mm	Mitte erhaben, Knopfförmig	rund	glatt	
EH25E	farblos	farblos	Rasen	flach	rund	gebuchtet	
EH26E	farblos	farblos	1 mm	Mitte erhaben, Knopfförmig	rund	glatt	

Tabelle T21: Kulturen auf Wassermedium, Genetik, E, S, H

Nr.	Restriktions-muster	Genetik						
		erste beschriebene Art	Übereinst.		Gaps		Score	e-value
ED01E	-	*Xanthomonas translucens*	47/50	94%	0	0%	77,8	2e-12
ED02E	01	*Janthinobacterium agaricidamnosum*	312/320	97%	0	0%	571	5e-160
ED03E	01	*Rhodoferax fermentans*	178/180	98%	0	0%	341	5e-91
ED04E	01	*Duganella zoogloeoides*	364/371	98%	0	0%	680	0,0
ED05E	-	keine Reinkultur						
ED06E	-	*Janthinobacterium lividum*	136/136	100%	0	0%	270	1e-69
ED07S	-	*Pseudomonas marginalis*	183/186	98%	0	0%	345	4e-92
ED08S	01	*Janthinobacterium agaricidamnosum*	282/290	97%	2	0%	496	2e-137
ED09S	01	*Janthinobacterium agaricidamnosum*	532/546	97%	2	0%	955	0,0
ED10S	02	*Nitrobacteria novellus*	514/524	98%	4	0%	938	0,0
ED11H	02	*Flavobacterium frigidimaris*	261/293	89%	5	1%	297	3e-77
ED12H	03	*Flavobacterium frigidimaris*	270/275	99%	0	0%	505	2e-140
ED13H	04	*Flavobacterium johnsoniae*	331/335	98%	0	0%	632	2e-178
ED14H	05	*Flavobacterium columnare*	126/130	96%	1	0%	224	5e-56
ED15E	01	*Janthinobacterium agaricidamnosum*	381/400	95%	0	0%	642	0,0
ED16E	-	*Rhodoferax antarcticus*	727/752	96%	8	1%	1229	0,0
ED17E	03	*Flavobacterium xinjiangense*	518/523	99%	1	0%	989	0,0
ED18E	06	*Flavobacterium omnivorum*	291/992	99%	0	0%	571	5e-160
ED19E	05	*Flavobacterium saccharophilum*	313/323	96%	1	0%	553	1e-154
ED20E	-	*Flavobacterium saccharophilum*	193/201	96%	2	0%	319	2e-84
ED21E	01	*Rhodobacter gluconicum*	99/103	96%	0	0%	172	2e-40
EH01S	01	*Janthinobacterium lividum*	128/130	98%	0	0%	246	1e-62
EH02S	-	*Duganella zooglenoides*	199/211	94%	0	0%	323	4e-85
EH03S	-	*Cenibacterium arsenoxidans*	194/203	95%	3	1%	309	2e-81
EH04S	01	*Janthinobacterium lividum*	66/67	98%	0	0%	125	5e-26
EH05S	01	*Janthinobacterium agaricidamnosum*	339/346	97%	0	0%	630	7e-178
EH06S	01	*Janthinobacterium agaricidamnosum*	365/373	97%	0	0%	676	0,0
EH07S	01	*Duganella zoogloeoides*	359/376	95%	0	0%	611	7e-172
EH08S	06	*Flavobacterium pectinovorum*	98/106	92%	0	0%	155	3e-35
EH09S	-	*Janthinobacterium lividum*	165/177	93%	0	0%	256	2e-65
EH10H	03	keine Reinkultur						
EH11H	-	*Flavobacterium johnsoniae*	151/155	97%	0	0%	276	2e-71
EH12H	-	*Flavobacterium johnsoniae*	167/177	94%	1	0%	264	1e-67
EH13H	09	*Flavobacterium johnsoniae*	111/117	94%	1	0%	149	2e-33
EH14H	09	*Flavobacterium johnsoniae*	215/218	98%	1	0%	400	7e-109
EH15E	06	*Flavobacterium hibernum*	196/197	99%	0	0%	383	1e-103
EH16E	-	*Flavobacterium columnare*	134/144	93%	0	0%	206	3e-50
EH17E	09	*Flavobacterium johnsoniae*	160/162	96%	0	0%	305	2e-80
EH18E	-	*Flavobacterium johnsoniae*	147/150	98%	0	0%	276	2e-71
EH19E	01	*Janthinobacterium agaricidamnosum*	384/394	97%	0	0%	702	0,0
EH20E	04	*Flavobacterium psychrophilum*	92/97	94%	0	0%	157	7e-36
EH21E	04	*Flavobacterium johnsoniae*	379/389	97%	0	0%	692	0,0
EH22E	04	*Flavobacterium columnare*	493/514	95%	0	0%	852	0,0
EH24E	-	*Flavobacterium omnivorum*	102/104	98%	0	0%	194	3e-47
EH25E	10	*Flavobacterium hercynium*	333/341	97%	0	0%	617	1e-173
EH26E	10	*Flavobacterium johnsoniae*	226/235	96%	1	0%	387	1e-104

Tabelle T22: Kulturen auf Wassermedium, Koloniemorphologie, F

Nr.	Farbe original	Farbe überimpft	Größe	Morphologie Höhe, Profil	Form	Rand	Sonstiges
FD01F	gelb	gelb	3 mm	flach	rund	gezahnt	schwärmt (=H)
FD02F	farblos	gelb	15 mm	flach	fädig	glatt	H
FD03F	gelb	gelb	2 mm	knopfförmig	rund	glatt	H
FD04F	gelb	weiß	1 mm	Rand hoch, Mitte eingefallen	rund	glatt	H; Konsistenz fest
FD05F	gelb	gelb	2 mm	knopfförmig	rund	glatt	
FD06F	violett	violett	1 mm	Rand hoch, Mitte eingefallen	rund	glatt	H; Konsistenz fest
FH01F	farblos	farblos	2 x 1 mm	Mitte eingefallen	oval	glatt	H
FH02F	farblos	farblos	2 mm	Mitte eingefallen	rund	glatt	H
FH03F	farblos	farblos	3 mm	Mitte eingefallen	rund	unregelmäß.	H
FH04F	farblos	farblos	3 mm	sehr flach	rund	glatt	H
FH05F	farblos	farblos	Rasen	flach	unregelmäß.	auslaufend	H
FH06F	farblos	weiß	Rasen	sehr flach	unregelmäß.	unregelmäß.	H
FH07F	weiß	weiß	2 mm	Rand hoch, Mitte eingefallen	rund	glatt	H
FH08F	farblos	farblos	5 mm	flach	unregelmäß.	gebuchtet	H; Konsistenz fest
FH09F	farblos	farblos	8 mm	flach	rund	gezahnt	
FH10F	farblos	farblos	3 mm	erhaben	unregelmäß.	glatt	H
FH11F	farblos	farblos	4 mm	flach	rund	glatt	H; kaum sichtbar
FH12F	farblos	farblos	Rasen	flach	unregelmäß.	gebuchtet	Konsistenz fest

Tabelle T23: Kulturen auf Wassermedium, Genetik, F

Nr.	Restriktions-muster	Genetik erste beschriebene Art	Übereinst.		Gaps		Score	e-value
FD01F	07	*Flavobacterium hibernum*	116/118	98%	0	0%	220	7e-55
FD02F	07	*Flavobacterium hercynium*	64/74	86%	0	0%	67,9	2e-08
FD03F	08	keine korrekte Zuordnung möglich*	364/365	99%	1	0%	708	0,0
FD04F	08	*Flavobacterium johnsoniae*	255/285	89%	2	0%	311	7e-82
FD05F	08	*Flavobacterium limicola*	354/360	98%	0	0%	666	0,0
FD06F	-	keine Reinkultur						
FH01F	06	keine Reinkultur						
FH02F	-	*Flavobacterium columnare*	245/250	98%	0	0%	466	2e-128
FH03F	11	*Flavobacterium johnsoniae*	188/195	96%	1	0%	329	2e-87
FH04F	11	*Flavobacterium segetis*	210/220	95%	0	0%	357	1e-95
FH05F	12	*Flavobacterium johnsoniae*	164/170	96%	0	0%	291	3e-76
FH06F	-	*Flavobacterium degerlachei*	91/96	94%	0	0%	157	7e-36
FH07F	12	*Flavobacterium pectinovorum*	357/365	97%	0	0%	660	0,0
FH08F	12	*Flavobacterium pectinovorum*	224/232	96%	0	0%	396	1e-107
FH09F	13	*Caulobacter henricii*	132/135	97%	0	0%	244	7e-62
FH10F	14	*Flavobacterium xanthum*	217/221	98%	1	0%	400	7e-109
FH11F	14	*Flavobacterium johnsoniae*	371/393	94%	2	0%	589	3e-165
FH12F	13	*Janthinobacterium lividum*	153/163	93%	0	0%	244	1e-61

**Pseudomonas trivialis, P. chlororaphis, P. veronii, P. fluorescens* mit gleicher Wahrscheinlichkeit

Tabelle T24: Substratverwertung der Stämme ED16I und ED16IV in den GN2-Plates BIOLOG

	OD 590 nm			OD 590 nm	
Substrat	ED16I	ED16IV	Substrat	ED16I	ED16IV
Wasser	0,00	0,08	N-Acetyl-D-Galactosamin	0,00	1,44
i-Erythritol	0,01	2,53	m-Inositol	0,01	1,87
D-Melibiose	0,01	1,82	Sucrose	0,00	0,06
Ethansäure	0,00	2,45	D-Gluconsäure	0,82	2,73
p-Hydroxy-Phenylethansäure	0,00	2,63	Malonsäure	0,04	2,27
Bromsuccinatsäure	0,40	2,24	L-Alanylglycin	0,65	2,50
L-Histidin	0,41	1,91	L-Pyroglutamarsäure	0,03	1,07
Uronsäure	0,44	0,19	2-Aminoethanol	0,00	2,08
α-Cyclodextrin	0,00	1,30	N-Acetyl-Glucosamin	0,47	2,43
D-Fructose	0,00	1,23	α-D-Lactose	0,00	2,67
β-Methyl-D-Glucosid	0,18	1,70	D-Threalose	0,01	2,76
Cis-Aconitat	0,00	2,98	D-Glucosaminsäure	0,37	2,45
Itaconsäure	0,00	1,77	Propionsäure	0,58	2,48
Succinat	0,91	0,93	L-Asparagin	0,01	2,29
Hydroxy-L-Prolin	0,01	0,97	D-Serin	0,00	1,64
Inosin	0,07	0,21	2,3-Butandiol	0,00	0,78
Dextrin	0,03	2,00	Adonitol	0,00	0,10
L-Fructose	0,32	2,15	Lactulose	0,00	1,33
D-Psicose	0,00	0,24	Turanose	0,03	3,02
Citronensäure	1,11	2,36	D-Glucuronsäure	0,00	2,28
α-Ketobuttersäure	0,00	0,23	Quinolsäure	0,01	2,01
Glucoronamid	0,02	1,48	L-Aspartamsäure	0,66	2,24
L-Leucin	0,20	0,27	L-Serin	0,12	1,82
Uridin	0,01	1,48	Glycerol	0,46	2,47
Glycogen	0,02	1,44	L-Arabinose	0,00	1,17
D-Galactose	0,22	2,30	Maltose	0,00	2,32
D-Raffinose	0,01	2,33	Xylitol	0,00	3,09
Formiat	0,00	2,17	α-Hydroxybuttersäure	0,00	2,13
α-Ketoglutarat	0,01	2,80	D-Saccharinsäure	1,89	1,87
L-Alaninamid	0,05	1,55	L-Glutarsäure	0,64	1,69
L-Ornithin	0,09	2,93	L-Threonin	0,37	1,26
Thymidin	0,02	1,62	D,L-α-Glycerolphosphat	0,01	0,34
Tween 40	0,51	0,07	D-Arabitol	0,57	1,23
Gentobiose	0,21	1,44	D-Mannitol	0,01	0,85
L-Rhamnose	0,19	2,69	Pyruvat-Methylester	1,08	1,23
D-Galactonsäure-Lacton	0,29	2,94	β-Hydroxybuttersäure	0,46	1,15
α-Ketovalerinsäure	0,00	2,79	Sebaconsäure	0,28	2,33
D-Alanin	0,00	1,64	Glycyl-L-Aspartamsäure	0,44	2,23
L-Phenylalanin	0,26	2,20	D,L-Carnithin	0,00	0,92
Phenyehthylamin	0,01	0,17	α-D-Glucose-1-Phosphat	0,01	0,94
Tween 80	0,55	0,22	D-Cellobiose	0,28	1,90
α-D-Glucose	0,62	0,36	D-Mannose	0,51	2,46
D-Sorbitol	0,51	3,02	Succinylsäure-Monomethylester	0,01	1,63
D-Galacturonsäure	0,39	2,96	γ-Hydroxybuttersäure	0,02	1,76
D,L-Milchsäure	1,52	1,55	Succinylsäure	0,13	2,57
L-Alanin	0,00	1,14	Glycyl-L-Glutarsäure	0,10	1,43
L-Prolin	0,39	1,68	γ-Aminobuttersäure	0,01	1,21
Putrescin	0,00	0,25	D-Glucose-6-Phosphat	0,02	0,92
			AWCD	0,22	1,70

Legende
0,5 bis 1,0
1,0 bis 1,5
größer 1,5

Tabelle T25: Restriktionsmuster (=Nr.) und Spezieszuordnung der mycobakterienspezifischen Klonierung

		Genetik							
Probe	Nr.	Art sequenziert	Risikoklasse	Score	Übereinstimmung		Gaps		e-value
MB01	01	*M. confluentis*	1	936	500/510	98%	0	0%	0,0
MB02	02	*M. manitobense*	k.A.	914	492/501	98%	1	0%	0,0
MB03	01	*M. smegmatis*	2	1285	691/703	98%	3	0%	0,0
MB04	03	*M. saskatchewanense*	2	1152	611/621	98%	0	0%	0,0
MB05	01	*M. manitobense*	k.A.	1134	593/600	98%	0	0%	0,0
MB06	03	*M. saskatchewanense*	2	1150	635/651	97%	3	0%	0,0
MB07	04	uncultured bacterium	-	660	339/341	99%	0	0%	0,0
MB09	03	*M. obuense*	1	678	348/350	99%	0	0%	0,0
MB10	04	uncultured bacterium	-	654	339/342	99%	0	0%	0,0
MB11	04	uncultured bacterium	-	630	324/326	99%	0	0%	7e-178
MB12	05	*M. rhodensiae*	1	646	344/350	98%	0	0%	0,0
MB13	05	*M. rhodensiae*	1	829	442/450	98%	0	0%	0,0
MB14	05	*M. aubagnense*	k.A.	1033	548/558	98%	0	0%	0,0
MB15	05	*M. saskatchewanense*	2	642	342/347	98%	2	0%	0,0
		M. intermedium	2						
MB16	04	uncultured bacterium	-	359	184/185	99%	0	0%	2e-96
MB17	05	*M. manitobense*	k.A.	722	401/408	98%	0	0%	0,0
MB19	01	*M. obuense*	1	505	267/271	98%	0	0%	2e-140
MB20	05	*M. holsaticum*	1	361	212/218	97%	3	1%	6e-97
MB21	05	*M. triviale*	1	406	211/213	99%	0	0%	1e-110
MB22	03	*M. agri*	1	490	286/295	96%	3	1%	1e-135
MB23	05	*M. obuense*	1	392	231/238	97%	3	1%	2e-106
MB24	04	uncultured bacterium	-	408	240/246	97%	4	1%	4e-111
MB25	05	*M. interjectum*	2	626	342/348	98%	2	0%	1e-176
MB26	06	*M. obuense*	1	527	335/350	95%	6	1%	8e-147
MB28	04	uncultured bacterium	-	505	293/302	97%	4	1%	3e-140
MB29	06	*M. koupiense*	k.A.	553	298/303	98%	1	0%	1e-154
		M. savoniae	k.A.						
		M. cookii	1						
MB30	07	*Nocardia farcinica*	2	40,1	20/20	100%	0	0%	2,7
MB31	05	*M. saskatchewanense*	2	642	333/336	99%	0	0%	0,0
		M. intermedium	2						
MB32	08	keine Zuordung möglich*							
MB33	05	keine Zuordung möglich*							
MB34	05	*M. obuense*	1	525	298/305	97%	3	0%	3e-146
MB35	09	uncultured bacterium	-	333	181/184	98%	1	0%	1e-88
MB36	05	*M. obuense*	1	456	263/270	97%	3	1%	2e-125

* hohe Homologie der 16S rRNA vieler Spezies; Bestimmung auf Artebene nicht möglich

Tabelle T26: Koloniewachstum der Mycobakterienkulturen vom Mai 2006, Agar mit bzw. ohne Gycerol, Charakterisierungsparameter

	Datum	Zeit	E		F		S		H	
			Agar	Kolonien	Agar	Kolonien	Agar	Kolonien	Agar	Kolonien
Agar ohne Glycerol	30.05.2006	0 Wo	grün	0	grün	0	grün	0	grün	0
	06.06.2006	1. Wo	gelbe Areale	0	grün	0	grün	0	grün	0
	13.06.2006	2. Wo	gelb	0	grün	0	gelbe Areale	0	grün	0
	20.06.2006	3. Wo	gelb	viele kleine	grün	0	gelbe Areale	1	gelb	8
	27.06.2006	4. Wo	braun brüchig	k.a.	grün	0	braun brüchig	k.a.	gelb	8
	04.07.2006	5. Wo	zersetzt	k.a.	grün/gelb	0	zersetzt	k.a.	zersetzt	k.a.
	11.07.2006	6. Wo	-	-	grün/gelb	0	-	-	-	-
	18.07.2006	7. Wo	-	-	grün/gelb	evtl Rasen	-	-	-	-
	25.07.2006	8. Wo	-	-	gelb	evtl Rasen	-	-	-	-
	Ziehl Neelsen		++		-		++		++	
	PCR		(+)		+		++		++	
	Sequenzierung Mycobac.		-		-		*M. kumamotonense*		*M. vaccae*	
	Sequenzierung Begleitflora		-		*Brevibacillus invocatus*		*Clostridium filamentosum*		-	

	Datum	Zeit	E		F		S		H	
			Agar	Kolonien	Agar	Kolonien	Agar	Kolonien	Agar	Kolonien
Agar mit Glycerol	30.05.2006	0 Wo	grün	0	grün	0	grün	0	grün	0
	06.06.2006	1. Wo	grün	0	grün	0	grün	0	grün	0
	13.06.2006	2. Wo	grün	0	grün	0	grün	0	grün	0
	20.06.2006	3. Wo	grün	0	grün	0	grün	0	grün	0
	27.06.2006	4. Wo	grün	0	grün	0	grün	0	grün	0
	04.07.2006	5. Wo	grün	0	grün	0	gelb/grün	0	grün	2
	11.07.2006	6. Wo	grün	4	grün	0	gelb/grün	0	grün	2
	18.07.2006	7. Wo	grün	4	grün	0	gelb/grün	0	grün	2
	Ziehl Neelsen		-		-		-		+	
	PCR		-		-		-		-	
	Sequenzierung Mycobac.		-		-		-		-	
	Sequenzierung Begleitflora		*Streptomyces spec.*		-		-		-	

Tabelle T27: Koloniewachstum der Mycobakterienkulturen vom Juni 2006, Agar mit bzw. ohne Gycerol, Charakterisierungsparameter

	Datum	Zeit	E	
			Agar	Kolonien
Agar ohne Glycerol	26.06.2006	0 Wo	grün	0
	03.07.2006	1. Wo	leicht gelb	0
	10.07.2006	2. Wo	leicht gelb	0
	17.07.2006	3. Wo	leicht gelb	0
	24.07.2006	4. Wo	leicht gelb	0
	31.07.2006	5. Wo	leicht gelb	0
	07.08.2006	6. Wo	leicht gelb	0
	14.08.2006	7. Wo	leicht gelb	1
	21.08.2006	8. Wo	leicht gelb	5
	Ziehl Neelsen		+++	
	PCR		+++	
	Sequenzierung Mycobac.		M. kumamotonense, M. terrae, M. malmoense[1]	
	Sequenzierung Begleitflora		keine Begleitflora nachgewiesen	

	Datum	Zeit	E	
			Agar	Kolonien
Agar mit Glycerol	26.06.2006	0 Wo	grün	0
	03.07.2006	1. Wo	grün	0
	10.07.2006	2. Wo	grün	0
	17.07.2006	3. Wo	grün	0
	24.07.2006	4. Wo	grün	0
	31.07.2006	5. Wo	grün	0
	07.08.2006	6. Wo	grün	0
	14.08.2006	7. Wo	grün	0

[1] Score 835; e-value: 0,0

Literatur

AMANN, R. I., BINDER, B. J., OLSON, R. J., CHISHOLM, S. W., DEVEREUX, R., STAHL, D. A.: Combination of 16S rRNA-target oligonucleotide probes with flow cytometry for analyzing mixed microbial populations, *Applied and Environmental Microbiology* 56:1919-1925, 1990.

AMANN, R., LUDWIG, W., SCHLEIFER, K. H.: Phylogenetic identification and in situ detection of individual microbial cells without cultivation, *Microbiological Reviews*, 59:143-169, 1995.

AZAM, F., MARTINEZ, J., SMITH, D. C.: Bacteria- organic matter coupling on marine aggregates – In: GUERRO R., PEDRO- ALIO, C.: Trends in microbial ecology, *Spanish Society for Microbiology*, 410-414, 1993.

BAROSS, J. A., LISTON, J., MORITA, R. Y.: Ecological relationship between *Vibrio parahaemolyticus* and agar-digesting vibrios as evidenced by bacteriophage susceptibility patterns, *Applied and Environmental Microbiology*, 36: 500-505, 1978.

BERGH, O., BORSHEIM, K. Y., BRATBAK, G., HELDAL, M.: High abundance of viruses found in aquatic environments, *Nature*, 340: 467-468, 1989.

BGBl: Bundesgesetzblatt, Verordnung zur Novellierung der Trinkwasserverordnung vom 21. Mai 2001, Teil 1 Nr. 24, Bundesregierung der BRD, 2001.

Biotest: Trockennährböden, Handbuch, Biotest AG, Dreieich 1992.

Biotest: Middlebrook 7H11 Agar mit OADC und PACT Datenblatt, Heipha, 2006.

BLEUL C.: Molekularbiologische Analyse mikrobieller Gemeinschaften in Talsperrensedimenten, Dissertation, 2004.

BÖDDINGHAUS, B., ROGALL, T., FLOHR, T., BLÖCKER, H., BÖTTGER, E.: Detection and Identification of Mycobacteria by Amplification of rRNA, *Journal of Clinical Microbiology*, Vol. 28, No 8, 1751-1759, 1990.

BRENDLEBERGER, H., SCHWOERBEL J.: Einführung in die Limnologie, 9. Auflage, Elsevir GmbH, Spektrum Akademischer Verlag, Heidelberg, 2005.

BURBACK, B. L., PERRY, J. J.: Biodegradation and Biotransformation of Groundwater Pollutant Mixtures by *Mycobacterium vaccae, Applied and Environmental Microbiology*, Vol. 59, No. 4, 1025-1029, 1993.

CARLSON, R. E.: A trophic state index for lakes, Limnology and Oceanographie, V.22, 1977.

DE BAERE, T. T.: *Mycobacterium interjectum* as causative agent of cervical lymphadenitis, *Journal of Clinical Microbiology*, 39:725-727, 2001.

DIN 58943-3: Medizinische Mikrobiologie, Tuberkulosediagnostik, Teil 3: Kulturelle Methoden zum Nachweis von Mycobakterien, 1996.

DUMKE, R., SCHRÖTER- BOBSIN, U., JACOBS, E., RÖSKE, I.: Detection of phages carrying the Shiga toxin 1 and 2 genes in waste water and river water samples, *Letters in Applied Microbiology*, 42:48-53, 2006.

EMLER, S.: Chronic destructive lung disease associated with a novel mycobacterium, *American Journal of Respiratory and Critical Care Medicine*, 150:261-265, 1994.

FARUQUE, S. M., ALBERT, M. J., MEKAANOS J. J.: Epidemiologie, genetics and ecology of toxigenic *Vibrio cholerae*, *Microbiology and Molecular Biology Reviews*, 62:1301-1314, 1998.

FRANK, C.: Nitrifikation und N-Mineralisation in sauren und Dolomit-gekalkten Waldböden im Fichtelgebirge, Bayreuter Forum Ökologie, Bayreuth, 1996.

FUNKE, G., FRODL, R., SOMMER, H.: First comprehensively documented case of *Paracoccus yeei* infection in a human, *Journal of Clinical Microbiology*, Vol. 42, No. 7, 3366-3368, 2004.

GARRITY G. M., BRENNER, D. J., KRIEG, N. R., STALEY, J. T.: Bergeys Manual® of Systematic Bacteriology, Second edition, Springer science and Business media, New York, USA, 2005.

GEBO, K. A., SRINIVASAN, A., PERL, T. M., ROSS, T., GROTH, A., MERZ, W. G.: Pseudo-outbreak of *Mycobacterium fortuitum* on a Human Immunodeficiency Virus Ward – transient respiratory tract colonization from a contaminated ice machine, *Clinical Infectious Diseases*, 35:32-38, 2002.

GRIM, J.: Beobachtungen am Phytoplankton des Bodensees (Obersee) sowie deren rechnerische Auswertung, *International Review of Hydrobiology*, 39:193-315, 1939.

GUERRERO, C., BERNASCONI, C., BURKI, D., BODMER, T., TELENTI, A.: A novel insertion element from *Mycobacterium avium*, IS1245, is a specific target for analysis of strain relatedness, *Journal of Clinical Microbiology*, 33:304-307, 1995.

HADLEY, E. A., SMILLIE, F. I., TURNER, M. A., CUSTOVIC, A., WOODCOCK, A., ARKWRIGHT, P. D.: Effect of *Mycobacterium vaccae* on cytokine responses in children with atopic dermatitis, *Clinical and Experimental Immunology*, 140:101-108, 2005.

HAVELAAR, A. H., OLPHEN, M., DROST, Y. C.: F-Specific RNA Bacteriophages are adequate model organisms for enteric viruses in fresh water, *Applied and Environmental Microbiology*, Vol. 59, No. 9, 2956-2962, 1993.

HOF, H., DÖRRIES, R.: Medizinische Mikrobiologie, 3. Auflage, Georg Thieme Verlag, 2005.

Invitrogen: Invitrogen life technologies, TOPO TA cloning® Instruction manual, 2004.

ISO/DIS 10705-2.2: Water Quality – Detection and enumeration of bacteriophages, Part 2: Enumeration of somatic coliphages, 1998.

ISO 10705-1:1995(E): Water Quality – Detection and enumeration of bacteriophages, Part 1: Enumeration of F-specific RNA bacteriophages, 1995.

JANDA, J. M., ABBOTT, S. L.: Bacterial Identification for Publication – When is enough enough?, *Journal of Clinical Microbiology*, Vol. 40, No. 6, 1887-1891, 2002.

JORDAN, D. C.: Transfer of *Rhizobium japonicum* Buchanan 1980 to *Bradyrhizobium* gen. nov., a genus of slow-growing, root nodule bacteria from leguminous plants. *International Journal of Systematic Bacteriology*, 32, 136-139, 1982.

KIRSCHNER, P.: *Mycobacterium confluentis* sp. nov., *International Journal of Systematic and Evolutionary Microbiology*, 42:257-263, 1992.

KRISHER, K. K., KALLAY, M. C., NOLTE, F. S.: Primary pulmonary infection caused by *Mycobacterium terrae* complex, *Diagnostic Microbioogy and. Infectious Disease* 11:171-175, 1988.

KÜCHLER, R., PFYFFER, G. E., RÜSCH-GERDES, S., BEER, J., MAUCH, H.: Tuberkulose-Mykobakteriose, Lektorat Medizin, Gustav Fischer Verlag, 1998.

KUTTER, E., SULAKVELIDZE, A.: Bacteriophages – Biology and Applications, CRC Press, Boca Raton, Florida, USA, 2005.

LE CHEVALLIER, M. W., NORTON, C. D., FALKINHAM, J. O., WILLIAMS, M. D., TAYLOR, R. H., COWAN, H. E.: Occurrence and Control of *Mycobacterium avium* complex, AWWA Research Foundation and American Water Works Association, Denver, 2001.

LfUG: Sächsisches Umweltamt für Umwelt und Geologie, Stauanlagenverzeichnis, 2002.

LÖFFLER, G.: Basiswissen Biochemie mit Pathobiochemie, 5. Auflage, Springer Verlag, Berlin 2003.

LOY, A., HORN, M., WAGNER, M.: probeBase - an online resource for rRNA-targeted oligonucleotide probes. *Nucleic Acids Research* 31:514-516, 2003.

LUMB, R.: Phenotypic and molecular characterization of three clinical isolates of *Mycobacterium interjectum*, *Journal of Clinical Microbiology*, 35:2782-2785, 1997.

LVA: Sachsen, Landesvermessungsamt Sachsen, Bundesamt für Kartographie und Geodäsie, Amtliche topografische Karten, 2001.

MADIGAN, M. T., MARTINKO, J. M.: Brock Mikrobiologie, 11. Auflage, Pearson education, München, 2006.

MANGIONE, E. J., HUITT, G., LENAWAY, D., BEEBE, J., BAILEY, A., FIGOSKI, M., RAU, M. P., ALBRECHT, K. D., YAKRUS, M.A.: Nontuberculous mycobacterial disease following hot tube exposure, *Emerging Infectious Diseases*, 7:1039:1042, 2001.

MANZ, W., AMANN, R., LUDWIG, W., WAGNER, M., SCHLEIFER, K. H.: Phylogenetic oligodeoxynucleotide probes for the major subclasses of proteobacteria - Problems and solutions, *Applied and Environmental Microbiology*, 15:593-600, 1992.

MANZ, W., AMANN, R., LUDWIG, W., VANCANNEYT, M., SCHLEIFER, K. H.: Application of a suite of 16S rRNA-specific oligonucleotide probes designed to investigate bacteria of the phylum cytophaga-flavobacter-bacteroidetes in the natural environment, *Microbiology*, 142:1097-1106, 1996.

MARA, D., HORAN, N.: Handbook of Water and Wastewater Microbiology, Academic Press, London, UK, 2003.

MARCHESI, J. R., SATO, T., WIGHTMAN, A. J., MARTIN, T. A., FRY, J. C., HIOM, S. J., WADE, W. G.: Design and evaluation of useful bacteriumspecific PCR primers that amplify genes coding for bacterial 16S rRNA, *Applied and Environmental Microbiology*, 64:795-799, 1998.

MARY, I., CUMMINGS, D. G., BIEGALA, I. C., BURKILL, P. H., ARCHER, S. D., ZUBKOV, M. V.: Seasonal dynamics of bacterioplankton community structure at a coastal station in the western English Channel, *Aquatic Microbial Ecology*, Vol. 42, No. 2, 119-126, 2006.

MASAKI, T., OHKUSO, K., HATA, H., FUJIWARA, N., IIHARA, H., YAMADA-NODA, M., NHUNG, P. H., HAYASHI, M., ASANO, Y., KAWAMURA, Y., EZAKI, T.: *Mycobacterium kumamotonense* sp. nov. Recovered from Clinical Specimen and the First Isolation Report of *Mycobacterium arupense* in Japan: Novel Slow Growing, Nonchromogenic Clinica Isolates Related to *Mycobacterium terrae* Complex, *Microbiolology and Immunology*, Vol. 50, No. 11, 889-897, 2006.

MC CAMMON, S. A., BOWMAN, J. P.: Taxonomy of Antarctic *Flavobacterium* species: description of *Flavobacterium gillisiae* sp. nov., *Flavobacterium tegetincola* sp. nov. and *Flavobacterium xanthum* sp. nov., nom. Rev. and reclassification of [*Flavobacterium*] *salegens* as *Salegentibacter salegens* gen. nov., comb. nov., *International Journal of Systematic and Evolutionary Microbiology*, 50:1055-1063, 2000.

MC CAMMON, S. A., INNES, B. H., BOWMAN, J. P., FRANZMANN, P. D., DOBSON, S. J., HOLLOWAY, P. E., SKERRATT, J. H., NICHOLS, P. D., RANKIN, L. M.: *Flavobacterium hibernum* sp. nov., a lactose utilizing bacterium from a freshwater Antarctic lake, *International Journal of Systematic and Evolutionary Microbiology*, 48:1405-1412, 1998.

MCQUEEN, D. J., POST, J. R., MILLS, E. L.: Trophic Relationships in Freshwater Pelagic Ecosystems, *Canadian Journal of Fisheries and Aquatic Sciences*, Vol. 43, No. 8, 1571-1581, 1986.

MORITA, Y. M.: Bacteria in oligotrophic environments – Starvation survival Lifestyle, Verlag Chapman & Hall, Oregon, USA, 1996.

MURRAY, R. G. E., BRENNER, D. J., BYRANT, M. P., HOLT, J. G., KRIEG N. R.: Bergeys Manual® of Systematic Bacteriology, Verlag Williams & Wilkins, London, 1984.

NEDELKOVA, M.: Microbial diversity in ground water at the deep - well monitoring site S15 of the radioactive waste depository Tomsk-7, Sibiria, Russia, 2005.

NEEF A.: Anwendung der in situ Einzelzell-Identifizierung von Bakterien zur Populationsanalyse in komplexen mikrobiellen Biozönosen, Dissertation, Technische Universität München, 1997.

OETHINGER, M.: Mikrobiologie und Immunologie – Kurzlehrbuch zum GK 2, 10. Auflage, Verlag Urban & Fischer Jena, 2000.

PEDLEY S., BARTRAM, J., REES, G., DUFOUR, A., COTRUVO, J. A.: Pathogenic Mycobacterie in Water-A Guide to Public Health Consequences, Monitoring and Management, World Health Organisation, Cornwall, UK, 2004.

PEDULLA, M., FORD, M. E., HOUTZ, J. M., KARTHIKEYAN, T., WADSWOETH, C., LEWIS, J. A., JACOBS-SERA, D.: Origins of highly mosaic mycobacteriophage genomes, *Cell*, 113:171-182, 2003.

PERNTHALER, J., GLÖCKNER F. O., SCHÖNHUBER W., AMANN R.: Fluorescence in situ hybridization with rRNA-targeted oligonucleotide probes, Methods in Microbiology: Marine Microbiology, vol. 30, Academic Press Ltd, London, 1998.

PETERS, E. J., MORICE, R.: Military pulmonary infection caused by *Mycobacterium terrae* in an autologous bone marrow transplant patient, *Chest* 100:1449-1450, 1991.

RHEINHEIMER, G.: Mikrobiologie der Gewässer, 5. Auflage, Gustav Fischer Verlag Jena, Stuttgart, 1991.

RICHTER, E.: *Mycobacterium holsaticum* sp. nov., *International Journal of Systematic and Evolutionary Microbiology*, 52:1991-1996, 2002.

RÖSKE, I., UHLMANN, D.: Biologie der Wasser- und Abwasserbehandlung, Verlag Eugen Ulmer Stuttgart, 2005.

ROLLER, C., WAGNER, M., AMANN, R., LUDWIG, W., SCHLEIFER, K. H.: In situ probing of Grampositive bacteria with high DNA G+C content using 23 rRNA-targeted oligonuceotides, *Microbiology* 140:2849 – 2858, 1994.

ROSELLÓ-MORA, R., AMANN, R.: The species concept for prokaryotes, *FEMS Microbiol Reviews*, 25:39-67, 2001.

RUSTSCHEFF, S.: *Mycobacterium interjectum*: a new pathogen in humans?, *Scandinavian Journal of Infecious Diseases*, 32:569-571, 2000.

SAA-NAT-MYKOUNI-03: Institut für Medizinische Mikrobiologie und Hygiene der Medizinischen Fakultät der TU Dresden, Nachweis und Identifikation von Mykobakterien in Reinkultur und verschiedenen klinischen Untersuchungsmaterialien mittels Polymerase-Kettenreaktion, 2005.

SAA-NBK-AEROMAG-03, Institut für Medizinische Mikrobiologie und Hygiene der Medizinischen Fakultät der TU Dresden, Herstellung von Aeromonas-Nährböden nach RYAN, 2004.

SAA-NBK-CAMPYAG-04: Institut für Medizinische Mikrobiologie und Hygiene der Medizinischen Fakultät der TU Dresden, Herstellung von Campylobacter-Nährböden nach BLASER-WANG, 2004.

SAA-NBK-CITRTAG-03: Institut für Medizinische Mikrobiologie und Hygiene der Medizinischen Fakultät der TU Dresden, Herstellung von SIMMONS-Citrat-Schrägagar, 2004.

SAA-NBK-EILACAG-03: Institut für Medizinische Mikrobiologie und Hygiene der Medizinischen Fakultät der TU Dresden, Herstellung von Eigelb-Lactose-Agar, 2004.

SAA-NBK-GRUENAG-03: Institut für Medizinische Mikrobiologie und Hygiene der Medizinischen Fakultät der TU Dresden, Herstellung von Galle-Chrysoidin-Glycerol-Agar, 2004.

SAA-NBK-LEIFSAG-04: Institut für Medizinische Mikrobiologie und Hygiene der Medizinischen Fakultät der TU Dresden, Herstellung von Desoxycholat-Citrat-Agar nach LEIFSON, 2004.

SAA-NBK-KLIGLAG-02: Institut für Medizinische Mikrobiologie und Hygiene der Medizinischen Fakultät der TU Dresden, Arbeitsvorschrift zur Herstellung von KLIGLER-Schrägagar, 2003.

SAA-NBK-NAEHPAG-03: Institut für Medizinische Mikrobiologie und Hygiene der Medizinischen Fakultät der TU Dresden, Herstellung von Nähragar, 2004.

SAA-NBK-SABGKAG-03: Institut für Medizinische Mikrobiologie und Hygiene der Medizinischen Fakultät der TU Dresden, Herstellung von Sabouraud-Glucose-Agar, 2004.

SAA-NBK-SCHOKAG-03: Institut für Medizinische Mikrobiologie und Hygiene der Medizinischen Fakultät der TU Dresden, Herstellung von Kochblut-Agar, 2004.

SAA-NBK-SCHWRAG-02: Institut für Medizinische Mikrobiologie und Hygiene der Medizinischen Fakultät der TU Dresden, Arbeitsvorschrift zur Herstellung von Schwärm-Agar, 2003.

SAA-NBK-WINKLAG-03: Institut für Medizinische Mikrobiologie und Hygiene der Medizinischen Fakultät der TU Dresden, Herstellung von Bromthymolblau-Metachromgelb-Lactose-Nährböden nach WINKLE, 2004.

SAA-TBC-ACRIFBG-02: Institut für Medizinische Mikrobiologie und Hygiene der Medizinischen Fakultät der TU Dresden, Durchführung und Interpretation der Acridinorange-Färbung zum Nachweis von säurefesten Stäbchen, 2004.

SAA-TBC-TBCKULT-03: Institut für Medizinische Mikrobiologie und Hygiene der Medizinischen Fakultät der TU Dresden, Anzucht von Mycobakterien mittels flüssiger und fester Nährmedien, 2004.

SAA-TBC-ZINEFBG-02: Institut für Medizinische Mikrobiologie und Hygiene der Medizinischen Fakultät der TU Dresden, Durchführung und Interpretation der NIEHL-NEELSEN-Färbung zum Nachweis von säurefesten Stäbchen, 2004.

SAMBROOK, J., FRITSCH, E. F., MANIATIS T.: Molecular cloning – A laboratory manual, 2. Auflage, Cold Spring Harbor NY 1989.

SANTOS-JUANES, J., GALACHE OSUNS, C., SANCHEZ DEL RIO, J., SOTO DE DELAS, J., REQUENA, L.: Role of *Mycobacterium* w vaccine in the management of psoriasis, *British Journal of Dermatology*, 152:368-403, 2005.

SCHIMMEL, D.: AVID IX Mycobakterien, Bundesinstitut für gesundheitlichen Verbraucherschutz und Veterinärmedizin, Fachbereich Bakterielle Tierseuchenforschung und Bekämpfung von Zoonosen, Jena, 1997.

SCHÖNBORN W.: Lehrbuch der Limnologie, Schweizerbart'sche Verlagsbuchhandlung, Stuttgart, 2003.

SCHUPPLER, M., MERTENS, F., SCHÖN, G., GÖBEL, U. B.: Molecular characterization of nocardiaforn actinomycetes in activated sludge by 16S rRNA analysis, *Microbiology*, 141:513-521, 1995.

SCHWARTZ, W., SCHWARTZ, A.: Grundriß der allgemeinen Mikrobiologie II., Slg. Göschen 1157, Berlin, De Gruyter, 1961.

SCHUSTER G.: Viren in der Umwelt, Verlag B. G. Teubner, Leipzig, 1998.

SEELIGER, H., SCHRÖTER, G.: Medizinische Mikrobiologie – Labordiagnostik und Klinik, 2. Auflage, Verlag Urban & Schwarzenberg, 1990.

SKINNER, M. A., YUAN, S., PRESTIDGE, R., CHUK, D., WATSON, J. D., TAN, P. L. J.: Immunization with Heat-Killed *Mycobacterium vaccae* Stimulates CD8+ Cytotoxic T cells Specific for Macrophages Infected with *Mycobacterium tuberculosis*, *Infection and Immunity*, Vol. 65, No. 11, 4525-4530, 1997.

SNEATH, P. H. A., MAIR, N. S., SHARPE, M. E., HOLT, J. G.: Bergeys Manual ® of Systematic Bacteriology, Vol. 2, Williams & Wilkins , Baltimore, USA, 1986.

STACKEBRANDT, E., FREDERIKSEN, W., GARRITY, G. M., GRIMONT, A. D., KÄMPFER, P., MAIDEN, M. C. J., NESME, X., ROSSELLO- MORA, R., SWINGS, J., TRÜPER H. G., VAUTERIN, L., WARD, A. C., WHITMAN, W. B.: Report of the ad hoc committee fort he re-avaluation of the species definition in bacteriology, *International Journal of Systematic and Evolutionary Microbiology*, 52:1043-1047, 2002.

STAHL, D. A., AMANN, R.: Development and application of nucleic acid probes, In E. STACKEBRANDT and M. GOODFELLOW (ed.): Nucleic acid techniques in bacterial systematics, 205-248, John Wiley & Sons Ltd., Chichester, England, 1991.

STALEY J. T., BRYANT M. P., PFENNIG, N., HOLT, J. G.: Bergeys Manual ® of Systematic Bacteriology, Vol. 3, Williams & Wilkins , Baltimore, USA, 1989.

STINEAR, T., JENTKIN, G. A., JOHNSON, P. D. R., DAVIES, J. K.: Comparative genetic analysis of *Mycobacterium ulcerans* and *Mycobacterium marinum* reveals evidence of recent divergence, *Journal of Bacteriolology*, 182:6322-6330, 2000.

SUGITA, Y., ISHII, N., KATSUNO, M., YAMADA, R., NAKAJIMA, H.: Familial cluster of cutaneous *Mycobacterium avium* infection resulting from use of a circulating, constantly heated bath water system, *British Journal of Dermatology*, 142:789-793, 2000.

SUTTLE, C. A.: The ecology of Cyanobacteria – Their diversity in Time and space, Kluwer Academic Publishers, Boston, 2000.

TAKEUCHI, K.: Future of reservoirs and their management criteria – In: 3.IHP/IAH5 GEORGE KOVACS Colloquium, Risk, reliability, uncertainly and robustness of water resources systems, UNESCO, Paris, 1996.

TAMAKI, H., HANADA, S., KAMAGATA, Y., NAKAMURA, K., NOMURA, N., NAKANO, K., MATSUMURA, M: *Flavobacterium limicola* sp. nov., a psychrophilic, organic-polymer-degrading bacterium isolated from freshwater sediments, *International Journal of Systematic and Evolutionary Microbiology* 53:519-526, 2003.

TAYLOR, R. H., FALKINHAM, J. O., NORTON, C. D., LE CHAVALLIER, M. W.: Chlorine, chloramines, chlorine dioxide and ozone susceptibility of *Mycobacterium avium*, *Applied Environmental Microbiology*, 66:1702-1705, 2000.

TORTOLI, E.: Isolation of an unusual mycobacterium from an AIDS patient, *Journal of Clinical Microbiology*, 34:2316-2319, 1996.

TORTOLI, E.: Clinical Features of Infections Caused by New Nontuberculous Mycobacteria-Part I, *Clinical Microbiology Newsletter*, Vol. 26, No. 12, 2004.

TORTOLI, E.: The new Mycobacteria-an update, Minireview, 2005.

TRBA 466: Technische Regeln für biologische Arbeitsstoffe – Einstufung von Bakterien (*Bacteria*) und Archaebakterien (*Archaea*) in Risikogruppen, Bundesarbeitsblatt 7-2006, 33-193, 2005.

TURENNE, C. Y.: Soft tissue infection caused by a novel pigmented, rapidly growing mycobacterium species, *Journal of Clinical Microbiology*, 41:2779-2782, 2003.

TURENNE C. Y., THIBERT, L., WILLIAMS, K., BURDZ, T. V., WOLFE J. N., COCKCROFT, D. W., KABANI, A.: *Mycobacterium saskatchewanense* sp. nov., a novel slowly growing scotochromogenic species from human clinical isolates related to *Mycobacterium interjectum* and Accuprobe-positive for *Mycobacterium avium* complex, *International Journal of Systematic and Evolutionary Microbiology* 54:659-667, 2004.

UHLMANN, D., HORN, W.: Hydrobiologie der Binnengewässer – ein Grundriß für Ingenieure und Naturwissenschaftler, Verlag Eugen Ulmer, Stuttgart, 2001.

VINZELBERG, M: Phänotypische Differenzierung von Mycobakterien mit Hilfe eines miniaturisierten, automatisierten, enzymatischen Testsystems, Dissertation, 2002.

WAYNE, L. G., BRENNER, D. J., COLWELL, R. R.: International Committee on Systematic Bacteriology, Report of the ad hoc committee on reconciliation of approaches to bacterial systematics, *International Journal of Systematic and Evolutionary Microbiology*, 37:463-464, 1987.

WETZEL, R. G.: Limnology, 2nd. Ed. Saunders College Publication, Philadelphia, 1983.

WINTHROP, K. L., ABRAMS, M., YAKRUS, M., SCHWARTZ, I., ELY, J., GILLIES, D., VUGIA, D. J.: An outbreak of mycobacterial furunculosis associated with footbaths at a nail salon, *New England Journal of Medicine,* 346:1366-1371, 2002.

WOBUS, A., BLEUL, C., MAASSEN, S., SCHEERER, C., SCHUPPLER, M., JACOBS, E., RÖSKE, I.: Microbial diversity and functional characterization of sediments from reservoirs of different trophic state, *FEMS Microbiology Ecology* 46:331-347, 2003.

Internetquellen und Datenbanken

AHC: Austrian Health Communication, http://www.infektionsnetz.at/infindex.php, 2006.

ALTMANN, J.: http://www.microbiology.emory.edu/altman/jdaWebSite_v3/p_fluoresceinDerivs.shtml, Altmann Laboratory Homepage, Emory Vaccine center, Aktualisierungsdatum 17.01.2006.

BIOLOG: http://www.biolog.com/pdf/eco_microplate_sell_sheet.pdf, EcoPlate™, 2006.

BIOLOG: http://www.biolog.com/pdf/GN2b_Brochure.pdf, GN2 MicroPate™, 2001.

Greengenes: http://greengenes.lbl.gov/cgi-bin/nph-index.cgi, 09.09.2006.

Integrated, DNA Technologies, (IDT), http://www.idtdna.com/analyzer/Applications/OligoAnalyzer/, 2006.

Landestalsperrenverwaltung (LTV): Landestalsperrenverwaltung des Freistaates Sachen, http://www.talsperren-sachsen.de/ Aktualisierungsdatum: 18.08.2006.

NCBI Blast: http://www.ncbi.nlm.nih.gov/, 27.09.2006.

OMIKRON: http://www.chemistryworld.de/preise/prs-html/probesch/1593-prs.htm, OMIKRON GmbH, Aktualisierungsdatum 16.12.2004.

Probebase (Pb), University of Vienna,

http://www.microbial-ecology.net/probebase/list.asp?list=insitu-probes, 2006.

RDP, Probe Match, Michigan University, http://rdp.cme.msu.edu/classifier/classifier.jsp, September 2006.

Taxonomicon: Universal taxonomic services, Systema naturea 2000, http://www.taxonomy.nl/Taxonomicon/Default.aspx, 2006.

Uni Roma: http://w3.uniroma1.it/MEDICFISIO/PROPIDIO.HTM, Biofluorimetry Lab Dipartimento di Fisiopatologia Medica, Università di Roma 'La Sapienza' Rome, Italy, 14.1.2001.

UWITEC: UWITEC, Mondsee, Austria, http://www.uwitec.at/html/frame.html, 2006

Watcut: University of Waterloo, http://watcut.uwaterloo.ca/watcut/watcut/template.php, 15.08.2006

Wikipedia: http://de.wikipedia.org/wiki/Triphenyltetrazoliumchlorid, aktualisiert 19.09.2006.

Zeiss, http://www.zeiss.de/C12567BE0045ACF1/Contents-Frame/E46006CBC0ECD65BC125694B001F3921, Filterset 20, Jena, 2006.

Zeiss, http://www.micro-shop.zeiss.com/us/us_en/spektral-info.php?cp_sid=&i=000000-1114-459, Filterset 44, Jena, 2006.

Zeiss: https://www.micro-shop.zeiss.com/de/de_de/spektral-info.php?cp_sid=&i=485043-0000-000, Propidiumjodid, Zeiss, Jena, 2006.

Autorenprofil

Persönliches:

Name:	René Kaden
Geburtsjahr/-ort:	1975 in Marienberg
Studienabschluß:	Diplom-Biologe (TU)

Beruflicher Werdegang:

Seit 06/2007	Wissenschaftlicher Mitarbeiter im Forschungszentrum Karlsruhe
12/2006 - 03/2007	Anstellungsverhältnis als wissenschaftliche Hilfskraft am Helmholtz-Zentrum UFZ Leipzig sowie an der TU Dresden zur Methodenentwicklung in der Mikrobiologie
07/2006 – 08/2006	Praktikum bei der DREWAG, Dresden, Trinkwasserlabor mikrobiologische Untersuchungen von Trink- und Brauchwasser
11/2000 – 05/2007	Tätigkeit als freiberuflicher Dozent beim Studiertreff in Dresden

Studium:

10/2003 – 12/2006	Studium der Biologie an der TU Dresden
10/2005 – 3/2007	Intellectual property rights, TU Zertifikat
10/2000 – 09/2003	Studium der Humanmedizin an der Universitätsklinik „Carl Gustav Carus" in Dresden

Publikationen:

2005	Coautor "Phylogeny of the western Mediterranean Species of the genus Aristolochia (Aristolochiaceae)", XVII Int. Botanical Congress, Vienna, Austria
2008	Coautor "Mikrobiologische Aufbereitung von Tonen", DKG Jahrestagung, Höhr-Grenzhausen, Germany
2008	Autor „Monitoring shifts in microbial community composition in clayey sediments by culture-dependent and culture-independent approaches", Biofilms III, Munich, Germany
2008	Coautor "Why do two apparently similar German ceramic clays display different rheological properties during maturation?, MECC, Zakopane, Poland
2008	Coautor "Biological Processes during Clay Maturation", MECC, Zakopane, Poland